全国特种设备无损检测人员资格考核统编教材

渗 透 检 测

（第 二 版）

中国特种设备检验协会组织编写

主编　胡学知
主审　郑　晖　邢兆辉

中国劳动社会保障出版社

图书在版编目(CIP)数据

渗透检测/胡学知主编. —2版. —北京：中国劳动社会保障出版社，2007

全国特种设备无损检测人员资格考核统编教材

ISBN 978-7-5045-6125-1

Ⅰ. 渗… Ⅱ. 胡… Ⅲ. 渗透检验-技术培训-教材 Ⅳ. TG115.28

中国版本图书馆 CIP 数据核字(2007)第 050949 号

中国劳动社会保障出版社出版发行

(北京市惠新东街1号 邮政编码：100029)

出版人：张梦欣

*

北京市艺辉印刷有限公司印刷装订 新华书店经销
787毫米×1092毫米 16开本 15印张 339千字
2007年5月第2版 2024年10月第27次印刷
定价：60.00元

营销中心电话：400-606-6496
出版社网址：http://www.class.com.cn

版权专有 侵权必究

如有印装差错，请与本社联系调换：(010)81211666
我社将与版权执法机关配合，大力打击盗印、销售和使用盗版图书活动，敬请广大读者协助举报，经查实将给予举报者奖励。
举报电话：(010)64954652

《全国特种设备无损检测人员资格考核统编教材》
编审委员会名单

主　任　　宋继红

副主任　　林树青、王晓雷、沈　钢、强天鹏

委　员　　郑世才、李　衍、顾阎如、姚志忠、宋志哲、
　　　　　胡学知、李　伟、张　平、周志伟、邢兆辉、
　　　　　郑　晖、张　明、阎建芳、解应龙、蒋仕良、
　　　　　许遵言、袁　榕、侯少华、张志超、郭伟灿、
　　　　　毛小虎、韩建荒、陈玉宝、邱　扬、高迎峰、
　　　　　姚　力、夏福勇、张路根

内容提要

本书是在全国特种设备无损检测人员资格考核委员会直接领导下编写的渗透检测人员资格考核统编教材，按照全国特种设备无损检测人员资格考核大纲编写。

本书共分13章，主要内容包括：渗透检测的基础知识，渗透检测的物理化学基础，渗透检测的光学基础，渗透检测剂，渗透检测设备、仪器和试块，渗透检测方法，渗透检测工艺，显示的解释与缺陷评定，质量控制与安全防护，渗透检测应用，承压设备渗透检测工艺规程和工艺卡，国内外渗透检测标准对比分析以及6个渗透检测实验。

本书的特点是：既注重理论与实际应用的结合，又紧跟科技的发展，及时介绍国内外渗透检测的新观点和新技术。本书除作为特种设备渗透检测人员资格考核培训教材外，也可供各企业生产一线人员、质量管理人员、安全监察人员、研究机构、大专院校相关专业师生学习使用。

前　言

无损检测是在现代科学基础上产生和发展的检测技术，它借助先进的技术和仪器设备，在不损坏、不改变被检测对象理化状态的情况下，对被检测对象的内部及表面的结构、性质、状态进行高灵敏度和高可靠性的检查和测试，借以评判它们的连续性、完整性、安全性以及其他性能指标。作为一种有效的检测手段，无损检测在我国已广泛应用于经济建设的各个领域，例如特种设备的制造检测和在用检验，以及机械、冶金、石油天然气、化工、航空航天、船舶、铁道、电力、核工业、兵器、煤炭、有色金属、建筑等行业。尤其在保证承压类特种设备产品质量和使用安全方面，无损检测技术显得特别重要。

无损检测应用的正确性和有效性，一方面取决于所采用的技术和装备的水平，另一方面更重要的是取决于检测人员的知识水平和判断能力。无损检测人员所承担的职责要求他们具备相应的无损检测理论知识和技术素质。因此，必须制订一定的规则和程序，对特种设备无损检测人员进行培训和考核，鉴定他们是否具备这种资格。国家特种设备安全监督管理部门对无损检测人员培训和考核十分重视。在 20 世纪 80 年代，就组织成立了锅炉压力容器无损检测人员资格鉴定考核机构，制定了无损检测人员考核规则，开展了培训和人员资格考核工作。1990 年，全国锅炉压力容器无损检测人员资格鉴定考核委员会组织编写了无损检测人员资格考核培训教材。多年的实践证明，该套教材的使用，对系统地进行知识和技能培训、严格地实施考核鉴定制度，对提高我国无损检测人员的水平，保证无损检测技术的正确应用，发挥了重要作用。

无损检测技术的发展日新月异，随着时间的推移，第一版教材的内容已显得陈旧，无法满足培训考核的需要。为保证我国特种设备无损检测人员的考核工作质量，使我国无损检测技术培训跟上国际水平，全国特种设备无损检测人员资格考核委员会决定编写第二版特种设备无损检测资格考核统编教材。

第二版教材的编写工作是由中国特种设备检验协会牵头，在全国特种设备无损检测人员资格考核委员会的直接领导下进行的。由国内无损检测专家担纲，以无损检测人员资格考核大纲为依据，紧扣 JB/T 4730—2005《承压设备无损检测》，全面系统地体现了无损检测技术的进步和特种设备无损检测的特点与要求。教材编写以 Ⅱ、Ⅲ 级检测人员的培训内容为主体,注重体现Ⅲ级所要求的深度和广度,强调实际应用,增加典型应用实例、典型案例的介绍,并力图反映无损检测技术发展的最新动态、满足特种设备行业的实际要求。在内容安排上,全套教材在充实理论基础的前提下,突出理论、工艺和应用之间的联系,使之更加实用。第二版教材共计 5 种:《承压类特种设备无损检测相关知识》《射线检测》《磁粉检测》《渗透检测》《超声检测》。上述教材写出后经过试用和反复修改,由中国劳动社会保障出版社出版。

第二版教材的出版不仅给报考特种设备无损检测Ⅱ、Ⅲ级人员资格考核的广大考生提供了一套具有权威性、实用性、科学性的教材,同时也为无损检测行业的技术人员、特种设备质量管理人员、大专院校相关专业的师生提供了有价值的参考书。

第二版教材的编写工作得到了有关领导、专家和全国无损检测人员资格考核委员会考评人员的大力支持和帮助,并提出了宝贵意见,在此表示衷心感谢!由于时间仓促、水平有限,书中内容若有不妥和错误之处,热切希望广大读者不吝赐教。

《全国特种设备无损检测人员资格考核统编教材》编审委员会

2007 年 3 月 30 日

编写说明

受全国特种设备无损检测人员资格考核委员会的委托，我们承担了《渗透检测（第二版）》的编写工作。第二版是第一版的全面修订。修订依据的是特种设备无损检测人员资格考核大纲、JB4730.5—2005《承压设备无损检测　第5部分：渗透检测》及国内外相关新标准。

新版从结构到内容对全书作了调整、删节和改写，使本书的逻辑层次关系更加合理，使内容叙述更加简明易懂。这次修订，紧跟国内外渗透检测技术的最新发展，突出特种设备的行业特点。新版介绍了渗透检测最新的工艺方法、试块、设备仪器及生产线，增加了很多缺陷显示照片及试块、设备仪器、生产线的图片；对渗透检测的工艺操作、通用工艺规程和工艺卡编写、显示解释与缺陷评定、具体应用等内容，结合特种设备的行业特点都重新改写，便于学员学习使用。

本书除作为全国特种设备渗透检测人员（Ⅱ级、Ⅲ级）人员资格考核指定教材外，还可供从事渗透检测的工程技术人员及大专院校相关专业师生学习参考。

本次编写由全国特种设备无损检测人员资格考核委员会沈钢、强天鹏提出总体指导思想，郑晖和渗透组考评人员提出内容和结构安排。参加本书编写工作的人员有：胡学知、邢兆辉（第1章～第6章、第9章、第12章、第13章），夏福勇（第7章），姚力（第8章），高迎峰（第10章），张路根（第11章）。全书由胡学知、郑晖、邢兆辉进行统稿、审核和修改。

本书采用两种字体编排，宋体字为Ⅱ级和Ⅲ级人员共同要求的内容，楷体字为Ⅲ级人员增加的内容。习题中带"＊"的是Ⅲ级人员要求的习题，其余为Ⅱ级和Ⅲ级人员共同要求的习题。

本书的编写工作得到了全国特种设备无损检测人员资格鉴定考核委员会领导、秘书处及渗透检测专业组全体同志的大力支持和全面的帮助，在此表示最深切的谢意。

限于编者的水平和经验，难免有疏漏不当之处，恳请读者提出宝贵意见。

意见请寄：全国特种设备无损检测人员资格鉴定考核委员会秘书处（北京市朝阳区和平街西苑2号楼A511室，邮编100013）。

《渗透检测》编写组

目 录

第1章 绪论 ………………………………………………………………………（1）
  1.1 渗透检测的发展简史和现状 ……………………………………………（1）
    1.1.1 渗透检测的定义和作用 …………………………………………（1）
    1.1.2 渗透检测的发展简史 ……………………………………………（1）
    1.1.3 国外渗透检测的现状 ……………………………………………（2）
    1.1.4 国内渗透检测的现状 ……………………………………………（3）
  1.2 渗透检测的基础知识 ……………………………………………………（4）
    1.2.1 渗透检测的基本原理 ……………………………………………（4）
    1.2.2 渗透检测方法的分类 ……………………………………………（4）
    1.2.3 渗透检测操作的基本步骤 ………………………………………（5）
    1.2.4 渗透检测工作质量及体系 ………………………………………（6）
    1.2.5 渗透检测的优点和局限性 ………………………………………（6）
  1.3 表面缺陷无损检测方法的比较 …………………………………………（7）
  复习思考题 ……………………………………………………………………（8）

第2章 渗透检测的物理化学基础 ……………………………………………（9）
  2.1 分子论 ……………………………………………………………………（9）
    2.1.1 分子运动论 ………………………………………………………（9）
    2.1.2 最小能量理论 ……………………………………………………（10）
    2.1.3 自然界的三种物质形态 …………………………………………（11）
  2.2 表面张力与表面张力系数 ………………………………………………（11）
    2.2.1 表面张力与表面张力系数概念 …………………………………（11）
    2.2.2 表面张力的产生机理 ……………………………………………（13）
    2.2.3 表面过剩自由能 …………………………………………………（15）
    2.2.4 界面张力与界面能 ………………………………………………（15）
  2.3 润湿现象 …………………………………………………………………（16）
    2.3.1 润湿（或不润湿）现象 …………………………………………（16）
    2.3.2 润湿方程和接触角 ………………………………………………（17）
    2.3.3 润湿的三种方式和润湿的四个等级 ……………………………（18）

2.3.4　润湿（或不润湿）现象的产生机理……………………………（19）
2.4　毛细现象 ……………………………………………………………（19）
　　2.4.1　毛细现象 ………………………………………………………（19）
　　2.4.2　弯曲液面的附加压强 …………………………………………（20）
　　2.4.3　毛细现象中的液面高度 ………………………………………（21）
　　2.4.4　毛细现象的产生机理 …………………………………………（24）
　　2.4.5　渗透检测中的毛细现象 ………………………………………（25）
2.5　吸附现象 ……………………………………………………………（26）
　　2.5.1　固体表面的吸附现象 …………………………………………（26）
　　2.5.2　液体表面的吸附现象 …………………………………………（26）
　　2.5.3　物理吸附和化学吸附 …………………………………………（27）
　　2.5.4　吸附现象的产生机理 …………………………………………（27）
　　2.5.5　渗透检测中的吸附现象 ………………………………………（28）
2.6　溶解现象 ……………………………………………………………（29）
　　2.6.1　溶解现象及溶解度 ……………………………………………（29）
　　2.6.2　渗透剂的浓度 …………………………………………………（29）
　　2.6.3　相似相溶经验法则 ……………………………………………（30）
　　2.6.4　渗透检测与溶解度、浓度 ……………………………………（31）
2.7　表面活性与表面活性剂 ……………………………………………（32）
　　2.7.1　表面活性及表面活性剂的定义 ………………………………（32）
　　2.7.2　表面活性剂的种类、结构特点及 H.L.B 值 …………………（33）
　　2.7.3　表面活性剂的作用 ……………………………………………（35）
　　2.7.4　乳化作用 ………………………………………………………（35）
　　2.7.5　表面活性剂在溶液中的特性 …………………………………（38）
复习思考题 …………………………………………………………………（40）

第3章　渗透检测的光学基础 ………………………………………（43）
3.1　光的本性 ……………………………………………………………（43）
　　3.1.1　光是一种电磁波 ………………………………………………（43）
　　3.1.2　光子说 …………………………………………………………（44）
　　3.1.3　光的波粒二象性 ………………………………………………（44）
3.2　发光及光致光发 ……………………………………………………（44）
　　3.2.1　发光 ……………………………………………………………（44）
　　3.2.2　光致发光（荧光、磷光） ……………………………………（45）
　　3.2.3　渗透检测用光 …………………………………………………（45）
　　3.2.4　发光机理 ………………………………………………………（46）
3.3　光度学 ………………………………………………………………（47）
3.4　对比度和可见度 ……………………………………………………（49）

3.4.1　对比度 ……………………………………………………………（49）
　　3.4.2　可见度 ……………………………………………………………（50）
3.5　缺陷显示及裂纹检出能力 ……………………………………………………（50）
　　3.5.1　缺陷显示 …………………………………………………………（50）
　　3.5.2　裂纹检出能力 ……………………………………………………（51）
复习思考题 ……………………………………………………………………………（52）

第4章　渗透检测剂 …………………………………………………………………（53）

4.1　渗透剂 …………………………………………………………………………（53）
　　4.1.1　渗透剂的分类 ……………………………………………………（53）
　　4.1.2　渗透剂的组成 ……………………………………………………（54）
　　4.1.3　渗透剂的性能 ……………………………………………………（56）
　　4.1.4　着色渗透剂 ………………………………………………………（60）
　　4.1.5　荧光渗透剂 ………………………………………………………（62）
　　4.1.6　特殊类型的渗透剂 ………………………………………………（64）
4.2　去除剂 …………………………………………………………………………（66）
　　4.2.1　乳化剂 ……………………………………………………………（67）
　　4.2.2　溶剂去除剂 ………………………………………………………（69）
4.3　显像剂 …………………………………………………………………………（70）
　　4.3.1　显像剂的分类及组成 ……………………………………………（70）
　　4.3.2　显像剂的性能 ……………………………………………………（71）
4.4　渗透检测剂系统 ………………………………………………………………（72）
　　4.4.1　渗透检测剂系统的定义及同族组 ………………………………（72）
　　4.4.2　渗透检测剂系统的选择原则 ……………………………………（73）
4.5　国内渗透检测剂简介 …………………………………………………………（73）
4.6　国外渗透检测剂简介 …………………………………………………………（75）
复习思考题 ……………………………………………………………………………（79）

第5章　渗透检测设备、仪器和试块 …………………………………………（81）

5.1　便携式设备 ……………………………………………………………………（81）
5.2　固定式设备 ……………………………………………………………………（81）
　　5.2.1　预清洗装置 ………………………………………………………（81）
　　5.2.2　渗透剂施加装置 …………………………………………………（82）
　　5.2.3　乳化剂施加装置 …………………………………………………（83）
　　5.2.4　水洗装置 …………………………………………………………（83）
　　5.2.5　干燥装置 …………………………………………………………（84）
　　5.2.6　显像剂施加装置 …………………………………………………（84）
　　5.2.7　后清洗装置 ………………………………………………………（85）

5.2.8 整体装置 (85)
5.2.9 静电喷涂装置 (87)
5.3 检验场地及光源 (87)
5.3.1 检验场地 (87)
5.3.2 检测光源 (88)
5.4 测量设备 (90)
5.4.1 黑光辐射强度计 (90)
5.4.2 黑光照度计 (91)
5.4.3 白光照度计 (91)
5.4.4 荧光亮度计 (92)
5.5 渗透检测试块 (92)
5.5.1 铝合金淬火试块（A型试块） (92)
5.5.2 不锈钢镀铬辐射状裂纹试块（B型试块） (94)
5.5.3 黄铜板镀镍铬层裂纹试块（C型试块） (95)
5.5.4 其他试块 (96)
复习思考题 (99)

第6章 渗透检测方法 (100)
6.1 水洗型渗透检测法 (100)
6.2 后乳化型渗透检测法 (102)
6.3 溶剂去除型渗透检测法 (105)
6.4 特殊的渗透检测方法 (106)
6.4.1 加载法 (106)
6.4.2 渗透剂与显像剂相互作用法 (107)
6.4.3 逆荧光法 (107)
6.4.4 酸洗显示的染色法 (107)
6.4.5 消色法 (107)
6.4.6 气体渗透剂技术（氪曝光技术、KET技术） (108)
6.4.7 铬酸阳极化法 (108)
6.4.8 用渗透剂检测泄漏缺陷的方法 (108)
6.4.9 非标准温度的检测方法 (109)
6.5 渗透检测方法的选用 (109)
复习思考题 (111)

第7章 渗透检测工艺 (112)
7.1 表面准备和预清洗 (112)
7.1.1 污染物类别及其对渗透检测的影响 (113)
7.1.2 清除污染物的方法 (114)

7.2 施加渗透剂 ··· (118)
　　7.2.1 渗透剂施加方法 ·· (118)
　　7.2.2 渗透时间及温度 ·· (118)
7.3 去除多余的渗透剂 ·· (118)
　　7.3.1 水洗型渗透剂的去除 ·· (119)
　　7.3.2 后乳化型渗透剂的去除 ·· (119)
　　7.3.3 溶剂去除型渗透剂的去除 ·· (120)
　　7.3.4 去除方法与缺陷中渗透剂被去除可能性的关系 ···························· (120)
7.4 干燥 ·· (121)
　　7.4.1 干燥的目的和时机 ·· (121)
　　7.4.2 常用的干燥方法 ·· (121)
　　7.4.3 干燥温度和时间 ·· (121)
7.5 显像 ·· (122)
　　7.5.1 显像方法 ·· (122)
　　7.5.2 显像时间 ·· (123)
　　7.5.3 干式显像与湿式显像比较 ·· (123)
　　7.5.4 显像剂的选择 ·· (124)
7.6 观察和评定 ·· (124)
　　7.6.1 观察时机 ·· (124)
　　7.6.2 观察光源 ·· (124)
　　7.6.3 注意事项 ·· (124)
7.7 后清洗及复验 ·· (125)
复习思考题 ·· (126)

第8章 显示的解释与缺陷评定 ·· (128)

8.1 显示的解释和分类 ·· (128)
　　8.1.1 显示的解释 ·· (128)
　　8.1.2 显示的分类 ·· (128)
8.2 缺陷评定 ·· (130)
　　8.2.1 缺陷显示的分类 ·· (130)
　　8.2.2 缺陷的分类 ·· (131)
　　8.2.3 常见缺陷及其显示特征 ·· (132)
　　8.2.4 缺陷显示的评定 ·· (138)
8.3 JB/T 4730.5—2005 关于渗透显示的分类和评定要求 ···························· (139)
8.4 渗透检测记录和报告 ·· (140)
　　8.4.1 缺陷的记录 ·· (140)
　　8.4.2 渗透检测记录和报告 ·· (141)
复习思考题 ·· (142)

第9章 质量控制与安全防护 (144)
9.1 质量控制的必要性 (144)
9.1.1 渗透检测剂的性能校验 (144)
9.1.2 渗透检测剂系统灵敏度鉴定 (150)
9.1.3 渗透检测剂的质量控制 (152)
9.1.4 渗透检测设备、仪器和试块的质量控制 (153)
9.1.5 渗透检测工艺操作的质量控制 (155)
9.2 渗透检测安全防护 (157)
9.2.1 防火安全 (157)
9.2.2 卫生安全 (158)
复习思考题 (161)

第10章 渗透检测应用 (163)
10.1 焊接件的渗透检测 (163)
10.1.1 焊缝的渗透检测 (164)
10.1.2 坡口的渗透检测 (165)
10.1.3 焊接过程中的渗透检测 (165)
10.2 铸件的渗透检测 (166)
10.2.1 铸件渗透检测的特点 (166)
10.2.2 铸件渗透检测程序 (167)
10.3 锻件的渗透检测 (168)
10.3.1 锻件渗透检测的特点 (168)
10.3.2 锻件渗透检测程序 (169)
10.4 非金属工件的渗透检测 (170)
10.5 在用承压设备与维修件渗透检测 (171)
复习思考题 (171)

第11章 特种设备渗透检测通用工艺规程和工艺卡 (172)
11.1 特种设备渗透检测通用工艺规程 (172)
11.2 特种设备渗透检测工艺卡 (173)
11.3 特种设备渗透检测工艺卡编制举例 (176)

第12章 国内外渗透检测标准对比分析 (182)
12.1 国内渗透检测标准 (182)
12.1.1 渗透检测综合性标准 (182)
12.1.2 渗透检测材料标准 (183)

  12.1.3 渗透检测设备标准 (183)
  12.1.4 渗透检测试块标准 (183)
  12.1.5 渗透检测质量验收标准 (183)
 12.2 国外渗透检测标准 (185)
  12.2.1 渗透检测工艺方法标准 (185)
  12.2.2 渗透检测材料标准 (185)
  12.2.3 渗透检测设备标准 (186)
  12.2.4 渗透检测工件标准 (186)
  12.2.5 渗透检测术语标准 (186)
  12.2.6 渗透检测试块标准 (186)
  12.2.7 渗透检测质量验收标准 (187)
  12.2.8 渗透检测其他标准 (187)
 复习思考题 (188)

第13章 渗透检测实验 (189)

 实验一 溶剂去除型着色渗透剂性能比较 (189)
 实验二 后乳化型着色渗透剂的配制 (190)
 实验三 溶剂悬浮湿式显像剂的配制 (191)
 实验四 荧光渗透剂紫外线稳定性试验 (192)
 实验五 干粉显像剂的摇实密度 (193)
 实验六 焊缝着色渗透检测试验 (194)

附录 (196)

 附录一 渗透检验方法（GJB 2367—2005） (196)
 附录二 承压设备无损检测 第5部分 渗透检测（JB/T 4730.5—2005） (205)
 附录三 无损检测术语 渗透检测（GB/T 12604.3—2005） (214)

主要参考文献 (221)

第1章 绪　论

1.1　渗透检测的发展简史和现状

1.1.1　渗透检测的定义和作用

渗透检测是一种以毛细作用原理为基础的检查表面开口缺陷的无损检测方法。这种方法是五种常规无损检测方法（射线检测、超声波检测、磁粉检测、渗透检测、涡流检测）中的一种，是一门综合性科学技术。

同其他无损检测方法一样，渗透检测也是以不损坏被检测对象的使用性能为前提，运用物理、化学、材料科学及工程学理论为基础，对各种工程材料、零部件和产品进行有效的检验，借以评价它们的完整性、连续性及安全可靠性。渗透检测是产品制造中实现质量控制、节约原材料、改进工艺、提高劳动生产率的重要手段，也是设备维护中不可或缺的手段。

着色渗透检测在特种设备行业及机械行业里应用广泛。特种设备行业包括锅炉、压力容器、压力管道等承压设备，以及电梯、起重机械、客运索道、大型游乐设施等机电设备。荧光渗透检测在航空、航天、兵器、舰艇、原子能等国防工业领域中应用特别广泛。

1.1.2　渗透检测的发展简史

目前，尚未确切地查明渗透检测起源于何时。这种技术可能在19世纪初已开始被这样一些金属加工者使用：他们注意到淬火液或清洗液从肉眼看不清的裂纹中渗出。另外，人们也曾利用铁锈检查裂纹。户外存放的钢板，如果钢板表面有裂纹，水渗入了裂纹，形成了铁锈，裂纹上的铁锈比其他地方要多。因此，根据铁锈的位置，可以确定钢板上裂纹的位置。

但是，19世纪末期，铁道车轴、车轮、车钩的"油—白法"检查，公认为是渗透检测方法最早的应用。这种方法是将重滑油稀释在煤油中，得到一种混和体作为渗透剂；把工件浸入渗透剂中，一定时间后，用浸有煤油的布把工件表面擦净，再涂上一种白粉加酒精的悬浮液，待酒精自然挥发后，如果工件表面有开口缺陷，则在工件表面均匀的白色背景上出现显示缺陷的深黑色痕迹。

1930年以前，渗透检测发展较慢。1930年以后一直到第二次世界大战期间，航空工业的发展，非铁磁性材料（铝合金、镁合金、钛合金）大量使用，促进了渗透检测的发展。

从 20 世纪 30 年代到 40 年代初期，美国工程技术人员斯威策（R. C. Switzer）等人对渗透剂进行了大量的试验研究。他们把着色染料加到渗透剂中，增加了裂纹显示的颜色对比度；把荧光染料加到渗透剂中，用显像粉显像，并且在暗室里使用黑光灯观察缺陷显示，显著地提高了渗透检测灵敏度，使渗透检测进入新阶段。

随着现代科学技术的发展，高灵敏度及超高灵敏度的渗透剂相继问世；渗透材料逐渐形成系列，试验方法及手段趋于完善，已经实现标准化及商品化；在提高产品检验可靠性、检验速度及降低成本方面，也取得了新成果。渗透检测已经成为检查表面缺陷的三种主要无损检测方法（磁粉检测、渗透检测、涡流检测）之一。

1.1.3　国外渗透检测的现状

20 世纪 60 年代以来，国外渗透检测发展很快。为了提高检测速度，提高检测的一致性，降低检测的误差率，研制成功了渗透检测自动检验系统。为了提高探测疲劳裂纹与热疲劳裂纹的灵敏度与可靠性，研制成功了闪烁荧光渗透法。为减少环境污染与公害，研制了水基渗透剂、水洗法渗透检测技术和闭路检验技术。为了适合于镍基合金、钛合金及奥氏体钢材料的渗透检测，研制了严格控制硫、氟、氯等杂质含量的新型渗透检测剂。随着渗透检测技术的不断发展，国外也相继出现了一些专门供应渗透检测设备仪器和渗透检测剂的公司，例如美国磁通（Magnaflux）公司，英国阿觉克斯（Ardrox）公司，日本特殊涂料公司，德国蒂尔德（Tiede）公司等。

美国的渗透检测目前可以代表国际先进水平。下面简要介绍美国渗透检测的发展情况。从 20 世纪 50 年代开始，美国相继制定了多种渗透检测工艺规范和材料规范。

关于美国渗透检测工艺规范，现以美国材料及试验协会标准（ASTM）为例，举例如下：

①ASTM E1417《渗透检测的标准方法》；
②ASTM E1208《亲油性后乳化荧光渗透检测的试验方法》；
③ASTM E1209《可水洗性荧光渗透检测的试验方法》；
④ASTM E1210《亲水性后乳化荧光渗透检测的试验方法》；
⑤ASTM E1219《溶剂去除性荧光渗透检测的试验方法》；
⑥ASTM E1220《溶剂去除性着色渗透检测的试验方法》；
⑦ASTM E1418《可水洗性着色渗透检测的试验方法》；
⑧ASTM E165《渗透检测的标准推荐操作方法》。

关于美国渗透检测材料规范，现以美国宇航材料规范（AMS）及美国军用标准（MIL）为例，举例如下：

①AMS2644《渗透检测材料》；
②AMS2645K《荧光渗透检测材料》；
③AMS2646D《着色渗透检测材料》；
④AMS3155C《溶剂去除型油基荧光渗透剂》；
⑤AMS3156C《可水洗型油基荧光渗透剂》；

⑥AMS3157C《溶剂去除型强荧光油基荧光渗透剂》；
⑦AMS3158B《水基荧光渗透剂》；
⑧MIL-I-25135《渗透检测材料》。

AMS 2644 包括了美国宇航工业关于渗透检测材料的技术要求，代表了目前渗透检测方法应用的国际工艺水平。MIL-I-25135 则包括了美国军方对渗透检测材料的技术要求。

美国国防部早在 1957 年就颁布了经鉴定满足所列技术说明书最新版本要求的渗透检测材料的产品清单：QPL-25135《渗透检测材料目录　产品质量符合 MIL-I-25135》、QPL-AMS 2644《渗透检测材料目录　产品质量符合 AMS 2644》。

两个规范已经数次更版，现已被渗透检测界公认为世界权威性规范。

英国、法国、德国、日本等国也都有反映本国渗透检测水平的规范。

1.1.4　国内渗透检测的现状

20 世纪 50 年代初期，我国所采用的荧光渗透剂由煤油和滑油组成，在黑光照射下发浅蓝色白色荧光。典型配方：航空煤油 85％、机械滑油 15％。荧光亮度很低，发光强度只有 10 lx 左右，灵敏度也不高。渗透检验工艺也很落后，例如干燥用木屑。

20 世纪 50 年代末期至 60 年代初，有的单位在渗透剂内添加荧光黄（典型配方：DBP12.5％、二甲苯 25％、石油醚 62.5％、S101 荧光黄 0.2 g/100 ml、PEB 1 g/100 ml），使荧光渗透剂发光强度提高，灵敏度得到提高，但稳定性不够，清洗性能较差。有的单位在渗透剂内添加荧蒽（典型配方：煤油 90％、荧蒽 10％），使荧光渗透剂渗透性能提高，与煤油加滑油的渗透剂相比，发光强度也有所提高，但荧蒽是煤焦油的副产品，成分复杂，使用时，应防止与皮肤接触。与此同时，高灵敏度着色渗透剂也已研制出来。

20 世纪 70 年代中期，几个单位协作研制出新的荧光染料 YJP-15，并研制成功了自乳化型荧光渗透剂（典型型号：ZB-1，ZB-2，ZB-3）与后乳化型荧光渗透剂（典型型号：HA-1，HA-2，HB-1，HB-2），其性能已达到国外同类产品水平。其后，低毒型着色渗透剂也研制成功。

渗透检测在我国各个工业部门已经得到了广泛的应用，并在不断发展和提高中。我国相继制定多种反映国内渗透检测水平的标准，举例如下：

①国防科技工业军事标准：GJB 2367《渗透检测方法》；
②航空工业标准：HB/Z61《荧光检测说明书》；
③航天工业标准：QJ 1268《着色渗透检测方法》；
④航天工业标准：QJ 2505《着色渗透检测方法》；
⑤核工业标准：EJ 186《着色检测标准》；
⑥机械工业标准：JB/T 9218《渗透检测方法》；
⑦特种设备行业标准：JB/T 4730《承压设备无损检测》；
⑧民用航空标准：MH/T 3002.1《航空器无损检测　渗透检测》。

但是，渗透检测设备、渗透检测剂的制造及定期控制校验仍存在不少问题，例如荧光渗透剂性能不够稳定，停放时间长了会产生分层及沉淀；荧光渗透剂中硫、氯、氟等微量有害元素的控制未过关；荧光渗透剂品种少；国内还没有松装密度不大于 0.075 g/cm³ 的干粉显像剂，以及水溶和水悬浮显像剂。渗透检测的工艺方法及标准的质量水平也有待进一步提高。

1.2 渗透检测的基础知识

1.2.1 渗透检测的基本原理

渗透检测是基于液体的毛细作用（或毛细现象）和固体染料在一定条件下的发光现象。

渗透检测的工作原理是：工件表面被施涂含有荧光染料或着色染料的渗透剂后，在毛细作用下，经过一定时间，渗透剂可以渗入表面开口缺陷中；去除工件表面多余的渗透剂，经干燥后，再在工件表面施涂吸附介质——显像剂；同样在毛细作用下，显像剂将吸引缺陷中的渗透剂，即渗透剂回渗到显像剂中；在一定的光源下（黑光或白光），缺陷处的渗透剂痕迹被显示（黄绿色荧光或鲜艳红色），从而探测出缺陷的形貌及分布状态。

渗透检测操作的基本步骤见图 1—1。

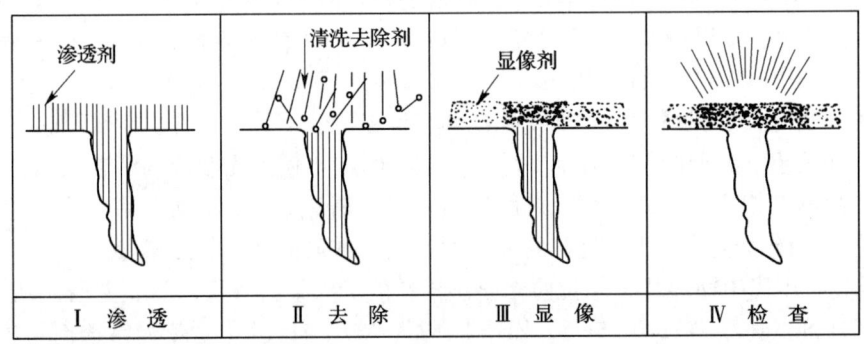

图 1—1 渗透检测操作的基本步骤

1.2.2 渗透检测方法的分类

见表 1—1。

表 1—1　　　　　　　　　渗透检测方法分类

渗透剂		渗透剂的去除		显像剂	
分类	名　称	方法	名　称	分类	名　称
Ⅰ	荧光渗透检测	A	水洗型渗透检测	a	干粉显像剂
Ⅱ	着色渗透检测	B	亲油型后乳化渗透检测	b	水溶解显像剂
Ⅲ	荧光着色渗透检测	C	溶剂去除型渗透检测	c	水悬浮显像剂
		D	亲水型后乳化渗透检测	d	溶剂悬浮显像剂
				e	自显像

注：渗透检测方法代号示例：ⅡCd 为溶剂去除型着色渗透检测（溶剂悬浮显像剂）。

1. 根据渗透剂所含染料成分分类

根据渗透剂所含染料成分，渗透检测分为荧光渗透检测法、着色渗透检测法和荧光着色渗透检测法，简称为荧光法、着色法和荧光着色法三大类。渗透剂内含有荧光物质，缺陷图像在紫外线下能激发荧光的为荧光法。渗透剂内含有有色染料，缺陷图像在白光或日光下显色的为着色法。荧光着色法兼备荧光和着色两种方法的特点，缺陷图像在白光或日光下能显色，在紫外线下又能激发出荧光。

2. 根据渗透剂去除方法方类

根据渗透剂去除方法，渗透检测分为水洗型、后乳化型和溶剂去除型三大类。水洗型渗透法是渗透剂内含有一定量的乳化剂，工件表面多余的渗透剂可直接用水洗掉。有的渗透剂虽不含乳化剂，但溶剂是水，即水基渗透剂，工件表面多余的渗透剂也可直接用水洗掉，它也属于水洗型渗透法。后乳化型渗透法的渗透剂不能直接用水从工件表面洗掉，必须增加一道乳化工序，即工件表面上多余的渗透剂要用乳化剂"乳化"后方能用水洗掉。溶剂去除型渗透法是用有机溶剂去除工件表面多余的渗透剂。

3. 根据显像剂类型分类

根据显像剂类型，渗透检测分为干式显像法、湿式显像法两大类。干式显像法是以白色微细粉末作为显像剂，施涂在清洗并干燥后的工件表面上。湿式显像法是将显像粉末悬浮于水中（水悬浮显像剂）或溶剂中（溶剂悬浮显像剂），也可将显像粉末溶解于水中（水溶性显像剂）。此外，还有塑料薄膜显像法；也有不使用显像剂，实现自显像的。

1.2.3 渗透检测操作的基本步骤

渗透检测一般应在冷热加工之后，表面处理之前以及工件制成之后进行。基本步骤见图1—2。

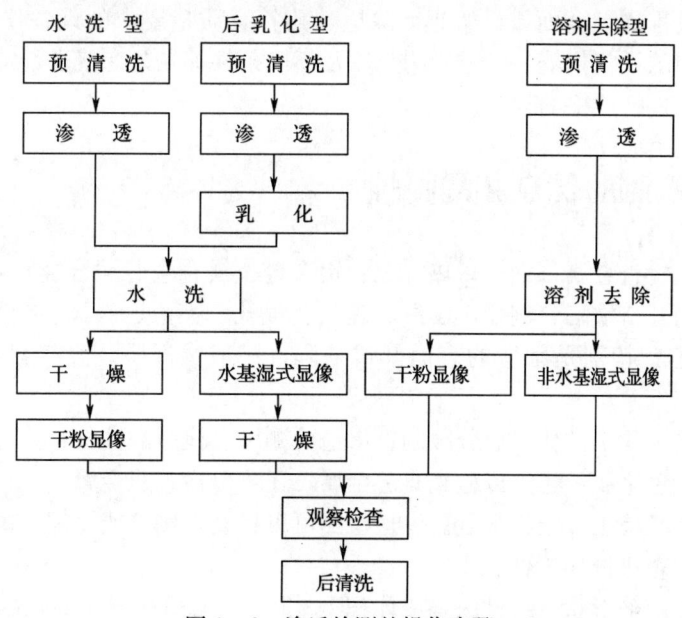

图1—2 渗透检测的操作步骤

注：干粉显像即干式显像，水基湿式显像即湿式显像，非水基湿式显像即快干式显像。

渗透检测

后乳化型渗透检测分为亲油型后乳化渗透检测及亲水型后乳化渗透检测两种。亲油型后乳化渗透检测的基本步骤见图1—2；亲水型后乳化渗透检测的基本步骤要在"乳化"环节前增加预水洗环节。

1.2.4 渗透检测工作质量及体系

渗透检测的工作质量直接关系到受检件在使用过程中的安全，而渗透检测的工作质量又取决于渗透检测体系的灵敏度、分辨力及可靠性。渗透检测体系包括渗透检测所使用的设备仪器（渗透装置、乳化装置、显像装置、黑光灯）、渗透检测剂（渗透剂、乳化剂、显像剂、去除剂）、工艺方法（渗透、去除、显像与水洗法、后乳化法、溶剂去除法）、环境条件（水源、电源、气源、暗室、光源）及渗透检测操作人员的技术资格水平等。

渗透检测体系的灵敏度：指渗透检测体系发现缺陷大小的能力。渗透检测时，缺陷可供测量的尺寸是：缺陷长度；渗透检测显示的缺陷迹痕宽度比缺陷实际宽度大很多倍；渗透检测质量验收标准中，用于评定的是缺陷迹痕长度，它大于缺陷的实际长度。

渗透检测体系的分辨力：指渗透检测体系探测缺陷几何特性（尺寸、形状、位置）的能力。众所周知，缺陷迹痕宽度直接影响分辨力。渗透检测时，缺陷迹痕宽度随着显像时间的延长，会变宽，使分辨力下降。

渗透检测体系的可靠性：指渗透检测体系检出缺陷与受检件真实缺陷之间的对应性。渗透检测时，缺陷迹痕的宽度随着显像时间的延长，会变宽；缺陷迹痕长度随着显像时间的延长，会变长；缺陷迹痕的形貌随着显像时间延长，会发生变化。例如，焊缝火口裂纹，开始时，呈星形放射状裂纹形貌，但随着显像时间的延长，会变成圆形显示。另外，渗透检测时，特有的堵塞问题，也大大影响渗透检测体系的可靠性。

渗透检测全过程进行全面质量管理，除应选购符合质量要求的设备仪器和渗透检测剂外，还应对使用中的设备仪器、渗透检测剂以及环境条件等工艺变量进行定期控制校验，对渗透检测的全过程进行严格的控制。

1.2.5 渗透检测的优点和局限性

渗透检测可以检查金属（钢、耐热合金、铝合金、镁合金、铜合金）和非金属（陶瓷、塑料）工件的表面开口缺陷，例如，裂纹、疏松、气孔、夹渣、冷隔、折叠和氧化斑疤等。这些表面开口缺陷，特别是细微的表面开口缺陷，一般情况下，直接目视检查是难以发现的。

渗透检测不受被检工件化学成分限制。渗透检测可以检查磁性材料，也可以检查非磁性材料；可以检查黑色金属，也可以检查有色金属，还可以检查非金属。

渗透检测不受被检工件结构限制。渗透检测可以检查焊接件或铸件，也可以检查压延件和锻件，还可以检查机械加工件。

渗透检测不受缺陷形状（线性缺陷或体积型缺陷）、尺寸和方向的限制。只需一次渗透检测，即可同时检查开口于表面的所有缺陷。

但是，渗透检测无法或难以检查多孔的材料，例如粉末冶金工件；也不适用于检查因外来因素造成开口被堵塞的缺陷，例如工件经喷丸处理或喷砂，则可能堵塞表面缺陷的"开口"，见图1—3。难以定量的控制检测操作质量，多凭检测人员的经验、认真程度和视力的敏锐程度。

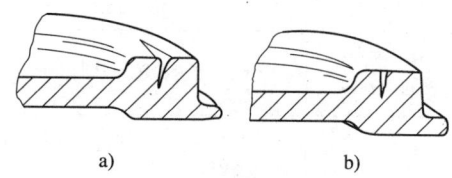

图1—3 喷砂前后缺陷开口变化示意图
a) 喷砂前 b) 喷砂后

1.3 表面缺陷无损检测方法的比较

渗透检测、磁粉检测和涡流检测都属于表面缺陷无损检测方法，但其方法原理和适用范围区别很大，并且有各自独特的优点和局限性。所以无损检测人员应熟悉掌握这三种检测方法，并能根据工件材料、状态和检测要求，选择合理的方法进行检测。如磁粉检测对铁磁性材料工件的表面和近表面缺陷具有很高的检测灵敏度，可发现微米级宽度的小缺陷，所以承压设备对铁磁性材料工件表面和近表面缺陷的检测宜优先选择磁粉检测，确因工件结构形状等原因不能使用磁粉检测时，方可使用渗透检测或涡流检测。

表面无损检测方法的比较见表1—2。

表1—2　　　　表面缺陷无损检测方法的比较

方法 项目	渗透检测（PT）	磁粉检测（MT）	涡流检测（ET）
方法原理	毛细渗透作用	磁场作用	电磁感应作用
适用材质	非多孔性材料	铁磁性材料	导电材料
能检测出的缺陷	表面开口缺陷	表面和近表面缺陷	表面及近表层缺陷
应用对象	任何非多孔性材料工件及使用中的上述工件检测	铸钢件、锻钢件、压延件、管材、棒材、型材、焊接件、机加工件及使用中的上述工件检测	管材、线材、棒材等工件检测；材料状态检验和分选；厚度测量等
主要检测缺陷	裂纹、白点、疏松、针孔、夹杂物	裂纹、发纹、白点、折叠、夹杂物、冷隔	裂纹、材质变化、厚度变化
显示缺陷的器材	渗透剂和显像剂	磁粉	记录仪，示波器或电压表
缺陷表现形式	渗透剂被显像剂吸附	漏磁场吸附磁粉形成磁痕	线圈输出电压和相位的变化
缺陷显示	直观	直观	不直观
缺陷性质判断	能大致确定	能大致确定	难以判断
灵敏度	较高	高	较低
检测速度	慢	较快	很快（可自动化）
污染	较重	较轻	很轻

渗透检测

续表

方法 项目	渗透检测（PT）	磁粉检测（MT）	涡流检测（ET）
其他	检测不受工件几何形状和缺陷方向的影响 可不用水电，特别适用于现场检验	检测几乎不受工件几何形状和缺陷方向的限制 检测时的灵敏度与磁化方向有很大关系	对形状复杂的工件不适用，有边界效应影响 非接触法检测

复习思考题

1. 什么叫渗透检测？简述渗透检测的工作原理和适用范围。

2. 渗透检测可以按什么形式分类？各分为哪几类？

3. 原始渗透检测方法与现代渗透检测方法主要区别是什么？为什么说美国工程技术人员斯威策开创了现代渗透检测方法的新阶段？

4. 渗透检测操作有哪几个基本步骤？水洗型、后乳化型及溶剂去除型渗透法各有几个基本操作程序？

5. 简述渗透检测、磁粉检测与涡流检测三种表面检测方法的工作原理、检测对象（制件类别、材料类别、缺陷类别）、缺陷显示方式与检测灵敏度等方面的区别？

6. 渗透检测体系的可靠性包括哪些内容？简述渗透检测体系的可靠性与受检零部件安全使用的关系。

7. 简述无损检测（探伤）的特征及作用。

第 2 章 渗透检测的物理化学基础

2.1 分子论

2.1.1 分子运动论

分子是能独立存在并具有本物质化学性质的最小粒子。除一些有机物质的大分子外，一般分子很小。我们在研究分子的时候，通常把分子假定是球形的，用直径来表示它的大小。一般分子的直径约为 10^{-10} m 数量级。例如，水分子的直径约为 4×10^{-10} m，质量约为 3×10^{-26} kg。

运用分子运动和分子的相互作用来论述物质的某些性质（例如液体表面张力、润湿、毛细作用）的理论叫分子运动论。

1. 宏观物体由大量分子组成

1 mol 任何物质所含的基本单元都是 6.02×10^{23} 个。例如，1 mol 氧气 32 g，含有氧气分子数为 6.02×10^{23} 个；1 mol 水 18 g，含有水分子数为 6.02×10^{23} 个；而 1 cm³ 水中含有水分子约为 3.3×10^{22} 个。

分子之间存在着空隙。固体、液体和气体都能够被压缩的事实，水和酒精混合后的体积小于原来体积之和的实验，都说明分子间存有空隙。

2. 分子在永不停息地运动

布朗运动和扩散现象都证实分子在永不停息地运动着。大量分子的运动表现为无规则的运动。分子的无规则运动与温度有关，温度越高，分子运动越激烈。所以，分子的无规则运动称为物质的热运动。这种运动本质上不同于机械运动。

3. 分子间存在相互作用力

分子间同时存在着引力和斥力。拉伸物体时，表现出的分子力是引力；压缩物体时，表现出的分子力是斥力（实际上是分子引力和斥力的合力）。分子的引力和斥力的大小都跟物体分子间的距离有关。分子间距离大约在 10^{-10} m 时（设为 r_0），分子的引力和斥力相平衡，分子处于平衡位置；分子间的距离变小时（小于 r_0），分子间的引力和斥力都随着增大，但斥力比引力增加得快，使斥力大于引力，合力表现为斥力；反之，当分子间的距离变大时（大于 r_0），分子间的引力和斥力都随着减小，但斥力比引力减小得快，使引力大于斥力，合力表现为引力。当分子间距离超过分子直径的十倍以上时，可以认为分子力等于零。

分子作用与分子间距离的关系见图 2—1a。

渗透检测

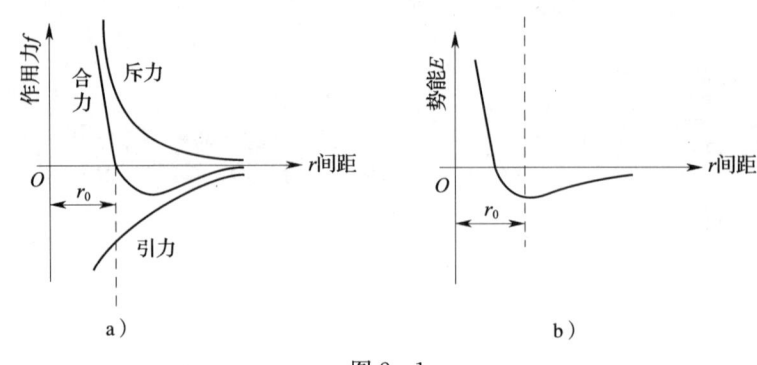

图 2—1
a) 分子作用力与分子间距关系示意图　b) 分子势能与分子间距关系示意图

2.1.2　最小能量理论

1. 分子动能

运动着的分子具有动能。分子的运动是杂乱的。在同一时刻，物体内各个分子的运动方向不同，运动的速率也不同，每个分子的动能自然也不同。在研究热现象时，有意义的不是单个分子的动能，而是物质内所有分子的动能的平均值。我们把物体内分子动能的平均值叫做分子的平均动能。

从分子运动论的观点看，分子热运动越激烈，分子的平均动能就越大，物体的温度也就越高。所以，温度是物体分子平均动能的标志。

2. 分子势能

由于分子间存在相互作用力，因此分子具有由它们的相对位置所决定的势能，这就是分子势能。

如果分子间的距离大于 r_0，它们间的相互作用是引力，分子势能随着分子间的距离增大而增加；如果分子间的距离小于 r_0，它们间的相互作用是斥力，分子势能随着分子间的距离减小而增加。

分子势能与分子间距离的关系见图 2—1b。

3. 物体的内能

物体里所有分子的动能和势能的总和叫做物体的内能。任何物体都是由永不停息运动着而且互相作用着的分子构成，所以，任何物体都有内能。

物体的内能是可以改变的。例如温度改变时，因为物体分子无规则运动的动能改变了，所以内能也随着改变。又例如体积、形状或物态改变时，因为物体分子的相对位置改变了，分子的势能改变了，所以内能也随着改变。

若干物体的内能越低（小），由若干物体所构成的系统的能量相应就越低（小），系统就越稳定。

自然界各物体都有使其能量最小，从而使各系统变得最稳定的趋势，这就是最小能量理论。

2.1.3　自然界的三种物质形态

自然界物质有三种形态：气态、液态和固态，即气、液及固三相，相应的介质是气体、液体和固体。

气体分子间的平均距离很大，分子间的自由程比分子本身大许多倍，分子的热运动平均动能可轻易克服分子间的吸引力。因此，气体分子极易向各方向扩散并充满所给的容器。

固体中每一个质点（原子、离子）在自己的平衡位置附近振动，互相之间有很大的吸引力。因此，在固体内，分子不容易扩散。

液体中分子排列比气体紧密得多，分子间的相互作用力较大，但分子热运动的平均动能不足以克服分子间的作用力，因而液体具有一定的体积。同时，液体内部存在着分子可移动的空"位置"。因此，液体结构形状可变，若置于不同形状的容器中，在液体自身重量的作用下，它就取与该容器相同的外形。

物质的相与相之间的分界面称为界面。一般存在如下几种界面：液—气界面、固—气界面、液—液界面和液—固界面。人们已经习惯把有气相参与组成的相界面叫表面，其他的相界面叫界面，例如把液—气界面称为液体表面，把固—气界面称为固体表面，其实两者并无严格区分，常常通用。

在液—气表面，我们把跟气体接触的液体薄层称表面层。在液—固界面，我们把跟固体接触的液体薄层称附着层。表面层的分子，一方面受到液体内部分子的作用，另一方面受到气体分子的作用。附着层的分子，一方面受到液体内部分子的作用，另一方面受到固体分子的作用。

2.2　表面张力与表面张力系数

2.2.1　表面张力与表面张力系数概念

液体的表面层跟液体内部的分子比较起来，是处在特殊状态中，因此，就产生了一些特殊的现象。

液体具有流动性。一定量的液体（例如水）置于一定几何形状的容器中，在液体自身重量的作用下，液体呈盛着它的容器的几何形状，而且表面是水平的。但是，少量液体的表面并不是这样。例如，荷叶上的小水滴，草叶上的露珠是近于球形的。又例如，在水平的玻璃片上，小水银珠成球形，大水银珠成扁平状；如果在成球形的小水银珠上盖一块玻璃片，小水银珠会被玻璃片压扁。但是，去掉上面盖着的玻璃片，即去除外加的压力，小水银珠又会恢复成球形。大水银珠成扁平状，是因为水银珠的重量比较大，它的形状受到重力的影响也比较大。如果可以设法消除水银珠的重量对其形状的影响，那么大水银珠也能成为球形。

我们知道，体积一定的几何形体中，球体的表面积最小。因此，一定量的液体从其他形状变为球形时，就伴随着表面积的减小。另外，液膜也有自动收缩的现象。上述实例都说明液体表面有收缩到最小的趋势。这是液体表面最基本的特性。

根据力学知识知道，液体能够从其他形状变为球形是由于有力的作用。我们把这种存在

渗透检测

于液体表面，使液体表面收缩的力称为液体的表面张力。

表面张力实验示意图见图2—2。

在图2—2中，EMNF是金属框，AB是活动边，AB边同相连的两边的摩擦力忽略不计。把液体做成液膜（例如肥皂液膜），框在AMNB内。AB边会在表面张力f作用下向使液面缩小的方向（即向上）移动。为保持平衡（不收缩），就必须施一适当的与液面相切的力F于宽度为L的液面上。平衡时这两个力大小相等方向相反，令AB为L，则有：

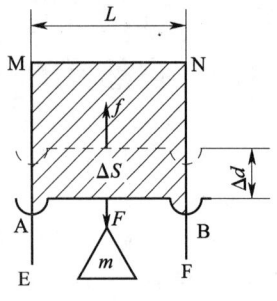

图2—2 表面张力实验图

$$F = mg = f = \alpha L \tag{2—1}$$

式中 f——表面张力；

m——所挂物体的质量；

g——重力加速度；

L——活动边AB（液面边界线）长度；

α——比例系数，即表面张力系数。

由上式可知，表面张力一般以表面张力系数表示，表面张力系数可定义为单位长度上的表面张力。它的作用方向与液体表面相切。表面张力系数是液体的基本物理性质之一，通常以毫牛顿/米（mN/m）或牛顿/米（N/m）为单位。换算关系如下：

$$1\ \text{mN/m} = 10^{-3}\ \text{N/m} \tag{2—2}$$

一般而言，表面张力系数与液体的种类和温度有关。一定成分的液体，在一定的温度和压力下有一定的表面张力系数α值。不同液体，α值不同；同一液体，表面张力系数α值随温度上升而下降；但有少数金属熔融液体的表面张力系数α值随温度上升而增高，例如铜、镉等金属的熔融液体。容易挥发的液体与不容易挥发的液体相比，其表面张力系数α更小。含有杂质的液体比纯净的液体的表面张力系数α要小。

一些常用液体的表面张力系数见表2—1。

表2—1 常用液体的表面张力系数

液体名称	温度（℃）	表面张力系数（mN/m）	液体名称	温度（℃）	表面张力系数（mN/m）
水	20	72.8	水银	20	484
乙醇	20	23.0	丙酸	20	26.7
苯	20	28.9	乙酸乙酯	20	27.9
三氯甲烷	25	26.7	甲苯	20	28.4
四氯化碳	25	26.4	乙醚	20	17.0
油酸	20	32.5	水杨酸甲酯	20	48.0
煤油	20	23.0	苯甲酸甲酯	20	41.5
松节油	20	28.8	丙酮	20	23.7
硝基苯	20	43.9	四氯乙烯	20	35.7
醋酸	20	27.6	甘油	20	65.0

2.2.2 表面张力的产生机理

1. 液体的表面层

液体的表面层是指在液—气界面上与气体接触的液体薄层，它是由液体表面分子和液体近表面分子组成的。液体表面层分子和内部分子相互作用示意图见图2—3。相邻分子间，分子作用力所能达到的最大距离叫分子作用半径，在图2—3中用 r 表示。半径为 r 的球形作用范围叫分子作用球。

2. 液体表面层对液体整体施加的压力

见图2—3，在 XOY 剖面，MN为液体与气体的分界面，A、B及C为液体中处于不同位置的分子。

分子A处于液体内部。在液体中有大量的其他分子处于分子A的分子作用球内，这些分子作用于分子A上的引力指向各个不同方向，平均地讲，这些引力是互相抵消的，所以，在液体内部，其他分子对某一分子的作用力，其合力为零。

分子B，靠近液体表面。分子C，处于液体表面。分子B距液面MN的距离小于分子作用半径 r，分子C距液面MN的距离为0，即分子作用球只有一半部分在液体内部，而另一半部分在液体之外。在液体之外，分子作用力就是液面上的气体分子对分子B、C的作用力，其大小与液体内分子作用力相比是微乎其微的。在液体内部，分子B、C的分子作用球内的分子，对分子B、C的作用力较大，是不能忽略的。所以，从各个方向作用于分子B、C上的引力的合力 R 就不为零。合力 R 的方向指向液体内部。分子距液面MN越近，合力 R 越大。

所以如图2—3所示，$R_1 > R_2 > R_3$。

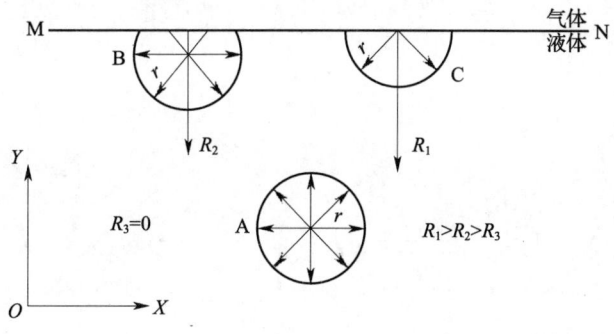

图2—3　液体表面层和内部分子作用示意图

综上所述，每一个到液面的距离小于分子作用半径 r 的分子，都受到一个指向液体内部的力的作用，而这些分子组成的表面层，即由表面分子及近表面分子组成的液体表面层，都受到垂直于液面而且指向液体内部的力的作用。这种作用力就是液体表面层对整个液体施加的压力，其实质是液体分子间的作用力。根据最小能量理论，液体表面越小，则受到这种力作用的分子数目越少，系统的能量相应就越低，系统就越稳定。于是液体表面有自行收缩的趋势。

3. 液体表面分子间表现为相互吸引力

液体里的分子是在不停地振动着。在液体内部，每一个分子的周围都有许多别的分子，所以当一个分子从平衡位置向某一方向运动的时候，它就受到它所离开的那方向的分子的拉引，同时还受到它所靠拢的那方向的分子的推斥。可是，在液体表面的分子，当它从平衡位置向外运动的时候，只受到液体内部分子的拉引（气体分子对它的作用力很小，可以略去不计）；因此，它所受的使它回到平衡位置的力就比在液体内部小些，这就使液体表面层的分子振动的振幅比起液体内部大些，分子间的距离也就大些。以此可知，液体表面层分子的分布要比液体内部稀疏些。

液体表面层附近的分子分布示意图见图 2—4。

由于液体表面层里分子的分布比在液体内部稀疏，表面层里的分子间的斥力和引力减弱了。图 2—1 告诉我们，当分子间的距离变大时，分子间的引力和斥力都随着减小，但斥力比引力减小得快，从而使合力表现为引力。如果在液体表面上划一条分界线 EF（见图 2—5），把液体分成（1）和（2）两部分，那么这两部分的分子间则是既存在着相互吸引的力，又存在着相互推斥的力。但是，在这里，引力大于斥力。所以，总的来说，表面（1）与表面（2）是互相吸引的。

液体表面张力示意图见图 2—5。图中我们用 f_1 来表示表面（1）对表面（2）的引力，用 f_2 来表示表面（2）对表面（1）的引力。这两个力大小相等，方向相反，分别作用到液体互相接触的两部分表面上。像这种存在于液体表面使液体表面收缩的力就是液体的表面张力。

液体的表面张力是跟液面相切的。如果液面是平面，表面张力就在这个平面上，如果液面是曲面，表面张力就在这个曲面的切面上。作用到任何一部分液面上的表面张力，总是跟这部分液面的分界线垂直的。例如在图 2—5 中，作用到表面（1）的引力 f_2，就是跟分界线 EF 垂直的。

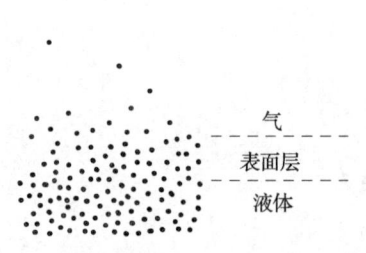

图 2—4 液体表面层附近分子分布示意图

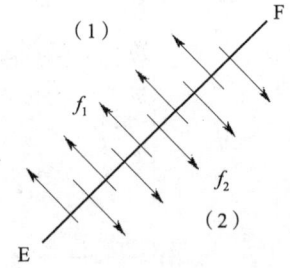

图 2—5 液体表面张力示意图

4. 液体分子间的相互作用力是表面张力产生的原因

综上所述，处于液体表面的分子受到一种垂直指向液体内部的压力，液体的表面越小，则受到这种压力的分子的数目就越少，系统的能量相应地就越低，于是液体表面有自行收缩的趋势；另外，处于液体表面的分子，分布比较稀疏，表面分子间存在相互吸引的力。这样，就使得液体表面能够实现自行收缩。这些就是液体表面张力的产生机理。液体分子间的相互作用力是表面张力产生的根本原因。

2.2.3 表面过剩自由能

所谓"能"是物体做"功"的本领的物理量。"功"的概念是由两个因素所构成,一个是力,另一个是在力作用下使物体沿力的方向上所产生的位移。

表面过剩自由能是单位面积表面分子的自由能与单位面积内部分子的自由能的差值。有时,将其简称为表面能。注意,表面自由能与表面过剩自由能是有差别的。

如图2—2所示,如果将图中所示外力 F (mg) 减小 dF,变为 ($m'g$),则表面张力 f 大于 $m'g$,于是液面收缩而使 AB 边上升,同时提升重物 m'。若上升距离为 Δd,液体表面积缩小 ΔS,则所做最大功为:

$$\Delta A = f \cdot \Delta d = \alpha L \, \Delta d = \alpha \Delta S \tag{2—3}$$

式中 ΔA——液膜收缩所做的功;

f——表面张力;

Δd——液膜收缩时 AB 边的移动距离;

α——表面张力系数;

ΔS——缩小的液体表面面积,$\Delta S = L \Delta d$。

液体表面面积缩小 ΔS,做功 ΔA,使表面过剩自由能减小 ΔE:

$$\Delta E = \Delta A = \alpha \Delta S \quad \text{或} \quad \alpha = \frac{\Delta E}{\Delta S} \tag{2—4}$$

式中 ΔE——表面过剩自由能;

α 及 ΔS——同公式(2—3)。

表面张力系数 α 也可理解为单位液体表面的过剩自由能,通常称为表面过剩自由能,它的意义是增加(减少)单位表面面积液体时,自由能的增值(减值),也就是处于液体表面的单位面积分子比处于液体内部的同量面积分子的自由能过剩值,这时 α 的单位为 J/m^2(焦尔/米^2)。

因此,表面张力系数可看做是表面过剩自由能,它就是缩小单位液体表面面积,表面张力所做的功,这就是表面张力系数的物理意义。

表面过剩自由能(或表面张力系数)是液体体系的性质,其数值大小随体系成分而异,并且随温度而改变。一般液体:$<100 \text{ mJ/m}^2$;金属液体、熔盐:几百至几千 mJ/m^2。

液体的表面张力和表面过剩自由能,分别是用力学和热力学两种不同的方法研究液体的表面现象时采用的物理量。采用相应的各自单位时,例如分别采用 mN/m 和 mJ/m^2 时,其数值相同。

2.2.4 界面张力与界面能

正如液体的自由表面具有表面张力与表面能一样,液—液界面与液—固界面等两相之间的界面也有类似的界面张力与界面能。

存在于液—液界面、液—固界面,使界面收缩(或铺张)的力称界面张力。渗透检测时，渗透剂—受检物体就是液—固界面，它们之间就存在着界面张力。

某些系统的界面张力值见表2—2。

表2—2　　　　　　　　　　　某些系统的界面张力值

两相系统	温度（℃）	界面张力（mN/m）	两相系统	温度（℃）	界面张力（mN/m）
水银—水	20	415	SiO_2（玻璃）—硅酸钠（液）	1 000	<25
水银—苯	20	357	Al_2O_3（固）—Pb（液）	400	1 440
苯—水	20	35.0	Al_2O_3（固）—Ag（液）	1 000	1 770
乙醚—水	20	10.7	Al_2O_3（固）—Fe（液）	1 570	2 300
n-辛醇—水	20	8.5	Ag（固）—Na_2SiO_3（液）	900	1 040
n-丁醇—水	20	1.8	Cu（固）—Na_2SiO_3（液）	900	1 500
SiO_2（玻璃）—Cu（液）	1 120	1 370	MgO（固）—Ag（液）	1 300	850
Cu（固）—Cu_2S（液）	1 131	90	MgO（固）—Fe（液）	1 725	1 600

由上表可见，两相之间的化学性质越接近，它们之间的界面张力越小；例如：水银—苯之间的界面张力为357 mN/m（20℃），很大。而水—苯之间的界面张力（20℃）却很小，仅为35.0 mN/m。

由上表也可见，界面张力值总是小于两相各自的表面张力之和。例如，水银—苯之间的界面张力为357 mN/m（20℃）。而水银的表面张力为484 mN/m；（20℃）；苯的表面张力为28.9 mN/m（20℃）。又例如，水—苯之间的界面张力为35.0 mN/m（20℃）。而苯的表面张力为28.9 mN/m（20℃）；水的表面张力为72.8 mN/m（20℃）。

由上表还可见，液态的金属化合物在固态金属（液态的金属化合物中的金属）上具有较低的界面张力；液态盐类化合物在固态氧化物（液态盐类中的相关氧化物）上具有较低的界面张力。例如，Cu_2S（液）—Cu（固）的界面张力小于25 mN/m（1 000℃）。

同液体的表面张力一样，界面张力也使其界面有自发减小的趋势。

2.3　润湿现象

2.3.1　润湿（或不润湿）现象

如果在玻璃板上放一滴水银，它总是收缩成球形，能够滚来滚去而不润湿玻璃，这种现象就叫做不润湿现象。对玻璃来说，水银是不润湿液体。如果清洁的玻璃板放一滴水，它非但不收缩成球形，而且要向外扩展，形成一薄片，这种现象就叫做润湿现象。水是玻璃的润湿液体。

把液体装在它能润湿的容器里，靠近器壁处的液面呈上弯的形状，如图2—6所示。把液体装在它不润湿的容器里，靠近器壁处的液面呈向下弯的形状，如图2—7所示。对内径小的容器来说，这种现象是显著的，整个液面呈弯月形，俗称"弯月面"。

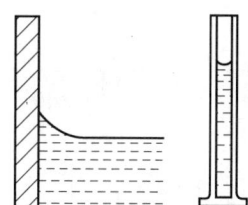
图2—6 液体润湿固体示意图
在内径小的容器里，液面成凹形

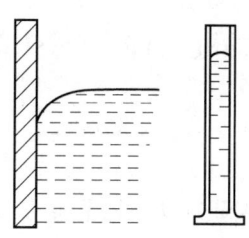
图2—7 液体不润湿固体示意图
在内径小的容器里，液面成凸形

润湿作用是一种表面及界面过程。自最普遍的意义而言，表面上的一种流体被另一种流体所取代的过程就是润湿。因此，润湿作用必然涉及三相，而至少其中两相为流体。在一般实践中，润湿是指固体表面上的气体被液体取代，有时是一种液体被另一种液体所取代。因此，润湿现象是固体表面的结构与性质，固—液两相分子间相互作用等微观特性的宏观表现。

因为水或水溶液是特别常见的取代气体的液体，所以，一般就把能增强水或水溶液取代固体表面空气的能力的物质称为润湿剂。

2.3.2 润湿方程和接触角

定量地讨论润湿问题需引入润湿方程和接触角的概念。

如图2—8所示，将一滴液体滴在固体平面上，可有三种界面，即有液—气、固—气及固—液界面。与该三种界面一一对应，存在三个界面张力。液—气界面存在液体与气体的界面张力，即液体的表面张力 γ_L，它力图使液滴表面收缩。固—气界面存在固体与气体的界面张力 γ_S，它力图使液滴表面铺开。固—液界面存在固体与液体的界面张力 γ_{SL}，它力图使液滴表

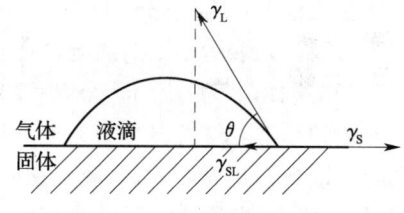
图2—8 液滴的接触角

面收缩。液—固界面与界面处液体表面的切线所夹的角 θ，称为接触角。接触角也可定义为液—固界面经过液体内部到液—气界面之间的夹角。

当液滴停留在固体平面上时，三个界面张力相平衡，各界面张力与接触角的关系是：

$$\gamma_S - \gamma_{SL} = \gamma_L \cos\theta \tag{2—5}$$

式中 γ_S——固体与气体的界面张力；
γ_L——液体的表面张力；
γ_{SL}——固体与液体的界面张力；
θ——接触角。

此式是润湿的基本公式，常称为润湿方程。它可以看做是三相交界处三个界面张力平衡的结果。

2.3.3 润湿的三种方式和润湿的四个等级

润湿有三种方式：沾湿润湿、浸湿润湿及铺展润湿。

沾湿润湿见图 2—9 所示，它是指液体与固体接触，变液—气界面和固—气界面为固—液界面的过程。

浸湿润湿见图 2—10 所示，它是指固体浸入液体中的过程。该过程的实质是固—气界面为固—液界面所代替，而液体表面在过程中无变化。

铺展润湿见图 2—11 所示，它的实质是在以固—液界面代替固—气界面的同时，液体表面还同时扩展。

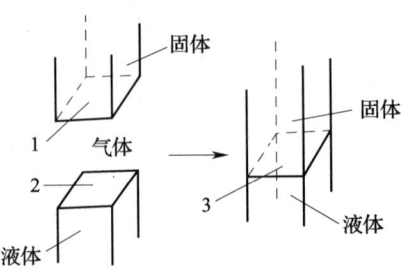

图 2—9 沾湿润湿过程
1—固—气界面 2—液—气界面
3—固—液界面

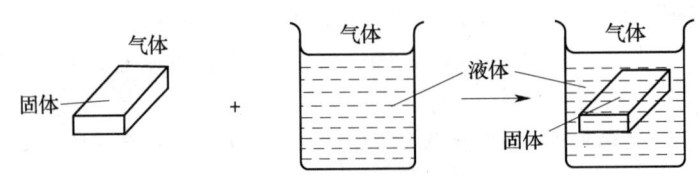

图 2—10 浸湿润湿过程

使用接触角 θ 可以判定润湿以何种方式进行。当 $\theta \leqslant 180°$ 时，可发生沾湿润湿现象；当 $\theta \leqslant 90°$ 时，可发生浸湿润湿现象；当 $\theta \leqslant 0°$ 时（或不存在），发生铺展润湿现象。

发生铺展润湿现象的条件是：$\gamma_S > (\gamma_{SL} + \gamma_L \cos\theta)$。

在工程上，常用完全润湿、润湿、不润湿和完全不润湿四个等级，来表示不同的润湿性能。

当接触角 θ 为 0°，即 $\cos\theta = 1$ 时，液滴在固体表面接近于薄膜的形态，这情况称为完全润湿。当接触角 θ 在 0°到 90°之间，即 $0 < \cos\theta < 1$ 时，液滴在固体表面上成为小于半球的球冠，这种情况称为润湿。当接触角 θ 在 90°到 180°之间，即 $-1 < \cos\theta < 0$ 时，液滴在固体表面上成为大于半球的球冠，这种情况称为不润湿。当接触角 θ 为 180°，即 $\cos\theta = -1$ 时，液滴在固体表面上成为球形，它与固体之间仅有一个接触点，这种情况称为完全不润湿。

图 2—11 液体在固体上的铺展

四种不同的润湿性能见图 2—12。

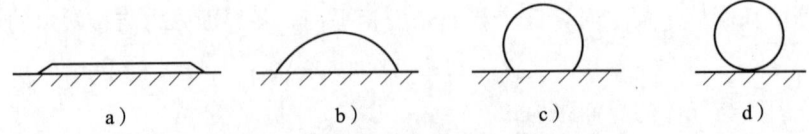

图 2—12 四种不同润湿性能示意图
a) 完全润湿 b) 润湿 c) 不润湿 d) 完全不润湿

同一种液体，对不同的固体而言，它可能是润湿的，也可能是不润湿的。例如水能润湿干净无油的玻璃，但不能润湿石蜡；水银不能润湿玻璃，但能润湿干净的锌块。固体材料表面粗糙，会导致 θ 角变化，θ 角小于 90°时，表面粗化将使 θ 角变小；θ 角大于 90°时，表面粗化将使θ角变大。

渗透检测中，渗透剂对被检工件表面的良好润湿是进行渗透检测的先决条件。只有当渗透剂充分润湿被检工件表面时，才能渗入狭窄的缝隙；此外，还要求渗透剂能润湿显像剂，以便将缺陷内的渗透剂吸出从而显示缺陷。因此润湿性能是渗透剂的重要指标，综合反映了液体的表面张力和接触角两种物理性能指标。润湿性好的渗透剂具有很小的接触角。

某些固体材料与液体接触时，θ角的实测数据见表2—3。

表 2—3　　　　　　　　接触角 θ (°) 的实测数据

材料 液体	碳素钢		不锈钢		镁合金		玻璃		铜	
	θ	cos θ	θ	cos θ	θ	cos θ	θ	cos θ	θ	cos θ
水	51.7	0.620	40.7	0.758	46.2	0.694	39.5	0.772	25.3	0.904
机油	26.5	0.895	17.1	0.961	23.0	0.921	19.7	0.941	21.5	0.930
松节油	4.0	0.998	1.1	0.999	5.0	0.996	1.5	0.999	1.0	0.999
渗透剂 E	4.3	0.997	6.0	0.995	12.0	0.978	4.0	0.998	2.0	0.999
乳化剂工	17.5	0.954	18.0	0.951	16.3	0.960	14.0	0.960	22.0	0.927
乙二醇乙醚	4.8	0.995	12.0	0.978	4.5	0.997	17.7	0.953	6.0	0.995

2.3.4　润湿（或不润湿）现象的产生机理

润湿（或不润湿）现象的产生，也是分子力作用的结果。

前已叙述，当液体跟固体接触时，形成一层与固体接触的液体薄层，叫做附着层。附着层里的分子，一方面受到液体内部分子的吸引，另一方面又受到固体分子的吸引。

如果固体分子间的引力比液体分子间的引力强，附着层内分子分布就比液体内部更密，分子间距较小，附着层里就出现相互推斥的力，这时液体跟固体接触的面积就有扩大的趋势，形成了润湿现象。如果固体分子间的引力比液体分子间的引力弱，附着层内分子的分布就比液体内部稀疏，附着层里就出现跟表面张力相似的收缩力，这时液体跟固体接触的面积就有缩小的趋势，形成了不润湿现象。

如果在水溶液中加入适当的润湿剂，则其表面张力、固体与液体的界面张力和接触角都将发生变化（降低），使润湿性能也跟着发生变化。例如水不能润湿石蜡，但在水中加入适当的润湿剂后，水就能润湿石蜡。

2.4　毛细现象

2.4.1　毛细现象

拿一根很细的玻璃管，把它的一端插入装在玻璃容器里的水中。由于水能润湿管壁，所以可看到水在这根管子里上升，水呈凹面，并且高出容器的水面。管子的内径越小，它里面上升的水面也越高。如果把这根细玻璃管插入装在玻璃容器里的水银里，由于水银不能润湿管壁，所以发生的现象正好相反，管里的水银面呈凸面，并且比容器里的水银面低一些。管子的内径越小，它里面的水银面就越低，见图2—13。

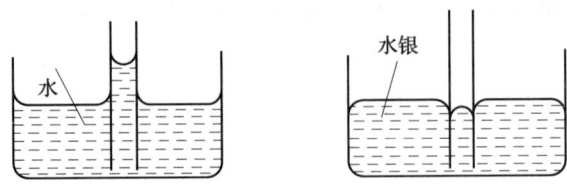

图2—13　毛细现象

润湿液体在毛细管中呈凹面并且上升，不润湿液体在毛细管中呈凸面并且下降的现象，称为毛细现象。能够发生毛细现象的管子叫做毛细管。

毛细现象并不限于一般意义上的毛细管。例如，两平板间的夹缝，各种形状的棒、纤维、颗粒堆积物的空隙都是特殊形式的毛细管，甚至将一片固体插入液体中所发生的边界现象亦可作为毛细现象来研究。

2.4.2　弯曲液面的附加压强

液体在毛细管中呈弯曲液面（凹面或凸面）。弯曲液面的一个根本特性就是曲面两侧存在压力差。大家知道，用小管吹肥皂泡后，必须把管的端口堵住，泡才能保持，否则就自行收缩。其缘故就是弯曲液面两侧存在压力差。

盛满水的杯子，当杯子里的水面略高于杯口的平面时，水也不会溢出杯口平面。此时的液面，是一种凸出杯口平面并且向液体外部鼓出的弯曲液面。这种弯曲液面像一张紧绷的弹性薄膜。而薄膜本身有取平面的趋势，力图使液体表面面积最小。凸膜力图变平，就意味着对膜下液体施以压力。同理，凹膜力图变平，就意味着对膜下液体施以拉力，使下层液体伸张。具体如图2—14所示。

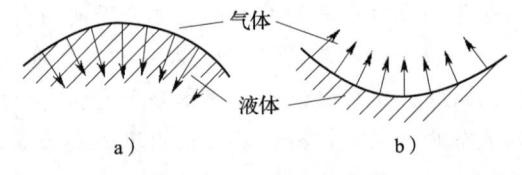

图2—14　液体的附加压强
a) 凸液面对膜下液体施以压力
b) 凹液面对膜下液体施以拉力

将弯曲液面对液体的压强与平面液面对液体的压强相比，可以得知任何弯曲液面薄膜对液体都将施以附加压强。凸膜对液体的附加压强指向液体内部，为正值（即气相内压力小于液相内压力）；凹膜对液体的附加压强指向液体外部，为负值（即液相内压力小于气相内压力）；平面薄膜对液体的附加压强为零。

现以球形液面为例，计算液面下附加压强，见图2—15。图所示的 ΔS 液面是半径为 R 的球面的一部分。作用 ΔS 周界上的表面张力与球面相切。在 ΔS 的周界上任取小段 ΔL，则作用于 ΔL 上的表面张力 $\Delta f = \alpha \Delta L$（$\alpha$ 为该液体的表面张力系数）。因 Δf 与液面相切，所以 Δf 应与球体的半径 R 垂直。将 Δf 分解为两个互相垂直的力 Δf_1 与 Δf_2，且 $\Delta f_1 /\!/ OC$，

$\Delta f_2 \perp OC$，若$\angle MCO = \varphi$，则 $\Delta f_1 = \Delta f \sin \varphi = \alpha \Delta L \sin \varphi$，$\Delta f_2 = \Delta f \cos \varphi = \alpha \Delta L \cos \varphi$，力$\Delta f_1$压缩$\Delta S$下面的液体，形成正压力。在整个$\Delta S$的周界上有无数个$\Delta L$这样的小段，每个$\Delta L$上都存在表面张力$\Delta f$。它们与半径$CO$平行方向的分力之和为$f_1 = \sum \Delta f_1 = \alpha \sin \varphi \sum \Delta L$。因球面$\Delta S$的周界是半径为$MN = r$的圆周，则可得到：
$f_1 = \alpha \sin \varphi \sum \Delta L = \alpha \sin \varphi 2\pi r$，因$\sin \varphi = \dfrac{r}{R}$，所以施加于整个球面$\Delta S$上的力为$f_1 = \dfrac{\alpha 2\pi r^2}{R}$，这部分球面$\Delta S$周界所围平面的单位面积上的压力，就是$\Delta S$液面上的附加压强。

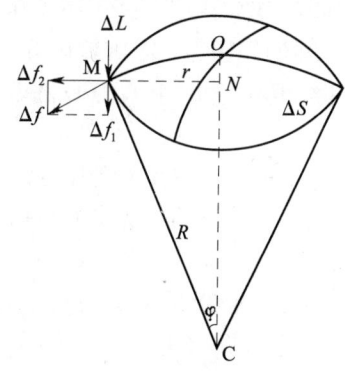

图 2—15 球形液面下的附加压强

$$P = \dfrac{\alpha 2\pi r^2}{R \pi r^2} = \dfrac{2\alpha}{R} \qquad (2\text{—}6)$$

若液面是凹面，则球面中心C位于液体外部，在这种情况下，力f将使液体伸张，即对S下面液体施以负压力。

任意形状的弯曲液面下的附加压强，可用拉普拉斯公式表示：

$$P = \alpha \left(\dfrac{1}{R_1} + \dfrac{1}{R_2} \right) \qquad (2\text{—}7)$$

式中 R_1、R_2——任意曲面的主要曲率半径（其他同前）。

对于规则的球状液面，因为$R_1 = R_2 = R$，公式（2—7）变换后得到规则球面下的附加压强如公式（2—6）所示。

对于柱状液面，其中一个半径$R_1 \to \infty$，另一个半径$R_2 = R$。所以，公式（2—7）变换后得到柱状液面的附加压强如下式所示：

$$P = \dfrac{\alpha}{R} \qquad (2\text{—}8)$$

对于平面液面，由于半径$R \to \infty$，所以附加压强为零。

综上分析可知，弯曲液面下附加压强与曲面面积无关，与液体表面张力系数α成正比，与曲面的曲率半径成反比。液体的表面张力系数α越大，曲面的曲率半径越小，则弯曲液面的附加压强越大。表面张力的存在是弯曲液面产生附加压强的原因。

2.4.3 毛细现象中的液面高度

1. 毛细管内液面高度

现以润湿液体为例，简单分析毛细管中受力情况，并进而推导出润湿液体在毛细管中上升的高度公式。

毛细管插在润湿液体中，由于润湿作用，靠近管壁的液面就会上升，形成表面凹下，从而扩大液体表面。在弯曲液面的附加压强的作用下，液体表面向上收缩，而又成为平面。随后，润湿作用又起主导作用，靠近管壁的液面又向上升，重新形成表面凹下，而弯曲液面的附加压强又使其收缩成平面。如此循环，使毛细管的液面逐渐上升，一直到向上的弯曲液面附加压强的作用力与毛细管内升高的液柱重量相等时，达到平衡，才停止上升。

毛细管中上升力 $F_上$（见图 2—16），来源于毛细管内壁弯曲液面附加压强：

$$F_上 = \alpha \cos\theta \cdot 2\pi r \tag{2—9}$$

式中　$F_上$——毛细管中上升力；
　　　α——液体的表面张力系数；
　　　r——毛细管内壁半径；
　　　θ——接触角。

毛细管中下降力 $F_下$，等于液柱的重量：

$$F_下 = \pi r^2 \rho g h \tag{2—10}$$

式中　$F_下$——毛细管中下降力；
　　　g——重力加速度；
　　　ρ——液体密度；
　　　h——液体在管中上升的高度。

液面停止上升时，上升力与下降力平衡，$F_上 = F_下$，公式（2—9）与公式（2—10）经整理后得到下式：

$$h = \frac{2\alpha \cos\theta}{r \rho g} \tag{2—11}$$

这就是润湿液体在毛细管中上升的高度公式。

式中　h——润湿液体在毛细管中上升高度，cm；
　　　α——液体的表面张力系数，mN/m；
　　　θ——接触角，（°）；
　　　r——毛细管内壁半径，cm；
　　　ρ——液体密度，g/cm³；
　　　g——重力加速度，cm/s²。

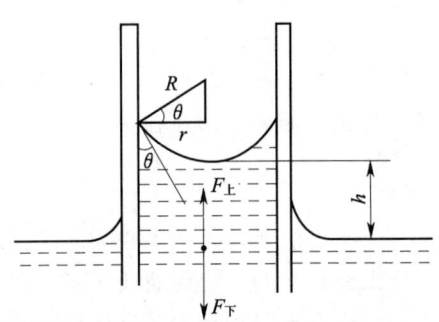

图 2—16　毛细管中受力分析图

从公式（2—11）可以看出，毛细管曲率半径越小，管子越细，则上升高度越高，即润湿液体在很细的管子里上升特别显著。若毛细管曲率半径一定，则表面张力越大，润湿作用越强，液体密度越小，液体上升高度越高（注意：表面张力大的液体，润湿作用弱）。

若液体完全润湿管壁，公式（2—11）则变成下式：

$$h = \frac{2\alpha}{r \rho g} \tag{2—12}$$

如果液体不润湿管壁，则管内液面是凸出的弯月面。该弯月面对液体的附加压强是指向液体内部，对液体施加正压力，管内液面将低于管外液面，所下降的距离同样可用公式（2—11）计算。

2. 两平行平板间的液面高度

润湿液体在间距很小的两平行平板间也会产生毛细现象，如图 2—17 所示，该润湿液体的液面为圆柱状凹形弯月面，附加压强指向液体外部，为负值，大小为 $P=\dfrac{\alpha}{R}$，见公式 （2—8），α 为液体的表面张力系数，R 为圆柱面的半径。

若液体与平板的接触角为 θ，板间距离为 $2r$，液体表面张力系数为 α，液体密度为 ρ。因为，$R=\dfrac{r}{\cos\theta}$，所以，$P=\dfrac{\alpha\cos\theta}{r}$。又因为，$P=\dfrac{\alpha\cos\theta}{r}=\rho g h$，所以该式经整理得到：

$$h=\dfrac{\alpha\cos\theta}{r\rho g} \tag{2—13}$$

这就是润湿液体在间距很小的两平行平板间上升的高度公式。

式中　h——润湿液体在两平行平板间上升高度，cm；
　　　α——液体的表面张力系数，mN/m；
　　　θ——接触角，(°)；
　　　r——两平行平板间距的一半，cm；
　　　ρ——液体密度，g/cm³；
　　　g——重力加速度，cm/s²。

比较公式（2—11）和公式（2—13）可知，在间距为 $2r$ 的两平行平板间，润湿液体上升高度恰好是直径为 $2r$ 的毛细管内同样液体上升高度的一半。

如果液体不润湿平板，则两平行板间液面为圆柱状凸形弯月面，该弯月面对液体的附加压强指向液体内部，对液体施加正压力，平行平板间液面将低于平行平板外液面，所下降的距离同样可用公式（2—13）计算。

3. 缺陷内液面高度

上述讨论只适用于贯穿型缺陷，但在实际渗透检测中，常见的是非贯穿型缺陷，其一端是封闭的。因此，缺陷内液面高度需另行讨论。

缺陷类型不同，缺陷形状不同，缺陷内液体形成的弯曲液面也不同。如气孔常为圆柱形，故其液面为球形液面；裂纹可认为是两平行平板间的毛细现象，形成圆柱状凹形弯月液面。

下面，我们以长 a，宽 c，深 b 的狭长细槽作工件上的裂纹模型来分析讨论渗透检测时渗透剂渗入裂纹的毛细现象。裂纹模型见图 2—18，该裂纹模型为开口于工件表面的裂纹，但不是穿透工件壁厚的缺陷。

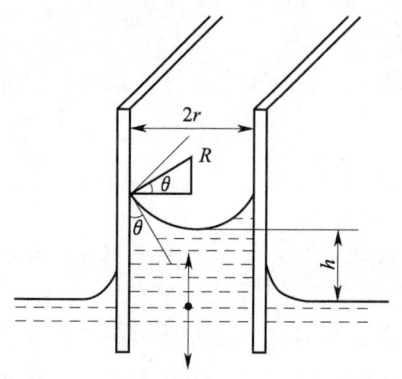
图 2—17　两平行平板间的毛细现象

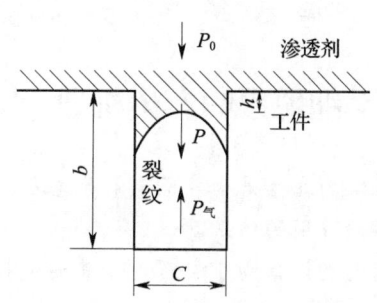
图 2—18　渗透剂在裂纹模型中的渗透

渗透检测

当渗透剂施加于有表面开口裂纹的工件表面时，具有足够润湿性能的渗透剂将润湿裂纹内表面。根据润湿液体在两平行平板间的毛细作用原理知，裂纹内将形成向液体内凹陷的弯月面，并在弯月凹面上产生指向液体外部（指向裂纹）的附加压强 P。裂纹宽度越小，附加压强值越大。这个附加压强迫使渗透剂向裂纹内渗透的同时，将压缩裂纹内已被渗透剂封闭的气体。随着渗透剂的不断渗透，裂纹内气体体积将越来越小，而气体的反压强 $P_气$ 将越来越大，直到气体的反压强与液面上的附加压强完全平衡为止。如果考虑工件外部大气压强 P_0 的话，则平衡时就有关系式：附加压强 P＋大气压强 P_0＝裂纹内气体反压强 $P_气$。

要使渗透剂完全占有裂纹空间，就必须将裂纹内气体完全排除。对于穿透性裂纹，就很容易达到。如果裂纹较长，渗透剂未完全封闭整条裂纹表面，裂纹内气体就有可能排出。另外，通过某种外界原因，裂纹内气体能以气泡形式冒出液面。这样，裂纹内气体反压强将有所减少，渗透剂对裂纹的渗透作用就会增强。例如振荡（包括超声振荡）就是提高渗透作用的有效途径。

例 1 已知毛细管的半径为 0.055 0 cm，在 20℃时液体的密度为 0.877 1 g/cm³，该液体在毛细管中上升高度为 1.201 cm，弯液面为半球形（完全润湿），试求该液体的表面张力系数？

解：据题意，应用下式求解即可 $h=\dfrac{2\alpha}{r\rho g}$

即 $\alpha=\dfrac{\rho g h r}{2}=\dfrac{0.877\ 1\times 980\times 1.201\times 0.055\ 0}{2}$

所以 $\alpha=28.39$ mN/m

答：所求液体的表面张力系数为 28.39 mN/m。

例 2 试计算空气—水系统和油—水系统中，水在毛细管中上升的高度。已知水和油两者的表面张力系数分别为 72 mN/m 和 30 mN/m，毛细管的半径为 0.01 cm，水完全润湿毛细管壁，20℃时空气的密度为 0.001 4 g/cm³，水的密度为 1 g/cm³，油的密度为 0.85 g/cm³。

解：将有关数据分别代入下式 $h=\dfrac{2\alpha}{\Delta\rho g r}$

即空气—水系统 $h=\dfrac{2\times 72}{(1-0.001\ 4)\times 980\times 0.01}=14.7$ cm

油—水系统 $h=\dfrac{2\times 30}{(1-0.85)\times 980\times 0.01}=40.8$ cm

答：空气—水系统中，上升高度为 14.7 cm。油—水系统中，上升高度为 40.8 cm。

2.4.4 毛细现象的产生机理

毛细现象的发生是由表面层和附着层的特殊情况决定的，是附着层的收缩力或推斥力与表面张力共同作用的结果。

对于润湿液体，由于它跟毛细管内壁接触的附着层里存在着推斥力（详见润湿现象的产生机理），使附着层内的液体沿管壁上升引起液面的弯曲凹面，液体表面变大；但是，表面张力的收缩作用要使液面减少，于是，管内液体随着上升，以减少液面的面积；当表面张力向上的拉力作用跟管内升高的液柱重量相等时，管内液体停止上升。

反之，对于不润湿液体，由于附着层里存在着收缩力（详见不润湿现象的产生机理），使附着层里的液体沿管壁下降引起液面的弯曲凸面；但是，液体表面张力的收缩作用产生的附加压强，指向液体内部，对液体施加正压力，要使液面减少，于是，管内液体下降；如此循环，使液体下降一定距离，达到平衡。

2.4.5 渗透检测中的毛细现象

1. 渗透与毛细作用

渗透检测中，渗透剂对受检工件表面开口缺陷的渗透，实质是渗透剂的毛细作用。例如渗透剂对表面点状缺陷（如气孔、砂眼等）的渗透，就类似于渗透剂在毛细管内的毛细作用；渗透剂对表面条状缺陷（如裂纹、夹渣和分层断面上的缝隙等）的渗透，就类似于渗透剂在间距很小的两平行平板间的毛细作用。毛细作用的产生是由缺陷处渗透剂附着层的推斥力和渗透剂表面张力共同作用的结果。对被检工件而言，渗透剂是润湿液体，它与缺陷内壁接触的附着层里存在推斥力，使附着层里的渗透剂沿着缺陷内壁上升，引起渗透剂面的弯曲，形成凹面，液面表面变大；但是，表面张力的收缩作用使液面减少，于是缺陷内渗透剂随着上升，以减少液面的面积；当表面张力向上的拉力作用跟缺陷内升高的渗透剂液柱重量相等时，缺陷内渗透剂停止上升，达到平衡。

毛细作用，使渗透剂渗透到细小而清洁的裂纹中的速度比它渗透到宽裂纹中速度更快。裂纹中如果含有某种污染物，则会使渗透剂表面张力减小，从而使毛细作用减弱。例如使用中的工件和被油与水污染过的疲劳裂纹，被腐蚀产物或其他氧化物所堵塞的应力腐蚀裂纹和晶间腐蚀裂纹就属这种情况，毛细作用明显减弱，渗透时间就需相对延长。

2. 显像与毛细作用

显像是利用显像剂吸附从缺陷中回渗到受检工件表面的渗透剂，形成一个肉眼可见的缺陷显示。显像剂的显像过程同渗透剂的渗透过程一样，是由于毛细现象，来源于液体与固体表面分子间的相互作用力。

显像剂通常有两个基本功能：

（1）吸附足量的从缺陷中回渗到工件表面的渗透剂。

（2）通过毛细作用将渗透剂在工件表面横向扩展，使缺陷轮廓图形的显示扩大到足以用肉眼可见。裂纹缺陷中的渗透剂，通过显像剂的吸附及扩展，裂纹缺陷显示尺寸可高达原来裂纹缺陷宽度的许多倍，有的甚至高达 250 倍左右。

显像剂白色粉末颗粒非常细微，颗粒直径只是微米级，它可以形成许多直径很小并且很不规则的毛细管。渗透剂能润湿白色粉末，因此，缺陷中渗透剂容易在上述毛细管中上升，且在受检表面铺展，使缺陷的痕迹得到放大而显示出来。一般干式显像剂或水悬浮显像剂、水溶性显像剂的显像过程都是如此，具体见图 2—19。

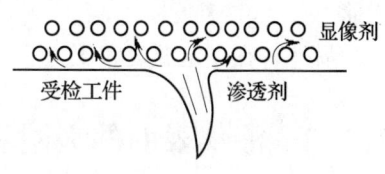

图 2—19 显像示意图

不使用显像剂的自身显像是渗透剂通过毛细管所产生的回渗作用而形成显示的。溶剂悬浮显像剂和塑料薄膜显像剂,其中的溶剂能溶到渗透剂中,降低渗透剂黏度,促使渗透剂回渗到受检表面,并进入显像剂中,经毛细管而形成显示的。

2.5 吸附现象

2.5.1 固体表面的吸附现象

如果把棕色的煤油和白土(一种黏土)混合搅拌一定时间后加以澄清,可以看到上面的煤油变得清彻无色,而下面沉淀的白土则变成黄褐色,过滤后即可得到精制的无色煤油。这种有色物质自一相迁移至界面并富集于界面的过程即为吸附。上例即为有色物质从煤油液相中迁移至白土与煤油的固—液界面。物质自一相内部富集于界面的现象即为吸附现象。

吸附现象在各种界面上皆可发生,除上述固—液界面外,尚可在液—液界面、固—气界面及液—气界面上发生。

当固体和液体或气体接触时,凡能把液体或气体中的某些成分聚集到固体表面上来的现象,就是固体表面上发生的吸附现象。能起吸附作用的固体称为吸附剂,例如显像剂粉末、活性炭、硅胶、分子筛等;被吸附在固体表面上的液体或气体称为吸附质。例如在显像过程中,显像剂粉末吸附缺陷中回渗的渗透剂,显像剂粉末是吸附剂,渗透剂是吸附质。又例如利用白土(主要成分是 SiO_2 和 Al_2O_3)吸附煤油中的棕黄色物质,白土是吸附剂,棕黄色物质是吸附质。

衡量吸附剂的吸附能力,常用吸附量这个技术参数,它是指单位质量的吸附剂所吸附的吸附质质量,有时也是指吸附剂单位表面积上所吸附的吸附质质量。吸附量数值越大,吸附剂吸附能力越强。

一些固体被用作吸附剂,是因为它们有很大的表面积,有很大的比表面(cm^2/g),所以具有很强的吸附能力。

下面,我们计算一个边长为 L 的固体立方体当 L 长减少时,表面积及比表面如何增加。

设该物质的密度为 ρ,则其质量 $m=\rho v=\rho L^3$ (v 为体积),其表面积应为 $6L^2$,因此,每克物质的表面积(称为比表面)应为 $A=\dfrac{6L^2}{\rho L^3}=\dfrac{6}{\rho L}$。可见比表面 A 与 L 成反比。以硅胶为例($\rho=0.7 \text{ g/cm}^3$),当 L 由 1 cm 减小到 10^{-5} cm(0.1 μm)时,A 则由 8.6 cm^2/g 增大到 86 m^2/g。86 m^2 相当于一个排球场的面积。可想而知,细微的显像剂粉末具有很强的吸附能力。

另外,在一定温度和压力下,吸附质的性质对吸附剂的吸附量也有较大影响。

2.5.2 液体表面的吸附现象

吸附现象不仅可发生在固体表面(固—液界面和固—气界面),还可发生在液体表面(液—液界面和液—气界面)。

当一种液体与另一种液体（或气体）接触时，凡能把被接触的另一种液体（或气体）中的某些成分吸附到这一种液体上来的现象，就是液体表面的吸附现象。起吸附作用的这一种液体是吸附剂，被吸附的另一种液体是吸附质。

在溶液吸附中（溶液是吸附剂），作为吸附质使用最广的是能降低表面张力和界面张力的表面活性剂（表面活性剂的概念见第 2.7 节）。优良的润湿剂、乳化剂、起泡剂和矿物浮选剂都是在此基础上发展起来的。

表面活性剂吸附在水表面（液—气界面）上，能降低水表面的表面张力，吸附示意图见图 2—20（a）。表面活性剂吸附在油—水界面（液—液界面）上，能降低油—水界面的界面张力，其吸附示意图见图 2—20（b）。

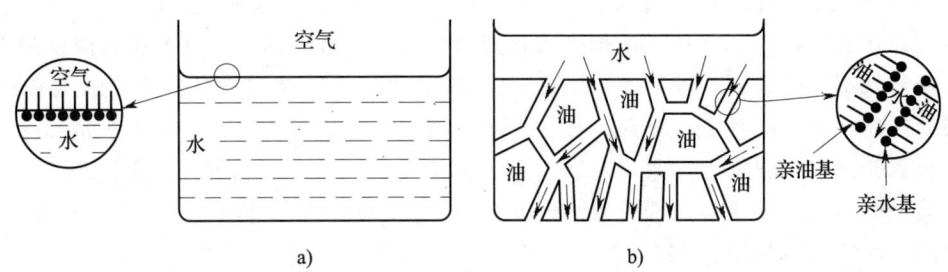

图 2—20　表面活性剂的吸附示意图
a）在水表面的吸附　b）在油—水界面的吸附

2.5.3　物理吸附和化学吸附

按照吸附现象的本质，可将吸附分为物理吸附和化学吸附两类。

物理吸附多在低温下发生，随着温度的升高，吸附量下降。它的特点是吸附热小（吸附为放热过程，数量级与液化热、蒸发热相同）；吸附速度快，以致能够迅速建立吸附平衡。物理吸附时，吸附剂表面和被吸附分子之间的作用力系范德华力，作用力很小，其分子状态与气体、液体的分子状态相近。物理吸附可在任何表面上发生而没有选择性。

化学吸附时放出的热量比物理吸附时放出的热量大得多，它与化学反应的热效应为同数量级。在大多情况下，低温时化学吸附速度低，随着温度的升高，吸附速度显著增加。化学吸附只有在高温下才能建立平衡。化学吸附是有选择性的，对吸附剂的性质特别敏感。化学吸附时，在吸附剂表面和被吸附分子之间能建立较强的化学键，类似于表面化学反应。化学吸附一般在较高温度下发生，随着温度升高，先是吸附量增加，继续升高温度，将发生脱附现象（吸附分子逸去），而使吸附量下降。

2.5.4　吸附现象的产生机理

1. 固体表面上的吸附

与液体不同，固体原子或离子之间的结合力很强。这种很强的结合力，在一般情况下使表面原子处于固定的位置，而不像液体那样可以自由移动。我们肉眼看到的固体表面也是很平的，但是在高倍数的显微镜下，可以看到它的表面并不平整，有的地方稍凸出表面，有的地方很凸出，高高在上。由于固体表面是不均匀的，在不同的位置会有不同的表面过剩自由能，而处于表面凸出的"山尖"上的原子，受周围原子的吸引力最小，具有的表面过剩自由能值最高，可以在更多的方向上吸引空间的其他分子，从而自发降低其能量。这就是固体表面产生吸附的机理。固体不平滑表面示意图见图2—21。

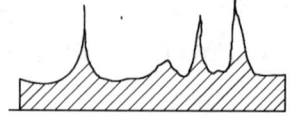

图2—21 固体表面不平滑示意图

2. 液体表面上的吸附

主要讨论表面活性剂吸附在液体表面（液—气界面），使液体表面张力降低的机理；讨论表面活性剂吸附在液—液界面，使界面张力降低的机理。

表面活性剂分子是"两亲"分子，有自液体中"逃离"的趋势，故容易富集于液体表面，而且可能在表面上作定向排列。当表面活性剂分子在液体表面的吸附近于饱和时，由于水的极性表面在很大程度上已被"两亲"分子所覆盖，而且非极性的亲油基朝外，等于形成一层由碳氢链构成的表面层，表面性质大大改变了。这时，液体具有最低的表面张力，有较好的润湿性质等。参见图2—20a。

由于表面活性剂分子的特殊结构，使之易于自液体内部迁移并富集于液—液界面上，即易于发生界面吸附。例如表面活性剂分子在油—水界面上吸附，极性基一端亲水朝向水中，非极性部分亲油朝向油中，从而降低界面张力，改变界面状态，从而影响界面性质。参见图2—20b。

2.5.5 渗透检测中的吸附现象

显像过程中，显像剂粉末吸附从缺陷中回渗的渗透剂，从而形成缺陷显示。此吸附现象属于固体表面（固—液界面）的吸附，显像剂粉末是吸附剂，回渗的渗透剂是吸附质。显像剂粉末越细，比表面越大，吸附量越多，缺陷显示越清晰。另外，由于吸附为放热过程，所以，如果显像剂中含有常温下易挥发的溶剂，当溶剂在显像表面迅速挥发时，能大量吸热，从而促进了显像剂粉末对缺陷中回渗的渗透剂的吸附，加快了并且加剧了吸附现象，可提高显像灵敏度。

自乳化渗透法或后乳化渗透法，表面活性剂吸附在渗透剂—水界面，降低了界面张力，使工件表面多余的渗透剂得以顺利清洗。此系液体表面（液—液界面）的吸附现象，渗透剂作为液体油相，水作为液体水相。表面活性剂分子的"两亲"性质，使其能吸附在油—水界面上，降低油—水界面的界面张力从而使清洗顺利进行。

渗透剂在渗透过程中，受检工件及其中的缺陷（固体）与渗透剂接触时，也有吸附现象发生。渗透过程中，提高缺陷表面对渗透剂的吸附，有利于提高检测灵敏度。

渗透检测全过程所发生的吸附现象，主要是物理吸附。

2.6 溶解现象

2.6.1 溶解现象及溶解度

一种物质（溶质）均匀地分散于另一物质（溶剂）中的过程叫溶解。所组成的均匀物质叫做溶液（此处指液态溶液，也有固态溶液，如合金）。通常把分子较大的一种或液态物质称为溶剂，较小的一种或固态物质称为溶质。

大部分渗透剂是溶液，其中着色（荧光）染料是溶质，煤油、苯、二甲苯等是溶剂。当染料加入到可以溶解它的溶剂中时，染料表面的粒子（分子或离子），由于它们本身的运动和溶剂分子的吸引，就离开了染料的表面而进入溶剂中，以后由于扩散作用，这些染料粒子均匀分布到溶剂的各部分。溶解了的染料粒子在渗透剂中不断地运动，当它们撞击着尚未溶解的染料表面时，又可能重新被吸引住，回到染料上来，这个过程叫结晶。显然，开始时结晶作用不显著，但是随着染料的溶解，渗透剂的浓度增大，结晶的速度渐渐增大。

这种溶质粒子溶解在溶剂中，同时溶解的溶质粒子可能重新吸附到未溶解的溶质粒子的现象称为溶解现象。显然，溶解现象包括溶解及结晶两个过程。

当渗透剂的浓度增加到一定程度时，结晶的速度等于溶解的速度，渗透剂中就建立了如下的动态平衡：

$$未溶解的染料 \rightleftharpoons 渗透剂中的染料$$

这时渗透剂的浓度不再改变（假定温度不变），我们说这时的渗透剂已经达到了饱和状态。饱和渗透剂中所含染料的量，就是该染料在该温度下的溶解度。它是指在一定的温度和压力下，一定量溶剂中，染料溶解达到饱和状态时，已溶解的染料的量。

研制渗透剂配方时，选择理想的着色（荧光）染料及溶解该染料的理想的溶剂，使其染料在溶剂中溶解度较高，对提高渗透检测灵敏度有重要意义。

2.6.2 渗透剂的浓度

渗透剂的浓度是指一定量渗透剂里所含着色（荧光）染料的量。

表示渗透剂的浓度的方法很多，但常用的主要是质量分数和物质的量浓度两种。

渗透剂的质量分数是指渗透剂中着色（荧光）染料 B 的质量占全部渗透剂质量的百分比，公式如下：

$$质量分数(w_B) = \frac{着色（荧光）染料质量（g）}{渗透剂（染料+溶剂）质量（g）} \times 100\% \qquad (2—14)$$

渗透剂的物质的量浓度是指 1 升渗透剂中，着色（荧光）染料的物质的量，公式如下：

$$物质的量浓度(c_B) = \frac{着色（荧光）染料的物质的量（mol）}{渗透剂的体积（L）} \qquad (2—15)$$

物质的量是国际单位制的基本单位之一，表示物质所含微粒数的多少，物质的量的单位是 mol（摩尔）。每摩尔物质含有阿佛伽德罗常数个微粒（阿佛伽德罗常数 $=6.02 \times$

渗透检测

10^{23} mol^{-1}），例如每摩尔苯分子含有 6.02×10^{23} 个苯分子。物质的量的计算公式如下：

$$物质的量（mol）=\frac{物质的质量（g）}{物质的摩尔质量（g/mol）} \qquad (2—16)$$

物质的摩尔质量是指 1 mol 任何分子的摩尔质量，单位是 g/mol。1 mol 任何分子的摩尔质量，数值上等于该分子的相对分子质量。例如，水的摩尔质量为 18 g/mol；氢氧化钠（NaOH）的摩尔质量是 40 g/mol；硫酸（H_2SO_4）的摩尔质量是 98 g/mol 等。

2.6.3 相似相溶经验法则

溶剂的溶解作用与下列因素有关：化学结构相似的物质，彼此容易相互溶解；极性相似的物质彼此容易相互溶解。

物质结构相似相溶是一个经验法则。当物质的结构相似时，即使分子种类不同，但分子间的作用力非常接近。所以，把溶质分子分散在溶剂分子之间就比较容易，即凡是溶质和溶剂两者分子的化学结构越是类似，就越能相互溶解。

例如苏丹红 IV 的分子结构式为：

，其中含有很多苯环，因而就容易溶于苯。

因此，苏丹红 IV 染料用苯作溶剂可提高溶解度。

又如烛红的分子结构式为：

，

而水杨酸甲酯和苯甲酸甲酯的分子结构式分别为：

和 ，由于两者结构很相似，因而，水杨酸甲酯和苯甲酸甲酯对烛红的溶解力就比较强。

物质极性相似相溶也是一个经验法则。当物质的极性相似时，则物质分子间的作用力很接近，物质之间能互溶。

极性物质容易溶解于极性溶剂中，例如水和乙醇分子都含有羟基，都有极性，所以水能溶解在乙醇中，并且能以任意比例互溶。

非极性溶剂溶解在非极性物质中，例如大多数有机溶剂是无极性或极性很弱的物质，而大多数无机酸、碱、盐却是极性物质，两者之间很难互溶。相反，苯和甲苯等有机物质极性很弱，甚至没有极性，它们的分子之间能相互扩散和渗透，最终形成溶解，甚至可以任意比例相互溶解。

"相似相溶"经验法则是有一定局限的，例如硝基甲烷与硝化纤维，氯乙烷与聚氯乙烯，它们的结构相似，但不互溶。因此，在实际应用中，应以实验加以验证。

2.6.4 渗透检测与溶解度、浓度

1. 着色（荧光）强度

显像剂中的白色粉末吸附渗透剂。但是，吸附上来同样数量的渗透剂，有的看得见，有的看不见（或不明显）。这是由于渗透剂的着色强度或荧光强度不同所致。所谓着色强度或荧光强度，实际上是缺陷内被吸附出来的一定数量的渗透剂，在显像后能显示色泽（色相）的能力。它与渗透剂中着色染料或荧光染料的种类有关，与染料在渗透剂中溶解度有关。

按照近代理论，光的吸收和颜色的表现，与分子中电子的运动有着不可分割的关系。电子在分子中结合得越牢固，则为了引起它们的激发所需消耗的能量也就越大。光波所含的能量与它的波长成反比。一般来说，饱和化合物只受紫外线的影响而引起激发，不饱和化合物则比较容易受可见光的影响而引起激发。也就是说，一种给定的化合物可能吸收某些可见光，而使其余的光透过或反射出来。所透过或反射出的可见光的颜色，就是它所呈现的颜色。紫外线光子能量较大，一般荧光染料吸收其能量被激发出荧光。

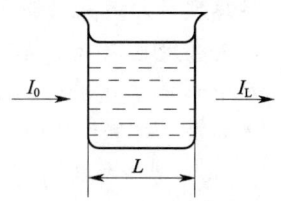

图2—22 消光值示意图

着色（荧光）强度用两种方法来度量，一种是用渗透剂的消光值 K 来度量，另一种是用渗透剂的临界厚度来度量。

所谓消光值 K，就是光线通过渗透剂被吸收的程度，参见图2—22。它与渗透剂中着色（荧光）染料的浓度及液层厚度的乘积成正比，可用下式表示：

$$K = \lg \frac{I_0}{I_L} = \alpha c L \qquad (2\text{—}17)$$

式中 I_0——入射光强度；

I_L——光穿透渗透剂层厚度 L 后的强度；

c——渗透剂浓度；

L——渗透剂液层厚度；

α——比例常数。

由此可见，渗透剂的消光值 K 越大，着色（荧光）强度就越大，缺陷显示就越清晰。由上式可知，提高渗透剂的浓度，就可增大它的消光值 K。为了提高渗透剂的浓度，选择好着色（荧光）染料（溶质）及其相应的溶剂，是十分重要的。

被显像剂吸附上来的渗透剂，厚度到达某一值时，再增加其厚度，该渗透剂的着色（荧光）强度也不再增加，此时的液层厚度就叫做渗透剂的临界厚度。可见，临界厚度越小，着色（荧光）强度就越大，越有利于缺陷的显示。

2. 荧光发光效率

荧光染料吸收紫外线转换成可见荧光的效率，将直接决定荧光强度的强弱。荧光渗透剂发光时各变量间的关系见下式：

$$I_f = \phi I_0 (1 - e^{-KcX}) \qquad (2\text{—}18)$$

式中　I_f——可见光内测定的荧光强度；
　　　I_0——试样表面测定的紫外线强度；
　　　c——染料的有效浓度；
　　　K——染料的消光系数；
　　　X——荧光渗透剂的薄膜厚度；
　　　ϕ——染料系统所产生的可见光量。

"I_f"是使用一个与人眼灵敏度相同的滤色器——光电池联合装置，在可见光范围内测定的荧光强度。"I_0"是一个可控制的变量，当紫外线发射的强度越高，即激励染料发射荧光的能量越大，则发射的荧光强度越强。

"X"是暴露到紫外线中荧光渗透剂的薄膜厚度。薄膜临界厚度可在一个光学平板与一个凸透镜之间测定（具体见第9.1.1节中所述）。当荧光渗透剂薄膜厚度小于临界厚度时，荧光渗透剂将不发光；随着薄膜厚度的增加，其亮度也增大，当增加到一定程度时，由于它们在厚层中的自熄作用，其厚度—亮度转换特性曲线将保持一定的水平位置（见图2—23）。

"K"是染料的消光系数，指光线通过该染料所组成的荧光渗透剂时，被吸收的程度。它与溶液中有色物质的浓度及液层厚度的乘积成正比。"K"与"ϕ"是表面征染料系统的两个变量，它们可以通过荧光渗透剂染料组分间的比例调整来控制；利用"串激"法，可以提高荧光渗透剂的发光强度。

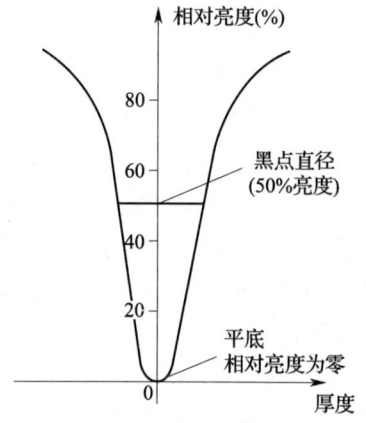

图2—23　厚度—亮度转换特性曲线

"c"是制造厂添加到荧光渗透剂中染料的相对含量，染料浓度的增加，将增加荧光的亮度。

公式（2—18）诸因素中，I_0、c、X 三个变量可由操作或工艺来控制。例如紫外线灯发光强度可控制 I_0，而"c"可由浸渍和滴落荧光渗透剂的停留方式不同引起变化，"X"可由乳化、清洗和显像工艺来控制。公式（2—18）中另外一些变量则由荧光渗透剂制造厂来控制。

其他因素，例如紫外线及日光的照射，受热辐射等将引起荧光染料老化失效，从而引起所配荧光渗透剂荧光发光效率的降低。因此，对荧光染料的保管应特别注意。

2.7　表面活性与表面活性剂

2.7.1　表面活性及表面活性剂的定义

1. 表面活性的定义

图2—24表示三类不同物质水溶液的表面张力与浓度的关系曲线。曲线1，表面张力（f）在较低浓度（c）时，随浓度增加急剧下降，表面张力降至一定程度后（此时，溶液浓

度仍然很小）便下降很慢或不再下降。有时，溶液中含有某些杂质时，可能出现表面张力最低值（如虚线所示）。一般肥皂、洗涤剂等物质的水溶液就有此曲线所示的性质。

曲线 2，表面张力随浓度增加逐渐下降，例如乙醇、丁醇、醋酸等物质的水溶液就有此曲线所示的性质。

曲线 3，表面张力随浓度增加而稍有上升，例如氯化钠、硝酸钾、盐酸等无机物的水溶液就有此曲线所示的性质。

因此，仅就降低表面张力这一特性而言，我们将凡能使溶剂的表面张力降低的性质称为表面活性（对比溶剂而言）。具有这种性质的物质称为表面活性物质。对于水，这一广泛使用的极其重要的溶剂而言，具有图 2—24 中曲线 1 及 2 所示性质的物质即具有表面活性，而具有曲线 3 所示性质的物质则无表面活性。

2. 表面活性剂的定义

见图 2—24，我们把具有曲线 1 及 2 所示性质的物质称为表面活性物质，具有曲线 3 所示性质的物质称为非表面活性物质。但曲线 1 及曲线 2 所示的物质又有不同特点，我们把具有曲线 1 所示性质的表面活性物质称为表面活性剂，以与具有曲线 2 所示性质的表面活性物质相区别。

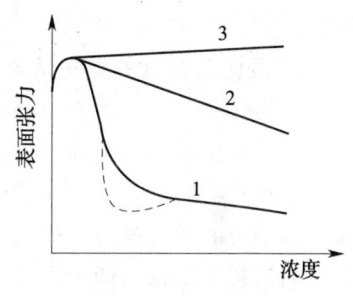

图 2—24 $f—c$ 关系曲线

因此，表面活性剂是随其浓度增加可使溶剂表面张力下降比较急剧的表面活性物质。

2.7.2 表面活性剂的种类、结构特点及 H.L.B 值

1. 表面活性剂的种类

实际应用的表面活性剂品种非常繁杂。下面按化学结构的特点对表面活性剂予以简单的归纳。表面活性剂分子可以看做是在碳氢化合物（烃）分子上加一个（或一个以上）极性取代基而构成。此极性取代基可以是离子，也可以是不电离的基团，由此区分出离子型表面活性剂及非离子型表面活性剂两大类。离子型表面活性剂溶于水时，能电离生成离子（分阳离子型、阴离子型及两型三类）。非离子型表面活性剂溶于水时，不能电离生成离子。

渗透检测时，通常使用非离子型表面活性剂，因为非离子型表面活性剂在水溶液中不电离，所以稳定性高，不易受强电解质及无机盐类的影响，也不易受酸及碱的影响；与其他类型表面活性剂的相容性好，能很好混合使用，在水及有机溶剂中都有较好的溶解性能；由于在溶液中不电离，故在一般固体表面上不易发生强烈吸附。

下面介绍几种渗透检测中常用的非离子型表面活性剂。

脂肪醇聚氧乙烯醚：化学结构式为 R—O(C_2H_4O)$_n$H，常用的乳化剂 MOA—3 及乳百灵 A 均以此为主要成分之一。该类表面活性剂的特点是稳定性高、水溶性好及润湿性能好。

烷基苯酚聚氧乙烯醚：化学结构式为 R—⌬—O(C_2H_4O)$_n$H，常用的乳化剂 OP—10 及 TX—10 均以此为主要成分之一。该类表面活性剂的特点是化学性能很稳定，不怕强酸强碱的影响，即使在温度较高时，也不易被破坏，但毒性较大。

渗透检测

多醇表面活性剂：这类表面活性剂除具有一般非离子型表面活性剂的良好活性外，还有无毒这一突出优点，故还经常应用于食品工业及医药工业中。例如乳化剂斯盘—20的主要成分之一是失水山梨醇月桂酸酯，其化学结构式为 $C_{11}H_{23}OOC_6H_{11}O_4$；阿特姆尔—67的主要成分之一是单硬脂酸甘油酯，它的化学结构式为 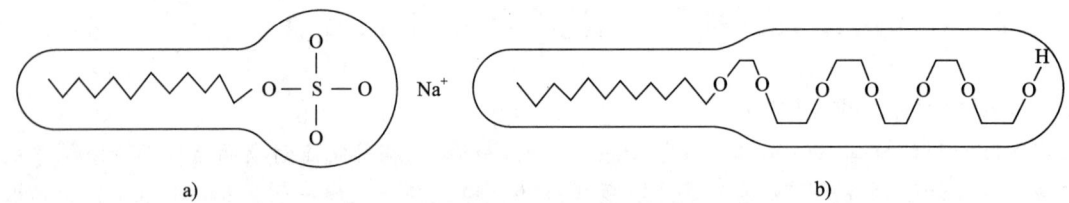。上述两种表面活性剂均为多醇表面活性剂。

常用的非离子型表面活性剂还有脂肪酸聚氧烯酯、聚氧乙烯烷基胺及聚氧乙烯烷基酰醇胺等。

2. 表面活性剂的结构特点

不论何种类型，表面活性剂分子一般总是由非极性的亲油疏水的碳氢链部分和极性的亲水疏油的基团共同构成的，而且两部分各处两端，形成不对称的结构。因此，表面活性剂分子是一种两亲分子，具有又亲油又亲水的两亲性质。这种两亲分子能吸附在油水界面上，降低油水界面的界面张力；能吸附在水溶液表面上，降低水溶液的表面张力。典型的离子型及非离子型表面活性剂两亲分子示意图见图2—25。

图2—25中两种表面活性剂的亲油基皆为十二烷基，而亲水基则不同，一个为 $-[SO_4^-]$，另一个为 $[(OC_2H_4)_6OH]$，这样的分子结构使得此种分子具有一部分可与水亲近，而另一部分易自水中逃离的双重性质。

图 2—25 "两亲分子"示意图
a) 离子型表面活性剂 $C_{12}H_{25}SO_4^-Na^+$ b) 非离子型表面活性剂 $C_{12}H_{25}(OC_2H_4)_6OH$

3. 表面活性剂的 H.L.B 值

表面活性剂是否易溶于水，即亲水性大小是一项非常重要的指标。非离子型表面活性剂的亲水性，可用亲水基的相对分子质量大小来表示，称做亲憎平衡值，即 H.L.B 值：

$$H.L.B = \frac{\text{亲水基部分的相对分子质量}}{\text{表面活性剂的相对分子质量}} \times 20 = \text{亲水基质量\%} \times 1/5 \qquad (2\text{—}19)$$

H.L.B 值越高，亲水性越强。

表面活性剂在水中分散情况与表面活性剂的 H.L.B 值的大致关系见表2—4。

表 2—4　　　　　表面活性剂的水溶性与 H.L.B 值的关系

水中分散情况	几乎不分散	分散不好	强烈搅拌呈乳状分散	搅拌，呈稳定的乳状分散	搅拌，呈半透明分散体	透明溶液
H.L.B	1~4	3~6	6~8	8~10	10~13	>13

几种非离子型表面活性剂混合后,其 H.L.B 值可按下式求出:

$$H.L.B = \frac{ax+by+cz+\cdots}{x+y+z+\cdots} \qquad (2\text{—}20)$$

式中　a,b,c——组成混合乳化剂的各表面活性剂的 H.L.B 值;
　　　x,y,z——各表面活性剂的质量。

下面举例说明 H.L.B 值的计算。

例1:求月桂醇聚氧乙烯醚的 H.L.B 值。

解:月桂醇聚氧乙烯醚的分子式为:$C_{12}H_{25}(OC_2H_4)_6OH$

亲油基部分的分子结构为:$C_{12}H_{25}$,其相对分子质量为:

$$12C + 25H = 12 \times 12 + 25 \times 1 = 169$$

亲水基部分的分子结构为:$(OC_2H_4)_6OH$,其相对分子质量为:

$$12C + 25H + 7O = 12 \times 12 + 25 \times 1 + 7 \times 16 = 281$$

总相对分子质量为:$281 + 169 = 450$

因此 $H.L.B = \frac{281}{450} \times 20 \approx 12.5$

答:月桂醇聚氧乙烯醚的 H.L.B 值为 12.5。

例2:求 10 g 阿特姆尔-67 和 10 g TX-10 混合后的 H.L.B 值。

解:阿特姆尔-67 的 H.L.B 值为 3.8,TX-10 的 H.L.B 值为 14.5。

所以,混合后 $H.L.B = \frac{3.8 \times 10 + 14.5 \times 10}{10 + 10} \approx 9.2$

答:混合后 H.L.B 值约为 9.2。

2.7.3　表面活性剂的作用

如果知道 H.L.B 值,就可知该表面活性剂的适当用途。表面活性剂的 H.L.B 值与其作用的对应关系见图 2—26。

2.7.4　乳化作用

1. 乳化现象及乳化剂

油和水混在一起,即使用力摇晃,可以暂时混合,但很不稳定,静置后又会分成两层。这是由于油水接触面上存在界面张力,起着相互排斥和尽量缩小其接触面积的作用,使油水不能相混。

例如将 1 cm³ 的油置于 1 cm³ 的水中,激烈摇晃后,油被分散成许多 0.01 μm 的小球,油微粒的总面积可达 600 m²,油微粒的表面积增大,表面过剩自由能随着增高。油水总体积未发生变化,由于表面积增大,表面过剩自由能增高,使体系能量增加,这样就形成了热力学的不稳定体系,因而油微粒有聚结的趋势,即缩小表面积降低表面过剩自由能的趋势。

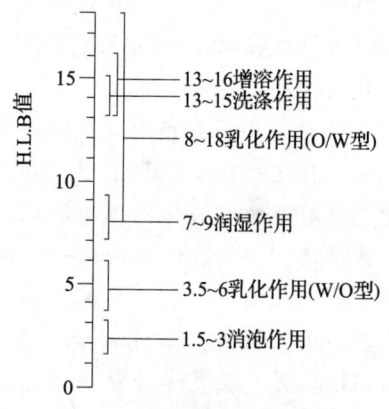

图 2—26　表面活性剂 H.L.B 值与其作用的关系

只有当油重新浮于水面上分为两层时，它们的表面才最小，这时，体系才最稳定。这就是油水不相混合的根本原因。

现以某矿物油为例，根据公式（2—3）计算由于表面积的增加，表面过剩自由能增加的数值。

已知某矿物油的表面张力系数为 57 mN/m（毫牛顿/米），即为 57×10^{-3} J/m^2，1 cm^3 某矿物油与 1 cm^3 水混合在一起摇晃后，表面积增加约 600 m^2，故表面过剩自由能增加的数值为 34 J（$\Delta E = \alpha \Delta S = 57 \times 10^{-3} \times 600 \approx 34$ J）。

如果在油水混合液中加入少量表面活性剂，油就会变成许许多多的微粒，分散于水中，呈乳状液，静置后也很难分层。由于表面活性剂的作用使本来不能混合到一块的两种液体能够混合在一起的现象称乳化现象。具有乳化作用的表面活性剂称乳化剂。

2. 乳化形式

乳状液是一种液体分散于另一种不相混溶的液体中形成的胶体分散体系，外观常呈乳白色不透明液状，乳状液之名即由此而得。乳状液中以液珠（一般如此，但也可以是其他形状）形式存在的那一相称为分散相，或称内相、不连续相；另一相是连成一片的，称为分散介质，或称外相、连续相。

常见的乳状液，一般都有一相是水或水溶液，通常称为"水"相；另一相是与水不相混溶的相，有机相，通常称为"油"相。外相为"水"内相为"油"的乳状液叫做水包油型的乳状液。以 o/w 表示"水包油"，牛奶即为 o/w 型乳状液。乳状液的外相为"油"内相为"水"时，则称为油包水型的乳状液。以 w/o 表示"油包水"，油田生产的原油即为 w/o 型乳状液。

除此之外，还有另一类更复杂的多重乳状液。在这种乳状液体系中，分散相的液滴中包括有连续相液体的细小液珠。它也可以分为两类：以油、水为例，一类是油分散在水中，而油滴中又有小水珠，称为水包油包水型多重乳状液，用 w/o/w 表示，见图 2—27（b）；另一类是水分散在油相中，而水滴中又含有小油珠，称为油包水包油型多重乳状液，用 o/w/o 表示，见图 2—27（a）。多重乳状液可用于分离有机烃、处理废水、固定酶及延长药物释放等方面。

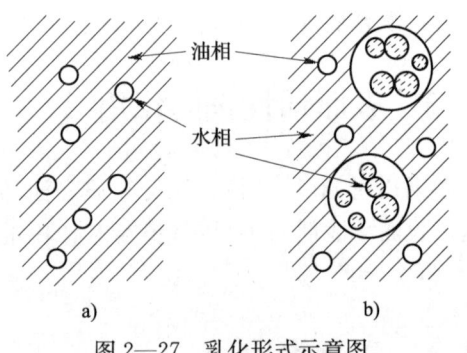

图 2—27 乳化形式示意图
a) w/o (o/w/o) 型　b) o/w (w/o/w) 型

典型的乳化形式示意图见图 2—27。w/o 型乳状液，油相是连续相，水相是不连续相。o/w 型乳状液，水相是连续相，油相是不连续相。

乳状液究竟是油包水型（w/o 型），还是水包油型（o/w 型），可用稀释法、染色法或电导法等法进行简单鉴别。

稀释法：由于乳状液能与其分散介质液体相混溶，所以能与乳状液混合的液体应该与分散介质相同。因此，以水或油对乳状液作稀释试验，即可看出乳状液形式。例如牛奶能被水所稀释，而不能与植物油混合，所以牛奶是水包油型乳状液。

染色法：将少量油溶性染料加入乳状液中予以混合，若乳状液整体带色，则为油包水型乳状液；若只是液珠带色，则为水包油型乳状液。用水溶性染料，则情况相反。苏丹红Ⅲ是常用的油溶性染料，亮蓝FCF则是常用的水溶性染料。

电导法：一般来说，导电性好的即为水包油型乳状液，导电性差的即为油包水型乳状液。但是，当油包水型乳状液中，水相比例较大，或油相中"离子型"乳化剂含量较多时，则油包水型乳状液的导电性也较好。

3. 乳化作用的机理

纯净的油和水一起混合搅拌后，得不到稳定的乳状液。这是由于在这种体系的界面上不易形成稳定而坚固的吸附层。如果在这种体系中，加入易于在两相界面上吸附或富集的物质，特别是乳化剂，乳化剂在两相界面上吸附并富集，将影响界面性质，改变界面状态，降低界面张力，则可形成比较稳定的乳状液。

加入乳化剂后，其分子吸附在"油""水"两相界面上形成吸附层。在吸附层中，乳化剂分子有一定取向，极性基团朝"水"，非极性部分朝"油"，这样，就使得"油""水"两相的界面张力下降。

单使界面张力下降，乳状液还不能一直稳定，还应该使分散相液滴周围形成坚固的保护膜，这种保护膜应具有一定的机械强度。当分散相液滴碰撞时，保护膜阻止其液滴聚结；而且，保护膜局部受损时，亦要能自动弥补受损处。

降低界面张力和形成保护膜是乳状液稳定形成的两个主要因素，也是乳化现象的产生机理。而且，后一因素更重要。因为，加入乳化剂能使表面张力降低到原来值的1/20左右；但是由于形成分散相，扩大表面积而引起乳状液体系能量增加往往是百万倍数量级。如果没有保护膜的作用，乳状液体系中的分散相仍然要聚结，乳化现象不能稳定。

使用乳化剂时，形成的乳状液究竟是 o/w 型，还是 w/o 型，取决于具有乳化作用的表面活性剂的亲憎平衡值即 H.L.B 值。H.L.B 值高，亲水性好；H.L.B 值低，亲油性好。当 H.L.B 值为 8～18 时，亲水性好，易形成 o/w 型乳状液，即易形成水包油型乳状液；当 H.L.B 值为 3.5～6 时，易形成 w/o 型乳状液，即易形成油包水型乳状液。

一些乳化剂（表面活性剂）的 H.L.B 值见表2—5。

表2—5　　　　　　　　　　一些乳化剂的 H.L.B 值

名　称	主要成分	H.L.B
OΠ－7	烷基苯酚聚氧乙烯醚	12.0
OP－10	烷基苯酚聚氧乙烯醚	14.5
TX－10	烷基苯酚聚氧乙烯醚	14.5
乳百灵 A	脂肪醇聚氧乙烯醚	13.0
湿润剂 JFC	脂肪醇聚氧乙烯醚	12.0
MOA	脂肪醇聚氧乙烯醚	5.0
吐温－80	失水山梨醇脂肪酸聚氧乙烯醚	15.0
斯盘－20	失水山梨醇单月桂酸酯	8.6
阿特姆尔－67	单硬脂酸甘油酯	3.8

渗透检测

渗透检测时，使用后乳化型渗透法，去除工件表面多余的渗透剂，一般使用水包油型（o/w 型）乳化剂进行乳化清洗，典型的乳化清洗过程见图 2—28。

后乳化型渗透剂是乳化的对象，由于乳化的目的是要将工件表面多余的渗透剂清洗掉，故乳化剂还应有良好的洗涤作用。H.L.B 值在 11～15 范围内的乳化剂，既具有乳化作用，又有洗涤作用，是比较理想的去除剂。

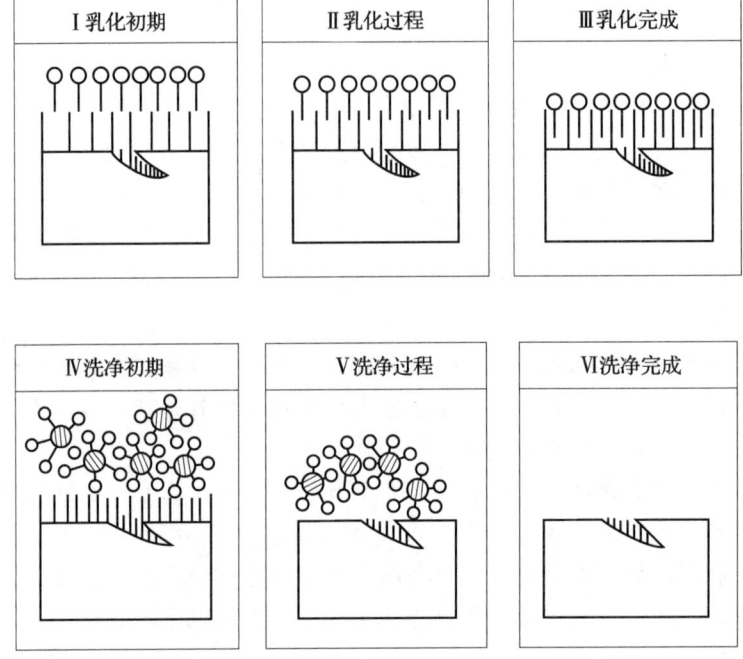

图 2—28　多余渗透剂的乳化清洗过程

2.7.5　表面活性剂在溶液中的特性

1. 表面活性剂的内部性质（胶团形成）

表面活性剂在溶液中的浓度超过一定值时，会从单体（单个离子或分子）缔合成为胶态聚集物，即形成胶团。溶液性质发生突变时的浓度，即形成胶团时的浓度，称为临界胶团浓度（简写为 cmc）。此过程称为胶团化作用。

胶团是由许多表面活性剂单个分子（或离子）缔合而成，亲油基聚集于胶团之内，而亲水基朝向水中。表面活性剂 cmc 越低，表示此种表面活性剂形成胶团所需浓度越低，因而改变表面及界面性质，起到润湿、乳化、加溶及起泡等作用所需浓度也越低。

胶团的典型结构模型见图 2—29。

根据多年来的研究，一般认为，在浓度不很大，而且没有其他添加剂及加溶物的溶液中（超过 cmc 不多），胶团大多呈球状；在浓度十倍于 cmc 或更大的浓溶液中，胶团一般是非球状的棒状胶团；当浓度更大时，就形成巨大的层状胶团。

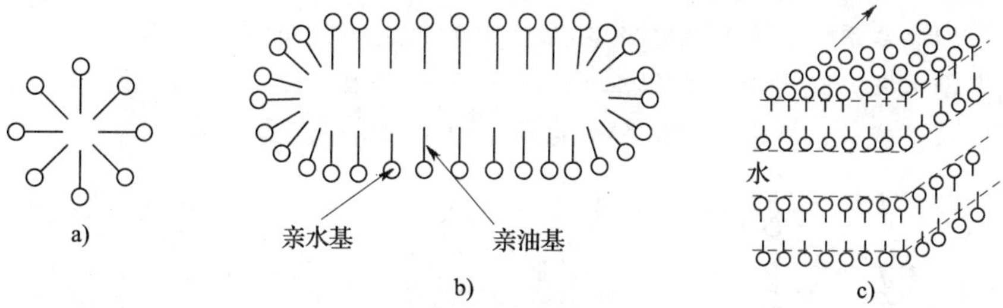

图2—29 胶团的典型模型
a) 球状　b) 棒状　c) 层状

利用表面活性剂的凝胶现象可提高渗透检测的灵敏度。"非离子型"乳化剂（主要由非离子型表面活性剂组成）与水混合，其黏度随含水量变化，在某一含水量范围内黏度有极大值，此范围称凝胶区。清洗时，工件表面接触大量的水，乳状液的含水量超过了凝胶区，黏度小而易被水洗掉；缺陷缝隙处接触水量少，含水量在凝胶区区，形成凝胶，所以缺陷内的渗透剂不易被水冲走，从而提高了检测灵敏度。

以非离子型表面活性剂为主要成分的"非离子"型乳化剂，凝胶现象示意图见图2—30。

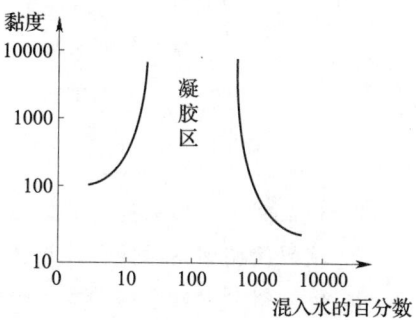

图2—30 凝胶现象示意图

2. 表面活性剂的表面性质（吸附）

由于表面活性剂分子是"两亲"分子，所以能从水或水溶液中迁移并吸附于水或水溶液表面，而且作定向排列，极性的亲水基朝向水或水溶液，非极性的亲油基朝外。当表面活性剂分子在水或水溶液表面的吸附近于饱和时，水或水溶液的极性表面在很大程度上就被表面活性剂分子所覆盖，形成一层由碳氢链构成的表面层，表面性质大大改变，水或水溶液的表面张力大大降低，润湿性能大大提高。例如水不能润湿石蜡表面，但在水中加入适当的表面活性剂后，水就能润湿石蜡表面。

表面活性较强的表面活性剂，应该是在浓度较低时，即能达到吸附饱和状态，亦即在浓度较低时，就应有较低的表面张力。这就是说，可以用达到最低表面张力时的浓度大小作为衡量表面活性剂表面活性的一种量度。实际上是用表面活性剂的临界胶团浓度cmc作为此种量度。

表面活性剂分子作为吸附分子吸附在水或水溶液表面，当其浓度接近或超过cmc时，吸附近于饱和。此时，水或水溶液表面几乎全被表面活性剂分子所覆盖，表面活性剂吸附分子在水或水溶液表面的状态见图2—31。

由于表面活性剂分子的特殊结构，使得它还能从溶液内部迁移并吸附于油—水界面，发生界面吸附，极性的亲水基朝向水，非极性的亲油基朝向油，从而降低界面张力，改变界面性质，使溶液产生乳化及洗涤等作用。例如使用表面活性剂可以使本来不相混溶的渗透剂（油基）和水混溶到一起，形成稳定的乳状液。

水溶液中表面活性剂的存在能使原来不溶或微溶于水的有机化合物的溶解度显著增加，

渗透检测

此即表面活性剂的增溶作用。增溶作用与溶液中胶团的形成有密切关系。在临界胶团浓度到达以前并没有增溶作用，当表面活性剂在溶液中的浓度超过临界胶团浓度 cmc 以后，增溶作用才明显表示出来。胶团形成是微溶物溶度增加的原因，表面活性剂在溶液中的浓度越大，胶团形成的就越多，微溶物就溶解得越多，增溶作用越显著。

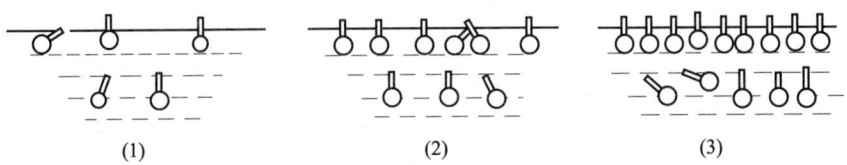

(1)　　　　　　　　(2)　　　　　　　　(3)

图 2—31　表面活性剂吸附分子在水或水溶液表面上的状态
(1) 浓度很低时　(2) 中等浓度时　(3) 吸附近于饱和时
注：图中圆圈表示表面活性剂分子的亲水基团，另一端表示亲油基团。

复习思考题

*1. 什么叫分子运动论？简述分子运动论的基本内容。

*2. 试用简图阐述拉伸或压缩物体时，分子间作用力表现为引力或斥力的机理。

*3. 什么叫分子的平均动能、分子势能及分子内能？

*4. 为什么说温度是物体分子平均动能的标志？

*5. 试用简图辅助阐述分子势能与分子间距离的关系。

*6. 自然界有哪三种物质形态？各有什么特征？

*7. 什么叫界面？物质的固、液、气三态之间有哪几种界面？简述界面张力与界面能的概念。

*8. 什么叫表面层、附着层？简述表面层与附着层里分子的受力情况。

9. 什么叫液体的表面张力？试举例说明。

10. 什么叫表面张力系数？它有哪些特点？

*11. 什么叫表面过剩自由能？它的物理意义是什么？它与表面张力系数有何联系？

12. 什么叫分子作用半径、分子作用球？为什么液体表面有自行收缩趋势？

*13. 简述液体表面的分子分布状况及相互作用力状况。为什么说液体分子间的相互作用力是表面张力产生的原因？

14. 什么叫润湿？*润湿有哪三种方式？*它们与接触角有何关系？*简述润湿或不润湿现象的产生机理。它对渗透检测有何影响？

15. 试用简图阐述润湿的基本公式，它与界面张力有何联系？

16. 什么叫接触角？它是一固定值吗？如何使用接触角去判定四种不同的润湿性能？

17. 试用简图阐述什么叫表面活性？什么叫表面活性剂？

*18. 表面活性剂分子结构的特点是什么？离子型与非离子型表面活性剂各有什么特点？渗透检测时常用哪类表面活性剂？

*19. 简述表面活性剂的"两亲"性质，并举例说明。

*20. 渗透检测中常用的非离子型表面活性剂有哪几种？它们各有什么特点？

＊21. 什么叫胶团？胶团有几种形态？

＊22. 什么叫胶团化作用？什么叫临界胶团浓度？临界胶团浓度与表面活性剂的界面吸附作用及增溶作用有何关系？

＊23. 表面活性剂为何易于发生界面吸附现象？表面活性剂在溶液界面上的吸附近于饱和时，溶液性质将发生哪些变化？试举例阐明。

＊24. 什么叫表面活性剂的增溶作用？产生增溶作用的根本原因是什么？

25. 什么叫H.L.B值？试写出单一非离子型表面活性剂的H.L.B值计算公式及几种成分组合的非离子型表面活性剂的H.L.B值计算公式。

26. 表面活性剂在水中分散情况与H.L.B值有怎样的大致关系？

27. 表面活性剂的H.L.B值不同，对应的作用也不同，请简述其对应关系。

28. 什么叫分散体系、分散相（内相、不连续相）和分散介质（外相、连续相）？

29. 按分散程度的不同，可将分散体系分为哪几类？渗透检测中常用的乳状液属哪类？

30. 按分散相和分散介质的不同的物质形态，可将分散体系分成哪几类？渗透检测中的乳状液属哪类？

31. 什么叫乳状液？常见的乳状液有哪几种？试举例说明。

32. 油水不相混溶的根本原因是什么？为什么加入表面活性剂后，油水就能相混？

33. 什么叫乳化现象？什么叫乳化剂？＊乳化机理是什么？

＊34. 什么叫非离子型乳化剂的凝胶现象？为什么利用凝胶现象可以提高渗透检测灵敏度？

35. 乳化型式有哪几种？＊如何简单鉴别？简述不同的乳化形式与H.L.B值之间的关系。

36. 什么叫吸附现象？简述固体表面的吸附现象、吸附剂及吸附质。

37. 简述表面活性剂在液体表面吸附现象中的作用。

＊38. 简述物理吸附与化学吸附的区别。

＊39. 简述吸附现象（固体、液体）的产生机理。

40. 简述渗透检测中的吸附现象。

41. 什么叫毛细现象？什么叫毛细管？试举例说明。

＊42. 弯曲液面产生附加压强的根本原因是什么？试写出规则球状液面、柱状液面、平面液面及任意曲面液面的附加压强表达式，并指出其方向。

43. 试分析毛细管中受力状况；试写出润湿液体在毛细管中上升的高度表达式，并指出各符号的意义。

＊44. 简述两平行板间的毛细现象，试写出液体在两平行板上升的高度表达式，并指出各符号的意义。

＊45. 简述毛细现象的产生机理。

46. 简述渗透检测中的毛细现象。

＊47. 什么叫荧光发光效率？简述影响荧光渗透剂发光强度的因素。

48. 什么叫渗透剂的质量分数和物质的量浓度？

49. 什么叫溶质、溶剂及溶液？

渗透检测

50. 什么叫溶解度？提高溶剂对着色染料（或荧光染料）的溶解度，对着色强度（或荧光强度）及检测灵敏度有何影响？

*51. 简述物质结构相似相溶法则和极性相似相溶法则，试举例说明。

52. 简述显像剂的基本功能及显像机理。

53. 为什么溶剂悬浮湿式显像剂有较高的显像灵敏度？干式显像剂有较高的显像分辨力？

54. 简述干式显像剂、水悬浮显像剂及水溶性显像剂、溶剂悬浮显像剂及塑料薄膜显像剂和自显像的显像过程。

55. 简述渗透剂渗入缺陷的作用机理。

第3章 渗透检测的光学基础

3.1 光的本性

3.1.1 光是一种电磁波

"光"这个词，通常指的是与视觉有关的那一类辐射电磁能。广义来说，光包括电磁波谱的整个辐射范围。因此，通常说光是一种电磁波。光速等于电磁波的波速。光与其他电磁波一样，也能产生反射、折射、干涉、衍射等，它们的区别只是频率（或波长）范围的不同。由于频率的不同，呈现出不同的特性。

按照电磁波的频率（或波长）的高低排列起来形成电磁波谱，它们分别称为γ射线、X射线、紫外线、可见光、红外线、微波、无线电波与电视波，以及甚长电磁波，可参见图3—1及表3—1。

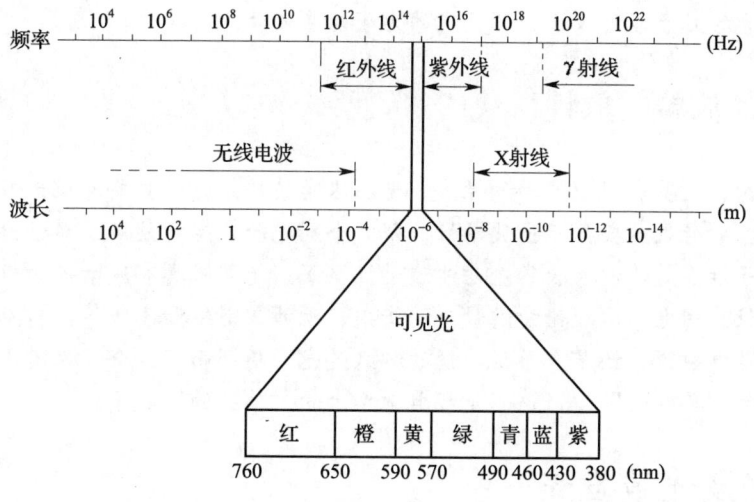

图3—1 电磁波波谱图

可见光包括七种颜色的光，按照光的频率由低到高，依次为红、橙、黄、绿、青、蓝、紫。光的颜色由光的频率决定，不同色的光，频率不同，在可见光范围内，红光频率最低，紫光频率最高。红外线存在于可见光谱红光区域以外，显著特性是热作用。紫外线存在于可见光谱紫光区域以外，显著特性是化学作用。红外线、可见光和紫外线，它们的产生都是原子能级跃迁（原子中外层电子能级跃迁）的结果。

3.1.2 光子说

空间传播的光（包括不可见光）线的能量，并不是连续地分布的，而是由一个一个能量子组成的。这些能量子被定名为光子（光量子）。光是具有质量（静止质量为零）、能量和动量的粒子所组成的粒子流。光子能量的大小与它的频率成正比，如式（3—1）所示。

表 3—1   电磁波谱表

名称	频率（Hz）	波长（m）
无线电波	$10^4 \sim 3\times 10^{12}$	$3\times 10^4 \sim 10^{-4}$
红外线	$10^{12} \sim 3.9\times 10^{14}$	$3\times 10^{-4} \sim 7.7\times 10^{-7}$
可见光	$3.9\times 10^{14} \sim 7.5\times 10^{14}$	$7.7\times 10^{-7} \sim 4\times 10^{-7}$
紫外线	$7.5\times 10^{14} \sim 5\times 10^{16}$	$4\times 10^{-7} \sim 6\times 10^{-9}$
X 射线	$3\times 10^{16} \sim 3\times 10^{20}$	$10^{-8} \sim 10^{-12}$
γ 射线	3×10^{19} 以上	10^{-11} 以下

$$E = h\upsilon \quad (3-1)$$

式中　E——光子的能量，J；

υ——光子的频率，Hz；

h——普朗克常量，$h = 6.63\times 10^{-34}$ J·s。

可见光的颜色由频率决定，不同色的光频率不同，不同色的光光子能量也是不同的。相比之下，红色光的光子能量较小，紫色光的光子能量较大。

3.1.3 光的波粒二象性

光在传播时，主要表现出波动的性质。光在跟物质作用时，主要表现出粒子的性质。研究大量光子产生的效果主要显示出波动性。研究个别光子产生的效果又显示出粒子性。波长短的电磁波粒子性显著，波长长的电磁波波动性显著。光同时具有波动性和粒子性，这就是光的波粒二象性。用电磁波理论能解释光的折射、干涉、衍射和色散等，用光子说能解释光电效应。无论是电磁说，还是光子说，说的都只是光的局部而不是全部性质。总之，光既不是经典意义上的"单纯的"波，也不是经典意义上的"单纯的"粒子。

3.2 发光及光致发光

3.2.1 发光

发光的物体称为光源，也称为发光体。

按光的激发方法来说，利用热能激发的光源，称为热光源，例如白炽灯；利用化学能、电能或光能激发的光源称为冷光源，例如荧光及磷光。但是，光的发射不能仅仅归因于发射体的温度。

人们常常按照激发能源的方式来划分各种类型的发光。当发射的光能由化学反应提供时，如在常温下磷的缓慢氧化称为化学发光；当发光的化学反应发生在有生命的机体中时，如荧光虫的辉光称为生物发光。在上述两个例子中，有一部分是化学反应能量转变成能发光的。另外，还有一些发光是由某种形式的能量从外部输入物体产生的，这类发光可根据激发能的来源命名。激发能来自外加电场，称为场致发光；激发能来自紫外线、可见光或红外线，称为光致发光；激发能来自 X 射线或 γ 射线，则称为射线致发光或辐射致发光。

在"发光"一词前加一适当前缀，同样也可以命名表征其他机制激发的发光。例如，还可以按照高能态向低能态跃迁的不同形式，将发光分为自发辐射发光和受激辐射发光两种形式。通常所使用的光源，例如白炽灯、霓虹灯、日光灯、高压水银灯等都是自发辐射光源；而激光就是受激辐射光源；它是与绝大多数发光系统的常规激发发光不一样的。不考虑激发的方式，那么，引起发光的原子和电子现象基本上都是一样的。因此，将发光现象细分成上述种种类型并不是根本性的区别，主要是为理解方便。

3.2.2 光致发光（荧光、磷光）

许多原来在白光下不发光的物质，在紫外线等外辐射源的作用下，能够发光，这种现象称光致发光。这种发光的时间，有长有短。有些物质的发光，当外辐射源停止作用后，经过极短的时间（约$\leqslant 10^{-8}$ s）就消失了，这种发光称为荧光。有些物质的发光，当外辐射源停止作用后，经过很长的时间（至许多小时）才停止发光，这种发光称磷光。外辐射源停止作用后，仍然能持续发光的物质称磷光物质。外辐射源停止作用后，立即停止发光的物质，称荧光物质。荧光渗透剂中的荧光染料是一种荧光物质。

3.2.3 渗透检测用光

眼睛所以能看见物体，是由于物体对我们的眼睛引起光的感觉。不发光的物体，只要受到发光体的照射，能反射出光来引起眼睛的感觉，我们同样的可以看见。着色检测时，缺陷的红色显示及背景的白色显示，是因为在发光体照射下（直接照射或间接照射），它们都能反射出光来引起眼睛的感觉，从而，使我们能用眼看见它们。

着色渗透检测时，使用可见白光，其波长范围为 400～760 nm，可由白炽灯或日光灯等光源得到。荧光渗透检测时，使用紫外线，它是一种比可见光更短波长的不可见光。国际照明学委员会，将紫外线的频谱范围分类如下：

UV－A：315～400 nm，又称长波紫外线；

UV－B：280～315 nm，又称中波紫外线，能使皮肤变红，引起晒斑；

UV－C：100～280 nm，又称短波紫外线，有光化、杀菌作用。

这种光是看不见的，所以又称黑光。荧光渗透检测所用紫外线，波长范围为 330～390 nm，中心波长约 365 nm，属于黑光。也称 A 类紫外辐射。一般使用高压黑光水银灯作光源可得到紫外线。其有生理作用，还能使底片感光。

紫外线能使荧光渗透剂产生荧光，荧光渗透检测就是以荧光渗透剂受紫外线照射而激发产生荧光这一现象为基础的。荧光渗透检测常用的荧光，其波长为 510～550 nm，呈黄绿色。

3.2.4 发光机理

我们知道，物质是由很小的分子组成，分子是由更小的原子所组成。原子的中心有一个很小的核，叫做原子核，原子的全部正电荷和几乎全部质量都集中在原子核里，带负电的电子在核外空间里绕着核旋转。原子核所带的正电荷数等于核外的电子数，所以整个原子是中性的；电子绕核旋转所需的向心力就是核对它的库仑引力。

整个原子相似于小太阳系，行星绕太阳运动，相似于电子绕原子核运动。

原子只能处于一系列不连续的能量状态，在这些状态中，原子是稳定的，电子虽然做加速运动，但并不向外辐射能量，这些状态叫做定态。

原子从一种定态（设能量为 E_2）跃迁到另一种定态（设能量为 E_1）时，它辐射或吸收一定频率的光子。光子的能量由这两种定态的能量差决定，即：

$$h\upsilon = E_2 - E_1 \tag{3—2}$$

式中　h——普朗克常量；

　　　υ——光子的频率，Hz。

原子的不同能量状态，跟电子沿不同的圆形轨道绕核运动相对应。因此，电子的可能轨道的分布也是不连续的，这种现象叫做轨道的量子化。只有满足下列条件的轨道才是可能轨道：轨道的半径 r 跟电子的动量 mv 的乘积（动量矩）等于 $\dfrac{h}{2\pi}$ 的整数倍，即：

$$m\upsilon r = n\dfrac{h}{2\pi}, \quad n=1, 2, 3, \cdots \tag{3—3}$$

式中　n——正整数，叫做量子数；

　　　h——普朗克常量。

在正常情况下，大多数原子是处于能量最低状态，称为基态。由于外界的原因，例如辐射的照射、快速粒子的撞击、化学分解与化合、加热等传输给原子一定的能量，则原子可以吸收能量而由基态跃迁到能量较高的某一状态，称为激发态。处于激发态的原子总是力图再跃迁到基态。这是由于基态能量最低而最稳定，高能级的激发态相对于基态是一种不稳定的状态。当原子从高能级的激发态跃迁到低能级的状态时，原子就要辐射光。

原子由高能态向低能态或基态跃迁有两种形式：

在没有外界影响的情况下，原子总是力图降低自己的能态而自发的向较低能态跃迁而发生辐射。由于这种辐射是自发进行的，称为自发辐射。自发辐射时，光源中大量辐射原子，它们是彼此独立，互不相关的进行辐射，因此发光时间、频率和位相、传播方向都无一定关系，各原子辐射的光是互不相干的。通常所用光源中，例如白炽灯、日光灯、高压水银灯等都是自发辐射光源。

处于高能态的原子，如果受到一定频率外来光子的作用，也会引起该原子向低能态跃迁而发生辐射。由于这种辐射是被感应而产生的，所以称为感应辐射或受激辐射。由于受激幅射光是被入射光感应而产生，所以辐射光子和入射光子相互关联，特征相同，即它们的频率相同、位相相同和振动方向相同，传播方向也一致。显然，受激辐射得到与入射光子特征完全相同的光子。例如激光光源就是受激辐射光源。

荧光渗透检测时，荧光渗透剂中荧光染料在紫外线照射下发出荧光，其机理简述如下：

当紫外线照射到荧光渗透剂时，荧光物质便吸收紫外线的光能量。处于较低能级的离原子核较近的轨道上的电子受激发而跳跃到离原子核较远的轨道上，使原子能量升高而处于激发状态。处于激发状态的原子很不稳定，高能级上的电子要自发地跳跃到失去电子的较低能级上去，电子由高能级跳到低能级，将发出光子，这个光子的能量就等于高低能级的能量差。荧光渗透剂中荧光染料吸收紫外线的光能量，发出光子，其波长为 510～550 nm，为黄绿色荧光。

3.3 光度学

光度学是一门研究光的计算和测量的科学。光度学通常涉及到发光强度、光能量等的计算及测量。

各种光源发光的强弱是不同的，即使是同一个光源，它向不同方向发光的强弱也不一定相同。为了说明光源发光强弱的这种特性，引入了发光强度这个概念，继而引出了光通量、辐射通量和照度等概念。

1. 发光强度是指光源向某方向单位立体角发射的光通量，单位是坎德拉（cd）。
2. 光通量是指能引起眼睛视觉强度的辐射通量，单位是流明（lm）。
3. 辐射通量是指辐射源（例如光源）单位时间内向给定方向所发射的光能量，即以辐射的形式发射、传播和接收的功率，故又称辐射功率。单位是瓦特（W）。
4. 单位面积上的辐射通量是辐射强度。单位：瓦（特）/米^2，（W/m^2）。
  （1 W/m^2=100 μW/cm^2）。
5. 光视效能表示辐射通量（功率）产生光通量的效率。因为人眼仅对波长约 400～700 nm 之间的辐射敏感，即辐射体只有在此有限区域内的辐射才能引起视觉的感觉，人眼的视见灵敏度随波长而变，亮适应条件下的标准观察者，公认的最大值是在 550 nm 波长上 680 lm/W，如果把所有波长上每个光谱光视效能值都除以最大值（680 lm/W），那么就得到辐射功率的光谱光视效率（视见函数）$V(\lambda)$，它是无量纲的。明视觉光谱光效率函数见表 3—2。表中明显示出，人眼对波长为一定值的黄绿色光最敏感。
6. 照度是指被照射物单位面积上所接受的光通量，单位是勒克司（lx）。1 lx=1 lm/m^2，即被均匀照射的物体，1 m^2 面积上所得到的光通量是 1 lm 时，它的照度就是 1 lx。照度是表示物体被照明的程度。

要用数值表示出各种光源的发光强度，必须先规定一个客观的标准来做发光强度的单位。最初是用一种鲸烛的发光强度来做发光强度的标准的。这种鲸油蜡烛直径是 2.2 cm，每支的质量是 75.5 g。一支这样的蜡烛每小时燃烧 7.78 g，火焰高度是 4.5 cm 时，沿水平方向的发光强度就是 1 发光强度的单位；这样的单位叫 1 烛光。

以 1 烛光的点光源为中心，作半径为 1 m 的球面，那么通过球面上每 1 m^2 面积的光通量就是 1 lm。

很显然，用鲸油蜡烛作发光强度的客观标准在使用时很不方便，故被淘汰，并且以此为基本单位的导出单位例如流明、照度的计量方法也被淘汰。

表3—2　　　　　　　　明视觉光谱光效率函数 $V(\lambda)$

波长（nm）	$V(\lambda)$	波长（nm）	$V(\lambda)$
380	0.000 0	585	0.816 3
385	0.000 1	590	0.757 0
390	0.000 1	595	0.694 9
395	0.000 2	600	0.631 0
400	0.000 4	605	0.566 8
405	0.000 6	610	0.503 0
410	0.001 2	615	0.441 2
415	0.002 2	620	0.381 0
420	0.004 0	625	0.321 0
425	0.007 3	630	0.265 0
430	0.011 6	635	0.217 0
435	0.016 8	640	0.175 0
440	0.023 0	645	0.138 2
445	0.029 8	650	0.107 0
450	0.038 0	655	0.081 6
455	0.048 0	660	0.061 0
460	0.060 0	665	0.044 6
465	0.073 9	670	0.032 0
470	0.091 0	675	0.023 2
475	0.112 6	680	0.017 0
480	0.139 0	685	0.011 9
485	0.169 3	690	0.008 2
490	0.208 0	695	0.005 7
495	0.258 6	700	0.004 1
500	0.323 0	705	0.002 9
505	0.407 3	710	0.002 1
510	0.503 0	715	0.001 5
515	0.608 2	720	0.001 0
520	0.710 0	725	0.000 7
525	0.793 2	730	0.000 5
530	0.862 0	735	0.000 4
535	0.914 9	740	0.000 2
540	0.954 0	745	0.000 2
545	0.980 3	750	0.000 1
550	0.995 0	755	0.000 1
555	1.000 0	760	0.000 1
560	0.995 0	765	0.000 0
565	0.978 6	770	0.000 0
570	0.952 0	775	0.000 0
575	0.915 0	780	0.000 0
580	0.870 0		

国际单位制中,发光强度的单位名称是坎德拉,单位符号是 cd,又名新烛光。1 坎德拉是指某给定单色光源(频率为 540×10^{12} Hz,波长为 0.550 μm)在给定方向上(该方向上辐射强度为 1/683 W/sr 的发光强度。(球面度 sr 是一个立体角,其顶点位于球心,而它在球面上所截取的面积等于以球半径为边长的正方形面积)。

发光强度为 1 cd 的光源在一个球面度内的光通量就是 1 lm。

实验测定:上述单色光源(频率为 540×10^{12} Hz,波长为 0.550 μm)的光,辐射通量为 1 W 时相应于光通量为 683 lm。白炽灯:20~100 W 时,每 W 相应于 9~13 lm;500~1 000 W 时,每 W 相应于 16~19 lm。日光灯:8~30 W 时,每 W 相应于 45~57 lm;40~100 W 时,每 W 相应于 57~66 lm。

如果用 F 代表照射在某一表面上的光通量,S 代表这个表面的面积,E 代表这个表面的照度,则:

$$E=\frac{F}{S} \tag{3—4}$$

显然,对于面积一定的表面,照射到它上面的光通量越大,这个表面的照度也越大;如果光通量的大小一定,被均匀照射的表面面积越大,表面的照度就越小。

渗透检测时,工作场地保持一定的照度,对于确保渗透检测灵敏度及提高工作效率是非常必要的。一般要求,着色渗透检测时,被检物表面上可见光照度应在 500 lx 以上。荧光渗透检测时,被检物表面上的紫外线强度应不低于 1 000 μW/cm²,暗室内可见光照度应不大于 20 lx(紫外线,按黑光源的间接评定方法测定)。除了注意到照度的强弱,还必须注意照度的均匀和稳定,强光源的光直射到眼里以及明暗交替过剧的光线,对眼睛视觉都是有害的。因此,当利用强光源照明时,要把光源挂得高些,或安装适当的反射设备;从明亮处进入黑暗处,应有黑暗适应时间,从黑暗处进入明亮处,应有恢复时间等都是必须采取的措施。

3.4 对比度和可见度

3.4.1 对比度

某个显示和围绕这个显示的表面背景之间的亮度和颜色之差,称为对比度。对比度可用两者间的反射光或发射光的相对量来表示,这个相对量称为对比率。

试验测量结果表明,从纯白色表面上反射的最大光强度约为入射光强度的 98%,从最黑的表面上反射的最小光强度约为入射白光强度的 3%。这表明黑白之间能得到的最大对比率为 33 比 1。实际上要达到这个比值是极不容易的。试验测量结果表明,黑色染料显示与白色显像剂背景之间的对比率为 90%:10%,即 9:1,而红色染料显示与白色显像剂背景之间的对比率却只有 6:1。

荧光显示与不发荧光的背景之间的对比率数值却比颜色对比率高得多,即使周围环境有微弱的白光存在,这个对比率值仍可达 300:1,有时可达 1 000:1,在完全暗的理想情况下,对比率值甚至可达无穷大。因为这是发光显示与不发荧光的背景之间的对比率。由于着色渗透检测时的对比率远小于荧光渗透检测,因此荧光渗透检测有较高的灵敏度。

渗透检测

着色渗透检测时，红色染料显示与白色显像剂背景之间应形成鲜明的色差。荧光渗透检测时，背景的亮度必须低于要求显示的荧光亮度。

3.4.2 可见度

可见度表征相对于背景及外部光等条件，渗透剂形成可用人眼直接观察到的缺陷显示的能力。所谓背景是缺陷显示周围的衬底。

人眼具有复杂的观察机能，见图3—2。在强白光下，人眼对光强度的微小差别不敏感，而对颜色和对比度差别的辨别能力很强。着色渗透检测时，红色缺陷显示能在白色背景上形成较大的色差，人眼在强白光下的辨别能力很强。在暗光中，人眼辨别颜色和对比度差别的本领很差，却能看见微弱发光的物体。在暗视场中，人眼直接观察发光的小物体时，感觉到的光源尺寸要比真实物体大，这是因为人眼有自动放大作用。因为当光的亮度降低时，眼睛的瞳孔会自动放大，以便吸收更多的光。所以，从明亮处进入黑暗处，必须过一段时间，才能看见周围的东西，这种现象称为黑暗适应。黑暗适应所需要的时间因人而异，它取决于检测人员的年龄及健康状况等因素。对于荧光渗透检测而言，黑暗适应时间通常5 min就够了。不过，要完全适应黑暗条件，一般需要20 min。同样，从黑暗处进入明亮处，也需要足够的恢复时间。人的眼睛对各色光的敏感性是不同的，对黄绿色光最敏感，在黑暗处黄绿色光具有最好的可见度。荧光渗透检测时采用的荧光渗透剂，在紫外线照射下，发黄绿色荧光，因而缺陷显示在暗室里具有最好的可见度。

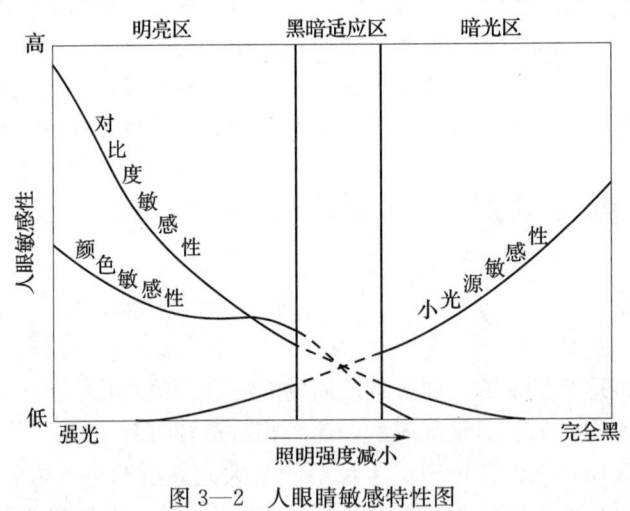

图3—2 人眼睛敏感特性图

3.5 缺陷显示及裂纹检出能力

3.5.1 缺陷显示

缺陷容积（深度×宽度×长度）越大，它容纳的渗透剂就越多，留在缺陷中输送给显像剂形成显示的渗透剂就越多，缺陷显示越明显。显像剂显示的缺陷图像尺寸比缺陷的实际图像尺寸要大，见图3—3。

渗透剂渗入缺陷后，保留在缺陷内的现象称为渗透剂缺陷截留，简称截留。使用液体渗透检测方法检测表面开口缺陷，其结果取决于渗透剂渗入缺陷后并保留在缺陷内的能力，即截留能力。被检工件表面及开口缺陷内表面应干净无污染，以保证渗透剂渗入，只要渗入的渗透剂还有一些留有缺陷面上（有或没有显像剂），并把被检工件置于合适的光源下检查观察，渗入缺陷内的渗透剂就会有所显示。

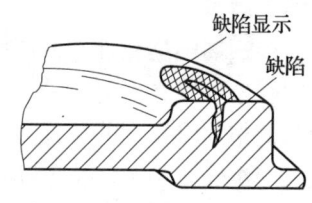

图3—3 缺陷与缺陷显示

影响渗透剂渗入开口缺陷的因素包括：

a. 渗透剂的表面张力，渗透剂中的添加物和污染；
b. 表面缺陷张口的尺寸及表面缺陷的形状；
c. 受检工件表面的涂层及污染；
d. 阻止渗透剂渗入缺陷的机械障碍物；
e. 受检试件及渗透剂的温度（它会影响渗透剂的表面张力和黏度）；
f. 开口缺陷内壁的粗糙度及受污染状况；
g. 渗透检测操作时的大气压。

另外，渗入缺陷的渗透剂必须能够避免或减少去除剂、乳化剂或洗涤水对缺陷内截留物的影响，特别是必须恰到好处地避免从浅而宽的缺陷中被去除是非常重要的。

缺陷的长度是缺陷显示的主要尺寸，它能提供一个肉眼可观察的实测尺寸。

缺陷越狭（宽度小），越浅（深度小），越短（长度小），越不易被发现，所需的渗透停留时间越长。例如，细小的疲劳裂纹、应力腐蚀裂纹及晶间腐蚀裂纹等，能提供的缺陷显示尺寸太小，肉眼很难发现，以致渗透停留时间常常需要长达数小时。

试验结果表明：荧光显示为 0.3 mm 长的缺陷，若以 95% 的置信度水平进行检测，大约只有 45% 的概率能被检测出来；荧光显示为 1.1 mm 长的缺陷，若以 95% 的置信度水平进行检测，大约有 90% 的概率能被检测出来。

渗透检测检出表面开口缺陷的检出率，主要取决于表面开口缺陷的开口宽度，其次取决于深度及长度。当表面开口缺陷的开口宽度尺寸，窄到与渗透剂中染料分子尺寸同数量级时，渗透检测中染料分子不能进入缺陷中，缺陷显示将受到极大限制。

渗透检测的最高灵敏度，试验结果是 0.1 μm 左右。

3.5.2 裂纹检出能力

一般认为，渗透检测的裂纹检出能力取决于渗透剂染料中分子大小、缺陷显示图形色彩反差，以及形成目视可见显示所需的渗入缺陷的最小渗透剂量等。

不同的渗透剂，裂纹检出能力是不同的，可使用带裂纹的试块进行灵敏度试验予以测定。利用中间开槽的铝合金淬火试块（A型试块），可以确定两种不同渗透剂或新旧渗透剂的裂纹检出能力的相对高低。利用不同尺寸的裂纹试块（C型试块），可以确定渗透剂裂纹检出能力的不同等级。也可使用带有光学平面的凸透镜来测定荧光渗透剂的灵敏度，所形成

渗透检测

的黑点直径越小，提供裂纹缺陷显示所需的荧光渗透剂薄膜厚度（临界厚度）越薄，裂纹检出能力越高。

渗透剂中染料种类及浓度将影响裂纹检出能力。渗透剂被化学药品污染，荧光渗透剂长时间受紫外线光照射，着色渗透剂长时间受强日光照射等，将降低裂纹检出能力。先浸渍后滴落的施加渗透剂的工艺方法，可使渗透剂之中的大量挥发性成分挥发掉，而留下更多黏度较大的组分，染料的浓度相对于原渗透剂中的浓度更高，可提高裂纹检出能力。

复习思考题

*1. 简述光子说及光的波粒二象性的基本内容。

2. 什么叫光源？光源分为哪几类？着色渗透检测时所用白炽灯、高压水银灯属什么光源？荧光渗透检测时，荧光渗透剂发出的荧光属什么光源？

3. 可见光、紫外线及荧光三者的区别是什么？试写出三者的波长范围。

4. 什么叫光致发光？什么叫磷光物质、荧光物质？荧光染料属于哪类物质？

5. 什么叫着色强度（或荧光强度）？它对检测灵敏度有何影响？

*6. 简述发光机理？简述人眼观察事物的复杂机能（用简图辅助阐述）。

7. 简述发光强度、光能量、辐射通量、照度及光视效能的定义及其单位。

8. 简述渗透检测时对照明的具体要求。

9. 渗透检测时，缺陷与缺陷显示尺寸有何区别？浅而宽的缺陷与细而长的缺陷，渗透检测时，各应注意哪些主要问题？

10. 什么叫可见度？它与哪些因素有关？

11. 什么叫对比度和对比率？从对比度和对比率方面叙述荧光检测和着色检测的差别？

12. 裂纹检出能力与哪些因素有关？如何测定裂纹检出能力？

*13. 什么叫渗透剂缺陷截留？影响渗透剂渗入开口缺陷有哪些因素？

第4章 渗透检测剂

渗透检测剂主要有渗透剂、去除剂和显像剂三大类。

4.1 渗透剂

渗透剂是一种含有着色染料或荧光染料且具有很强的渗透能力的溶液，它能渗入表面开口的缺陷并以适应的方式显示缺陷的痕迹。渗透剂是渗透检测中使用的最关键的材料，其性能直接影响检测的灵敏度。

4.1.1 渗透剂的分类

1. 按染料成分分类

按渗透剂所含染料成分分类，可分为荧光渗透剂、着色渗透剂与荧光着色渗透剂三大类，有时也简称为荧光剂、着色剂、荧光着色剂。荧光渗透剂中含有荧光染料，只有在黑光照射下，缺陷图像才能被激发出黄绿色荧光，观察缺陷图像在暗室内黑光下进行。着色渗透剂中含有红色染料，缺陷显示为红色，在白光或日光照射下观察缺陷图像。着色荧光剂中含有特殊染料，缺陷图像在白光或日光照射下显示红色，在黑光照射下显示黄绿色（或其他颜色）荧光。

2. 按溶解染料的基本溶剂分类

按渗透剂中溶解染料的基本溶剂分类，可将渗透剂分为水基渗透剂与油基渗透剂两大类。水基渗透剂以水作溶剂，水的渗透能力很差，但是加入特殊的表面活性剂后，水的表面张力降低，润湿能力提高，渗透能力大大提高。油基渗透剂中基本溶剂是"油"类物质，例如航空煤油、灯用煤油、5#机械油、200#溶剂汽油等。油基渗透剂渗透能力很强，检测灵敏度较高。水基渗透剂与油基渗透剂相比，润湿能力仍然较差，渗透能力仍然较低，因此，检测灵敏度也较低。

3. 按多余渗透剂的去除方法分类

按多余渗透剂的去除方法分类，可将渗透剂分为水洗型渗透剂、后乳化型渗透剂与溶剂去除型渗透剂三大类。

水洗型渗透剂分为两种：一种是以水为基本溶剂的水基渗透剂，使用这种渗透剂时，可以直接用水清洗去除工件表面多余的渗透剂；另一种是以油为基本溶剂的油基渗透剂，但加有乳化剂而组成自乳化型渗透剂。自乳化型渗透剂中，因为含有一定数量的乳化剂，所以工件表面多余的渗透剂也可以直接用水清洗去除。

后乳化型渗透剂中不含有乳化剂,工件表面多余的渗透剂需要用乳化剂乳化后,才能用水清洗去除掉。根据乳化形式不同,后乳化型渗透剂又分为亲油型后乳化渗透剂与亲水型后乳化渗透剂两种。

使用溶剂去除型渗透剂时,可用有机溶剂将工件表面多余的渗透剂擦除。

4. 按灵敏度水平分类

按渗透检测灵敏度水平分类,可将渗透剂分为很低、低、中、高与超高五类。水洗型荧光渗透剂通常有低、中与高灵敏度水平等,后乳化型荧光渗透剂通常有中、高与超高灵敏度水平等,着色渗透剂通常有低、中灵敏度水平等。

5. 按与受检材料的相容性分类

按照渗透剂与受检材料的相容性,可将渗透剂分为与液氧相容渗透剂和低硫、低氯低氟渗透剂等几种类别。

与液氧相容渗透剂用于与氧气或液态氧接触工件的渗透检测。在液态氧存在的情况下,该类渗透剂与其不发生反应,呈现化学惰性。

低硫渗透剂专门用于镍基合金材料的渗透检测。该类渗透剂不会对镍基合金材料产生破坏作用。

低氯低氟渗透剂专门用于钛合金及奥氏体钢材料的渗透检测。该类渗透剂不会对钛合金及奥氏体钢材料产生破坏作用。

4.1.2 渗透剂的组成

大部分渗透剂是溶液,它们由溶质及溶剂组成。也有少数渗透剂是悬浮液,例如过滤型微粒渗透剂。

作为溶液类型的渗透剂,其主要组分为染料、溶剂和表面活性剂,以及其他多种用于改善渗透剂性能的附加成分。

1. 染料——溶质

(1) 着色染料 着色渗透剂中所用染料多为红色染料,因为红色染料能与显像剂的白色背景形成鲜明的对比,产生较好的反差,以引起人们的注意。着色渗透剂中的染料应满足色泽鲜艳、易溶解、易清洗、杂质少、无腐蚀和对人体基本无毒的要求。

染料有油溶型、醇溶型及油醇混合型三类,一般着色渗透剂中多使用油溶型偶氮染料。偶氮染料分子内部含偶氮基〔—N═N—〕,并且两侧连有芳香族环。根据含偶氮基的多少,偶氮染料又分单偶氮染料(含一个偶氮基)、双偶氮染料(含两个偶氮基)及三偶氮染料(含三个偶氮基)等多种。

常用红色染料有苏丹红、128号烛红、223号烛红、荧光桃红、刚果红和丙基红等。其中以苏丹红Ⅳ使用最广,它的化学名称叫偶氮苯。丙基红和荧光桃红为醇溶性染料。

(2) 荧光染料 荧光染料是荧光渗透剂的关键材料之一。荧光染料应具有很强的荧光,由于人们视察不同颜色时,对黄绿色光最敏感,所以要求荧光染料发出黄绿色的荧光。同时,应耐黑光、耐热和对金属无腐蚀等。

荧光黄和荧蒽系我国早期使用的荧光染料,但由于荧光黄在煤油中溶解度较小,荧蒽发出的荧光为蓝白色,故均被淘汰。苝类化合物 YJP-15,YJP-1;萘酰亚胺化合物YJN-68;咪唑化合物 YJI-43;香豆素化合物 MDAC 等系我国 20 世纪 70 年代使用的荧光染料,具有荧光强,色泽鲜艳,对光和热稳定性较好的优点。所配制的荧光渗透剂也具有这些特点。

荧光染料的荧光强度和波长与所用的溶剂及其浓度有关。例如 YJP-15 在氯仿中呈强黄绿色荧光,在石油醚中呈绿色荧光。而且前者强度较后者强,荧光强度随着浓度的增加而增强,但浓度达到某一数值后,就不再继续增强,甚至会减弱。

采用"串激"的方法可以增强荧光亮度。即在荧光渗透剂中加入两种或两种以上的荧光染料,组成激活系统,起到"串激"作用。所谓"串激"就是第二种染料发出的荧光波长与第一种染料吸收光谱的波长相同,即第二种染料的荧光谱与第一种染料的吸收谱一致。这时,第一种染料在溶剂中吸收第二种染料的荧光得到激发,增强了自身发出的荧光强度。由此可知,"串激"并非两种染料荧光谱的简单叠加,而是第二种染料增强了第一种染料的荧光强度。第二种荧光染料发出的荧光的波长比第一种荧光染料的荧光的波长要短。它所吸收的也是更短的波长。这样可以充分利用激发光光源的全部能谱。例如香豆素化合物吸收 365 nm 波长的黑光,放出 425~440 nm 波长的蓝色光,恰好为苝系或萘酰亚铵系的吸收谱,从而增加了荧光强度。

2. 溶剂

溶剂有两个主要作用:一是溶解染料,二是起渗透作用。

渗透剂中所用溶剂应具有渗透能力强,对染料溶解性能好,挥发性小、毒性小、对金属无腐蚀等性能,且经济易得。多数情况下,渗透剂都是将几种溶剂组合使用。使各成分的特性达到平衡。

溶剂大致可以分为基本溶剂和起稀释作用的溶剂两大类。基本溶剂必须具有充分溶解染料,使渗透剂鲜明地发出红色色泽或黄绿色荧光光亮等条件。稀释溶剂除具有适当调节黏度与流动性的作用外,还起降低材料费用的作用。基本溶剂与稀释溶剂能否配合平衡,将直接影响渗透剂特性(黏度、表面张力、润湿性能等),是决定性能好坏的重要因素。

煤油是一种最常用的溶剂。它具有表面张力小,润湿能力强等优点,但它对染料的溶解能力小。

着色渗透剂中也常用二甲苯或苯作溶剂。这些溶剂具有渗透力强,对染料溶解能力大等优点,但它们有一定的毒性,挥发性也较大。

选择合适的溶剂对提高着色强度或荧光强度是至关重要的。因为试验已经证明,例如荧光染料在溶剂中的浓度增加时,荧光强度也随之增加,但是浓度增加到某一极限值时,浓度再增加,荧光强度反而出现减弱的现象。这说明单靠提高浓度来提高荧光强度或着色强度的作用是有限的。

3. 其他附加成分

表面活性剂、互溶剂、稳定剂、增光剂、抑制剂和中和剂等其他附加成分,主要用于改善渗透剂性能。表面活性剂用于降低表面张力,增强润湿作用。一种表面活性剂往往达不到良好的乳化效果,常常需要选择两种以上的表面活性剂组合使用。互溶剂用于促进染料的溶解,渗透力强的溶剂对染料的溶解在其中能力不一定大,或者染料溶解在其中不一定能得到理想的颜色或荧光强度,有时需要采用一种中间溶剂来溶解染料,然后再与渗透性能好的溶剂互溶，得到清澈的混合液。这种中间溶剂称互溶剂。

染料在溶剂中的溶解度与温度有关，为使染料在低温下不从溶剂中分离出来，还需在渗透剂中加进一定量的稳定剂（或称助溶剂、耦合剂）。乙二醇单丁醚、二乙二酸丁醚常作耦合剂。增光剂用于增强渗透剂的光泽，提高对比度。抑制剂用于抑制挥发。中和剂用于中和渗透剂的酸碱性，使 pH 值接近于 7。乳化剂常用于水洗型着色渗透剂与水洗型荧光渗透剂中，表面活性剂作为乳化剂加到渗透剂内，使渗透剂容易被水洗。乳化剂应与溶剂互溶，不应影响红色染料的红色色泽，不应影响荧光染料的荧光光亮，也不应腐蚀金属。

对于煤油，加入邻苯二甲酸二丁酯不仅能提高对染料的溶解能力，又可在较低温度下，使染料不致沉淀出来。此外，还可调整渗透剂的黏度和沸点，减少溶剂的挥发，使渗透剂具有优良的综合性能。

一些有机溶剂的物理常数，列于表 4—1。

表 4—1　　　　　　　　　一些有机溶剂的物理常数

化合物名称	密度（g/cm^3）	表面张力系数（10^5 N/cm）	黏度（10^{-6} m^2/s）	闪点（℃）
水	0.999 2	72.8	1.004	
乙醇	0.789	23	1.521	57
乙二醇	1.115	47.7	17.85	232
乙醚	0.736	17.01	0.316 1	49
丙酮	0.70	23.7	0.321 8	0
甲乙酮	0.800 7	27.9	0.542	
乙二醇单丁醚	0.904			165
苯	0.876	28.87	0.599 6	
二甲苯	0.880	30.03		
萘	0.665	21.8	0.61	30
四氯乙烯	1.595 3	35.6	0.988	
煤油	0.84	23	1.65	40
5$^\#$机械油	0.89		4.0～5.1	110
邻苯二甲酸二丁酯	1.048			315
N—乙烯基吡咯酮	1.04		1.65	95.5

4.1.3　渗透剂的性能

1. 渗透剂的综合性能

渗透力强，容易渗入工件的表面缺陷。

荧光渗透剂应具有鲜明的荧光，着色渗透剂应具有鲜艳的色泽。

清洗性好，容易从工件表面清洗掉。

润湿显像剂的性能好，容易从缺陷中被显像剂吸附到工件表面，而将缺陷显示出来。

无腐蚀，对工件和设备无腐蚀性。

稳定性好，在日光（或黑光）与热作用下，材料成分和荧光亮度或色泽能维持较长时间。

毒性小。

此外，检测钛合金与奥氏体钢材料时，要求渗透剂低氯低氟；检测镍合金材料时，要求渗透剂低硫；检测与氧、液氧接触的工件时，要求渗透剂与氧不发生反应，呈现化学惰性。

2. 渗透剂的物理性能

（1）表面张力与接触角　表面张力用表面张力系数表示。接触角则表征渗透剂对工件表面或缺陷的润湿能力。表面张力与接触角是确定渗透剂是否具有高的渗透能力的两个最主要的参数。渗透剂的渗透能力用渗透剂在毛细管中上升的高度来衡量。从液体在毛细管中上升高度的公式（2—11）中可以看出，渗透剂的渗透能力与表面张力 α 和接触角的余弦 $\cos\theta$ 的乘积成正比。$\alpha\cos\theta$ 表征渗透剂渗入表面开口缺陷的能力，称静态渗透参量。静态渗透参量可用下式表示：

$$SPP = \alpha\cos\theta \qquad (4—1)$$

式中　SPP——静态渗透参量；
　　　α——表面张力（一般以表面张力系数表示）；
　　　θ——接触角。

静态渗透参量可表征渗透剂渗入缺陷的能力。实验证明，当渗透剂的接触角 $\theta \leqslant 5°$ 时，渗透性能较好，使用此类渗透剂进行渗透检测，可得到较满意的检验结果。因为当 $\theta \leqslant 5°$ 时，$\cos\theta \approx 1$，$SPP \approx \alpha$，所以，可以近似地说，静态渗透参量就是当接触角 $\theta \leqslant 5°$ 时的渗透剂的表面张力。

静态渗透参量的单位同表面张力，即同表面张力系数的单位，通常以毫牛顿/米（mN/m）或牛顿/米（N/m）为单位，其换算关系如下：

$$1\ mN/m = 10^{-3}\ N/m$$

（2）黏度　渗透剂的黏度与液体的流动性有关。它是流体的一种液体特性，是流体分子间存在摩擦力而互相牵制的表现。渗透剂性能用运动黏度来表示，运动黏度的法定计量单位名称是二次方米每秒，符号是 m^2/s。各种渗透剂的运动黏度一般在 $(4\sim10)\times10^{-6}\ m^2/s$（38℃）时较为适宜。

当液体具有良好渗透性能时，其黏度并不影响静态渗透参量，即不影响液体渗入缺陷的能力。例如，水的黏度较低，20℃时 $1.004\times10^{-6}\ m^2/s$，但不是一种好的渗透剂。煤油的黏度较高，20℃时 $1.65\times10^{-6}\ m^2/s$，却是一种很好的渗透剂。

渗透剂的渗透速率常用动态渗透参量（KPP）来表征。它反映的是要求受检工件浸入渗透剂的时间（即停留时间）的长短。动态渗透参量可用下式表示：

$$KPP = \frac{\alpha\cos\theta}{\eta} \qquad (4—2)$$

式中　KPP——动态渗透参量；
　　　α——表面张力（一般以表面张力系数表示）；
　　　θ——接触角；
　　　η——黏度。

动态渗透参量的单位同运动学中速度单位,例如 m/s。

黏度高的渗透剂由于渗进表面开口缺陷所需时间较长,从被检表面上滴落时间也较长,故被拖带走的渗透剂损耗较大。后乳化型渗透剂由于拖带多而严重污染乳化剂,使乳化剂使用寿命缩短。低黏度的渗透剂则完全相反。特别要指出的是,去除受检表面多余的低黏度渗透剂时,浅而宽的缺陷中的渗透剂容易被清洗掉,而直接降低灵敏度。因此,渗透剂黏度太高或太低都不好,渗透剂的黏度一般控制在 $(4\sim10)\times10^{-6}$ m^2/s(38℃)较为适宜。

(3) 密度　从液体在毛细管中上升高度的公式(2—11)来看,液体的密度越小,上升高度值越大,渗透能力越强。渗透剂中主要液体是煤油和其他有机溶剂,因为渗透剂的密度一般小于 1 t/m^3。密度小于 1 t/m^3 的后乳化型渗透剂使用时,水进入渗透剂中能沉于槽底,不会对渗透剂产生污染;水洗时,也可漂在水面上,容易溢流掉。

液体的密度一般与温度成反比,温度越高密度值越小,渗透能力也随之增强。

水洗型渗透剂被水污染后,由于乳化剂的作用,使水分散在渗透剂中,使渗透剂的密度值增大,渗透能力下降。

(4) 挥发性　挥发性可用液体的沸点或液体的蒸气压来表征。易挥发的渗透剂在滴落过程中易干在工件表面上,给水洗带来困难;易干在缺陷中,不能回渗至工件表面而难以形成缺陷显示。易挥发的渗透剂,着火的危险性大,毒性材料还存在安全问题。综上所述,渗透剂不易挥发较好。

但是,渗透剂必须有一定的挥发性。一般,在不易挥发的渗透剂中加进一定量的挥发性液体。这样,渗透剂在工件表面滴落时,挥发成分挥发掉,染料浓度得以提高,有利于缺陷检出,提高了检测灵敏度。

(5) 闪点和燃点　可燃性液体在温度上升过程中,液面上方挥发出大量可燃性蒸气。这些可燃性蒸气和空气混合,接触火焰时,会出现爆炸闪光现象。刚刚出现闪光现象时,液体的最低温度称为闪点。燃点是指液体加热到能被接触的火焰点燃并能继续燃烧时的液体的最低温度。对同一液体而言,燃点高于闪点。闪点低,燃点也低,着火危险性也大。液体的可燃性,一般资料指的就是该液体的闪点。

闪点有开口与闭口两种测量方法。对于渗透剂来说,闭口更为合适,因为闭口的重复性较好,而且测出的数值偏低,不会超出使用安全值。

水洗型渗透剂,闭口闪点应大于 50℃。后乳化型渗透剂,闭口闪点应为 60~70℃。

开口闪点是用开杯法测出的闪点,它是将可燃性液体试样盛在开口油杯中试验。闭口闪点是用闭杯法测出的闪点,它是将可燃性液体试样盛在带盖的油杯中试验,盖上有一可开可闭的窗孔,加热过程中窗孔关闭,测量闪点时,窗孔打开。正因为如此,用此法测出的闪点数值偏低。

(6) 电导性　手工静电喷涂渗透剂时,喷枪提供负电荷给渗透剂,试验件保持零电位,故要求渗透剂具有高电阻,避免产生逆弧传给操作者。

3. 渗透剂的化学性能

(1) 化学惰性　渗透剂对被检材料和盛装容器应尽可能是惰性的或无腐蚀性的。油基渗透剂在大部分情况下是符合这一要求的。水洗型渗透剂中乳化剂可能是微碱性的,渗透剂被水污染后,水与乳化剂结合而形成微碱性溶液并保留在渗透剂中。这时,渗透剂将腐蚀铝或镁合金的工件，还可能与盛装容器上的涂料或其他保护层起反应。

渗透剂中硫、钠等元素的存在，在高温下会对镍基合金的工件产生热腐蚀（也叫热脆）。渗透剂中的卤族元素如氟、氯等很容易与钛合金及奥氏体钢材料作用，在应力存在情况下，产生应力腐蚀裂纹。在氧气管道及氧气罐、液体燃料火箭或其他盛液氧装置的应用场合，渗透剂与氧及液氧应不起反应，油基的或类似的渗透剂不能满足这一要求，需要使用与液氧相容的渗透剂。用来检测橡胶塑料等工件的渗透剂，也应不与其起反应。

（2）清洗性　渗透剂的清洗性是十分重要的，如果清洗困难，工件上则会造成不良背景，影响检测效果。水洗型渗透剂（自乳化）与后乳化型渗透剂应在规定的水洗温度、压力、时间等条件下，直接用粗水柱冲洗干净，达到不残留明显的荧光背景或着色底色。溶剂去除型渗透剂须采用有机溶剂去除工件表面多余的渗透剂，要求渗透剂能被去除用溶剂溶解。

（3）含水量和容水量　渗透剂中的水含量与渗透剂总量之比的百分数称含水量。渗透剂中含水量超过某一极限时，渗透剂出现分离、混浊、凝胶或灵敏度下降等现象，这一极限值称为渗透剂的容水量。

渗透剂含水量越小越好。渗透剂容水量指标越高，抗水污染性能越好。

（4）毒性　渗透剂应是无毒的，与其接触，不得引起皮肤炎症；渗透剂挥发出来的气体，其气味不得引起操作者恶心。任何有毒的材料及有异臭的材料都不得用来配制渗透剂。即使这些要求都能达到，还需要通过实际观察来对渗透剂的毒性进行评定。为保证无毒，制造厂不仅应对配制渗透剂的各种材料进行毒性试验，还应对配制的渗透剂进行毒性试验。当然，操作中应避免与渗透剂接触时间过长，避免吸入渗透剂挥发出的气体。

（5）溶解性　渗透剂是将染料溶解到溶剂中配制成的，溶剂对染料的溶解能力高，就可得到染料浓度高的渗透剂，可提高渗透剂的发光强度，提高检测灵敏度。

渗透剂中的各种溶剂都应该是染料的良好溶剂，在高温或低温条件下，它们应能使染料都溶解在其中并保持在渗透剂中，在贮存或运输中不发生分离。因为一旦发生分离，要使其重新结合是相当困难的。

（6）腐蚀性能　应当注意，水的污染，不仅可能使渗透剂产生凝胶、分离、云状物或凝聚等现象，并且可与水洗型渗透剂中乳化剂结合而形成微碱性溶液。这种微碱性渗透剂对铝、镁合金工件会产生腐蚀。

前已叙述，渗透剂中硫、钠等元素的存在，高温下会使镍基合金产生热腐蚀，渗透剂中氟、氯等的存在，会使钛合金及奥氏体钢材料产生应力腐蚀裂纹。因此，含有硫、钠或卤化物的渗透剂分别被禁止在奥氏体钢、钛合金和镍合金上使用，或者将氟、氯含量限制在1%，将硫含量限制在1%。

4. 渗透剂的特殊性能——稳定性

渗透剂的稳定性是指渗透剂对光和温度的耐受能力。

荧光剂对黑光的稳定性是很重要的。稳定性可用照射前的荧光亮度值与照射后的荧光亮度值的百分比表示。荧光渗透剂在 $1000~\mu W/cm^2$ 的黑光下照射1h，稳定性应在85%以上。着色渗透剂在强白光照射下应不褪色。

对温度的稳定性包括冷、热稳定性，即在高温和低温下，渗透剂都应保持良好的溶解度，不发生变质、分解、混浊和沉淀等现象。

4.1.4 着色渗透剂

着色渗透剂中含着色染料。着色渗透剂一般分三种：水洗型、后乳化型和溶剂去除型。

1. 水洗型着色液（VA）

水洗型着色渗透剂有两种，一种是水基的，一种是油基（自乳化型）的。

水基着色渗透剂以水作溶剂，在水内溶解红色染料。作为溶剂的水无色无臭，无味无毒和不可燃，且来源方便，具有使用安全，不污染环境，价格低廉等优点。有些同油类接触容易引起爆炸的部件，例如盛放液态氧的容器，进行着色检测时应采用水基着色渗透剂。目前，这类着色渗透剂的灵敏度还不能令人满意，所以，应用还有很大的局限性。典型配方见表4—2。

表 4—2　　　　　　　　水基着色渗透剂的典型配方

成　　分	比　　例	作　　用
水	100 ml	溶剂、渗透
表面活性剂	2.4 g/100ml	
氢氧化钾	0.4～0.8 g/100ml	中和
刚果红	2.4 g/100ml	染料

注：染料刚果红可溶于热水，且具有酸性，故用氢氧化钾中和。

油基自乳化型着色渗透剂的基本成分是在高渗透性油基溶剂中溶解有油溶性的红色染料，同时在着色渗透剂中加有乳化剂。由于着色渗透剂中加入了乳化剂，故渗透性能受影响，检测灵敏度也有所降低。着色渗透剂有一定的亲水性，容易吸收水分（包括空气中的水分）。当吸收的水分达到一定数量时，着色渗透剂就会产生混浊、沉淀等被水污染的现象。为提高油基自乳化型着色渗透剂的抗水污染能力，可适当增加亲油性乳化剂含量，降低着色渗透剂的亲水性。这类着色渗透剂使用中，应避免水分侵入油基自乳化型着色渗透剂中，以免因黏度增大，渗透性能降低而使检测灵敏度下降。油基自乳化型着色渗透剂的典型配方见表4—3。

表 4—3　　　　　　　　油基自乳化型着色渗透剂的典型配方

成　　分	比　　例	作　　用
油基红	1.2 g/100ml	染料
二甲基萘	15%	溶剂
α-甲基萘	20%	溶剂
200号溶剂汽油	52%	渗透、溶剂
萘	1 g/100 ml	助溶
吐温-60	5%	乳化
三乙醇胺油酸皂	8%	乳化

注：吐温-60为亲水性较强的乳化剂，能产生凝胶现象。汽油及二甲基萘有增加凝胶作用。

2. 后乳化型着色渗透剂（VB）

后乳化型着色渗透剂的基本成分是在高渗透性油基溶剂内溶解油溶性红色颜料，添加润湿剂、互溶剂等附加成分，但不含乳化剂。该类着色渗透剂的特点是渗透力强，检测灵敏度高，因而在实际检测中应用较广，特别适用于检查浅而宽的表现缺陷，但不适于检查表面粗糙或有盲孔和螺纹的工件。后乳化着色渗透剂的典型配方见表4—4。

表4—4　　　　　　　　　　后乳化型着色渗透剂的典型配方

成　分	比　例	作　用
苏丹红Ⅳ	0.8 g/100 ml	染料
乙酸乙酯	5%	渗透、溶剂
航空煤油	60%	溶剂、渗透
松节油	5%	溶剂、渗透
变压器油	20%	增光
丁酸丁酯	10%	助溶

3. 溶剂去除型着色渗透剂（VC）

溶剂去除型着色渗透剂的基本成分与后乳化型着色渗透剂相类似，故后乳化型着色渗透剂常常可以直接作为溶剂去除型渗透剂使用。用丙酮等有机溶剂直接擦洗去除，检测时常与溶剂悬浮式显像剂配合使用，可得到与荧光法相似的灵敏度。该类着色渗透剂多装在压力喷罐中使用，故闪点和挥发性的要求不像在开口槽中使用的渗透剂那样严格。溶剂去除型着色渗透剂的典型配方见表4—5。

表4—5　　　　　　　　　　溶剂去除型着色渗透剂的典型配方

成　分	比　例	作　用
苏丹红Ⅳ	1 g/100 ml	染料
萘	20%	溶剂
煤油	80%	渗透、溶剂

在不少着色渗透剂配方中，红色染料有荧光桃红、丙基红与苏丹红Ⅳ等多种成分，基本溶剂也有煤油、丙酮、乙醇、水杨酸异戊酯与邻苯二甲酸二丁酯等多种成分，配制工艺也比较特殊。例如表4—6所示的多种着色染料和多种溶剂组成的溶剂去除型着色渗透剂，由甲、乙两组分组成。甲组分的配制方法是：荧光桃红经乙醇助溶后，再与异丙醇相混。乙组分的配制方法是：丙基红、苏丹红Ⅳ均由OT助溶。然后甲乙两组分互相混合，组成色泽较深的复合染料，最后加入少量邻苯二甲酸二丁酯作抑制剂。该溶剂去除型着色渗透剂可用丙酮去除，也可用专用去除剂清除。

渗透检测

表 4—6　　　　　　　　　　多种染料的溶剂去除型着色渗透剂

成分		比例	作用
甲	异丙醇	2 ml	溶剂
	乙醇	6 ml	助溶
	荧光桃红		着色染料
乙	OT	1 ml	助溶
	丙基红		着色染料
	苏丹红 IV		着色染料

注：染料在溶剂中应饱和，并用滤纸过滤。

着色渗透剂灵敏度较低，不能用于检测临界疲劳裂纹、应力腐蚀裂纹或晶间腐蚀裂纹。试验表明，着色渗透剂能渗透到细微裂纹中去，但是要形成用荧光渗透剂能得到的显示，就需要体积比之大得多的着色渗透剂才行。

4.1.5　荧光渗透剂

荧光渗透剂中溶有荧光染料，检测时在黑光灯下观察。常用荧光渗透剂有三种：水洗型、后乳化型和溶剂去除型。

1. 水洗型荧光剂

水洗型荧光渗透剂由油基渗透溶剂、互溶剂、荧光染料、乳化剂等组成。由于荧光渗透剂中含有乳化剂，故又称"预乳化型"或"自乳化型"荧光渗透剂。

荧光渗透剂中乳化剂含量越高，越容易清洗，但检验灵敏度越低。渗透剂中荧光染料浓度越高，荧光强度越高，但渗透剂价格也提高，低温下染料析出的可能性增大，去除也困难。

水洗型荧光渗透剂中的乳化剂，可使荧光渗透剂便于去除，尚可促使染料溶解，起增溶作用。

按检测灵敏度和多余渗透剂从工件表面去除难易程度分，水洗型荧光渗透剂有如下五个类别。

低灵敏度水洗型荧光渗透剂：该类荧光渗透剂易于从粗糙表面上去除，主要用于轻合金铸件的检验。该类荧光渗透剂的典型牌号有：ZA-1、Ardrox-970P22、Magneflux-ZL19 和 MARKTEC-P110A 等。

中等灵敏度水洗型荧光渗透剂：该类荧光渗透剂较难从粗糙表面上去除。主要用于精密铸钢件、精密铸铝件、焊接件、轻合金铸件及机加工表面的检验，该类荧光渗透剂的典型牌号有 ZB-1、Ardrox-970P23、Magneflux-ZL60D 和 MARKTEC-P122 等。

高灵敏度水洗型荧光渗透剂：该类荧光渗透剂难以从粗糙的表面上去除掉，故要求有良好的机加工表面。主要用于精密铸造涡轮叶片之类的关键工件的检验。该类荧光渗透剂的典型牌号有：Magneflux-ZL67、Ardrox-970P25 和 MARKTEC-P130 等。

水洗型荧光渗透剂还有很低灵敏度及超高灵敏度两种灵敏度等级。例如 Magneflux-ZL15B、Ardrox-970P21 和 MARKTEC-P100 等属于很低灵敏度荧光渗透剂；Magneflux-ZL56、Ardrox-970P26E 和 MARKTEC-P141D 等属于超高灵敏度荧光渗透剂。

水洗型荧光渗透剂的配方很复杂，各种类型各种牌号的荧光渗透剂配方各不相同。表4—7列举出一种典型配方，仅供参考。

表 4—7　　　　　　　　　水洗型荧光渗透剂的典型配方

成　　分	比　　例	作　　用
灯用煤油或 5# 机械油	31%	渗透、溶剂
邻苯二甲酸二丁酯	19%	互溶
乙二醇单丁醚	12.5%	稳定
MOA—3	12.5%	乳化
TX—10	25%	乳化
YJP15	4 g/L	荧光染料
PEB	11 g/L	荧光增白

2. 后乳化型荧光渗透剂

后乳化型荧光渗透剂由油基渗透溶剂、互溶剂、荧光染料、润滑剂组成。互溶剂的比例比水洗型荧光渗透剂高，目的在于溶解更多的染料。润湿剂能增大荧光渗透剂与固体表面的润湿作用，不起乳化作用。这种渗透剂本身不含乳化剂，需经乳化工序后才能用水冲洗，缺陷中的荧光渗透剂，不易被去除。其密度比水小，水进入荧光渗透剂槽中能沉到底部，故抗水污染能力强，也不易受酸或铬酸的影响。

后乳化型荧光渗透剂分为亲水和亲油两大类。按灵敏度分，每大类有低灵敏度、标准（中）灵敏度、高灵敏度和超高灵敏度四个类别。

（1）亲水性后乳化型荧光渗透剂　标准灵敏度后乳化型荧光渗透剂，应用于各种变形材料的机加工工件，该类荧光渗透剂的典型牌号有：HA-1，Magneflux-ZL2C、Ardrox-985P12 和 MARKTEC-P220 等。

高灵敏度后乳化型荧光渗透剂，应用于检验灵敏度要求较高的变形材料机加工工件。该类荧光渗透剂的典型牌号有：HB-1，Magneflux-ZL27A、Ardrox-985P13 和 MARKTEC-P230 等。

超高灵敏度后乳化型荧光渗透剂，仅在特殊情况下使用，如航空发动机上的涡轮盘、轴等关键工件成品的检验。该类荧光渗透剂的典型牌号有：Magneflux-ZL37、Ardrox-985P14 和 MARKTEC-P240 等。

该类渗透剂还有低灵敏度等级，例如 Ardrox-985P11 和 MARKTEC-P210 等。

亲水性后乳化型荧光渗透剂的典型配方见表 4—8。

渗透检测

表 4—8　　　　　　　　后乳化型荧光渗透剂的典型配方

成　分	比　例	作　用
灯用煤油或 5# 机械油	25%	渗透、溶剂
邻苯二甲酸二丁酯	65%	互溶
LPE305	10%	润湿
PEB	20 g/L	增白
YJP15	4.5 g/L	荧光染料

（2）亲油性后乳化型荧光渗透剂　亲油型后乳化荧光渗透剂与亲水型后乳化荧光渗透剂可以通用，仅仅是所用乳化剂不同而已；前者使用亲油型乳化剂，后者使用亲水型乳化剂。例如，美国磁通公司各种灵敏度等级的亲油性与亲水性后乳化型荧光渗透剂，其型号就相同，仅仅前者使用 ZE-4B 型亲油性乳化剂，后者使用 ZR-10B 型亲水性乳化剂（质量分数 20%）；英国阿觉克斯公司一样，前者使用 9PR3 型亲油性乳化剂，后者使用 9PR12 型亲水性乳化剂（质量分数 10%）；日本美柯达公司也一样，前者使用 E400 型亲油性乳化剂，后者使用 R500 型亲水性乳化剂（质量分数 30%）。

3. 溶剂去除型荧光渗透剂

溶剂去除型荧光渗透剂与后乳化型荧光渗透剂的基本成分相类似，此处介绍一个配方。见表 4—9。

表 4—9　　　　　　　　溶剂去除型荧光渗透剂的典型配方

成　分	比　例	作　用
YJP—1	0.25 g/100 ml	荧光染料
煤油	85%	溶剂、渗透
航空滑油	15%	增光

按检测灵敏度分，溶剂去除型荧光渗透剂有低、中、高和超高四个类别。所有同级灵敏度的水洗型荧光渗透剂及后乳化型荧光渗透剂（亲水及亲油）均可作为同级灵敏度的溶剂去除型荧光渗透剂使用。不同之处只是在去除工件表面多余渗透剂时，需使用溶剂去除。

4.1.6　特殊类型的渗透剂

1. 着色荧光渗透剂

该类渗透剂中的染料不仅能在白光下呈鲜艳的暗红色，而且也能在紫外线下发出明亮的荧光。该类渗透剂在白光下检验具有着色检测的灵敏度，在紫外线下检验具有荧光检测的高灵敏度，故又称双重灵敏度渗透剂。

配制该类渗透剂时要将一种特殊的染料溶解在渗透溶剂中。这种染料既能在白光下呈暗红色，又能在紫外线下发荧光。它绝不是将着色染料和荧光染料同时溶解到渗透溶剂中而配制成。由于分子结构上的原因，着色染料如果与荧光染料混到一起，便可能猝灭荧光染料所发出的荧光。

下面介绍水洗型着色荧光渗透剂，表4—10提供一个配方，供参考。

表4—10　　　　　　　　　　水洗型着色荧光渗透剂配方

成　　分	比　　例		作　　用
	配方Ⅰ	配方Ⅱ	
罗丹明B	50 g/L		荧光着色染料
乙醇	65%		溶剂
乙二醇	34%		附加
火棉胶（5%）	1%		保护
浓乳（100#）			乳化

罗丹明B是醇溶性生物染色制剂，系荧光着色染料，紫红色粉末，极易溶于乙醇和水中，稀溶液在黑光下可呈现出强烈的金红色荧光，在日光或白光下呈红色。

乙醇是该配方中的主溶剂。乙二醇是附加剂，闪点高（118℃），挥发速度较低，可弥补乙醇易挥发、低闪点、渗透能力弱的不足。

渗透剂中加入少量火棉胶液，可防止"过洗"现象，起保护作用。

浓乳（100#）是一种乳化剂，可提高渗透剂的"自乳化"性能，使配方Ⅱ着色荧光渗透剂适用于检查较粗糙表面的工件。

2. 过滤性微粒渗透剂

这是一种比较适于检查粉末冶金工件、碳石墨制品及陶土制品等工件材料的渗透剂。

这种渗透剂，发光染料是比要检查的裂纹的宽度还要大一点的微粒，微粒悬浮于渗透剂中。当这种渗透剂流进裂纹时，微粒就聚积在开口裂纹中，这些留在裂纹表面的微粒沉积，即可提供裂纹显示。根据实际需要，这些微粒可以是着色染料，也可以是荧光染料。

渗透剂中的发光染料微粒大小与形状必须适当。微粒如果过小，虽然能随着渗透剂的流动聚积到缺陷位置，但又很快渗入缺陷内部。这样，由于减少了聚积到缺陷上部的微粒的量，而降低了灵敏度。微粒如果过大，就会使渗透剂的流动性变差，不能随液体快速流动，因此难以显示缺陷部位。微粒形状尽可能选择容易随液体一起流动的球形。微粒的颜色最好选择与被检工件材料表面颜色反差大的颜色。检测陶土制品时，可用红色。如果使用荧光微粒，在黑光下能较强地显示缺陷部位，从而可提高灵敏度。

渗透剂中悬浮微粒的液体溶剂，应根据被检工件材料不同而各不相同。通常，这种液体使用水或石油类溶剂。例如检测混凝土时，可使用含有分散剂的水；但是检测陶土制品时，不能使用水，因为水可引起该制品的分离。因而在检测陶土制品时，常使用石油类溶剂。溶剂挥发性不能太大，否则微粒在流动中就被干燥在工件表面；挥发性也不能太小，否则流动性太差,而且渗透剂会长时间残存在表面上。例如,使用松节油作为溶剂较为理想,它在价格、毒性、气味及被陶瓷吸收等方面都较为适宜。

过滤性微粒渗透剂必须能充分润湿被检工件材料,能使染料微粒自由流动到缺陷部位,鲜明地显示出缺陷。过滤性微粒渗透剂使用前一定要充分搅拌,待染料微粒均匀分散后才能使用。施加渗透剂时,最好使用压缩空气喷枪喷涂,压力以 20～30 Pa 为好。不允许使用毛刷刷涂,因为毛刷刷涂时妨碍微粒流动,在微粒上划出伪缺陷痕迹。使用这种渗透剂,不需要显像剂。使用与渗透剂同类型的溶剂预先润湿被检工件材料,可以降低背景,提高对比度。由于渗透剂会渗入被检工件材料内部,因此被检工件的干燥比较困难。过滤性微粒渗透剂显示缺陷的状态见图 4—1。

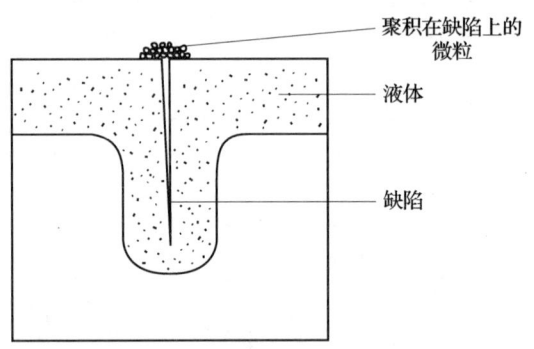

图 4—1　过滤性微粒渗透剂显示缺陷示意图

3. 化学反应型着色渗透剂

该类着色渗透剂是将无色的染料溶解在无色的溶剂中制成的一种无色或淡黄色的着色渗透剂。这种着色渗透剂与显像剂接触时发生化学反应,产生鲜艳的颜色,从而产生清晰的缺陷显示。显像剂不是普通的显像剂,显像剂粉末呈酸性,当它与渗透剂接触时发生反应产生颜色。这种显示还可在黑光灯下发荧光,因此也称双重灵敏度的渗透剂。

该类着色渗透剂不污染操作者的衣服及皮肤,不将其染成红色,也不污染工件及工作台。洗出的水也是无色的,避免了颜色污染问题。

4. 高温下使用的渗透剂

对高温工件进行渗透检测时,施涂在工件上的渗透剂,其中的染料很容易受到破坏,色泽甚至消失或荧光猝灭。因此,通常的渗透剂不能用于高温工件的渗透检测。高温下使用的渗透剂,能短时间地与高温工件接触而不被破坏。用这种渗透剂渗透检测时,检测速度要尽量快,要趁染料未完全破坏前,完成对工件的检测。

4.2　去除剂

渗透检测中,用来去除工件表面多余渗透剂的溶剂叫去除剂。

水洗型渗透剂,直接用水去除,水就是一种去除剂。

溶剂去除型渗透剂采用有机溶剂去除,这些有机溶剂就是去除剂,它们应对渗透剂中的染料(红色染料、荧光染料)有较大的溶解度,对渗透剂中溶解染料的溶剂有良好的互溶性,并有一定的挥发性,应不与荧光渗透剂起化学反应,应不猝灭荧光。通常采用的去除剂有煤油、乙醇、丙酮、三氯乙烯等。

后乳化型渗透剂是在乳化后再用水去除,它的去除剂就是乳化剂和水。

4.2.1 乳化剂

乳化剂用于乳化不溶于水的后乳化型渗透剂，使其便于用水清洗。

1. 乳化剂的分类及组成

渗透检测中所用的乳化剂由具有乳化作用的表面活性剂和添加溶剂组成。以表面活性剂为主体。添加溶剂的作用是调节黏度，调整与渗透剂的配比，降低材料费用等。

渗透检测中常用的一些乳化剂（表面活性剂）的主要成分及 H.L.B 值见表 2—6。

乳化剂分为亲水性及亲油性两大类。H.L.B 值在 8～18 的乳化剂称为亲水性乳化剂，乳化型式是水包油型，它能将油分散在水中；H.L.B 值在 3.5～6 的乳化剂称为亲油性乳化剂，乳化型式是油包水型，它能将水分散在油中。

选择乳化剂时，除应考虑 H.L.B 值外，还应考虑后乳化型渗透剂的具体情况。后乳化型渗透剂与乳化剂的亲油基化学结构相似时，乳化效果好。同时，由于乳化的目的是要将渗透剂去除掉，故乳化剂还应具备良好的洗涤作用。H.L.B 值在 11～15 范围内的乳化剂，既有乳化作用又有洗涤作用，是比较理想的去除剂。

（1）亲水性乳化剂　亲水性乳化剂的黏度一般比较高，通常是用水稀释后再使用的。稀释后的乳化剂，若浓度越高，乳化能力就越强，乳化速度较快，因而乳化时间较难控制；而且乳化剂拖带损耗大。稀释后的乳化剂，若浓度太低，则乳化能力太弱，乳化速度慢，从而需要较长乳化时间，使得乳化剂有足够时间渗入表面开口缺陷中去，缺陷中的渗透剂也容易用水洗掉，最终达不到后乳化渗透检测应有的高灵敏度。因此，应根据被检工件的大小、数量、表面粗糙度等情况，通过试验来选择最佳浓度，或按乳化剂制造厂推荐的浓度使用。通常乳化剂制造厂推荐用浓度为 5%～20%。

亲水性乳化剂作用过程见图 4—2。

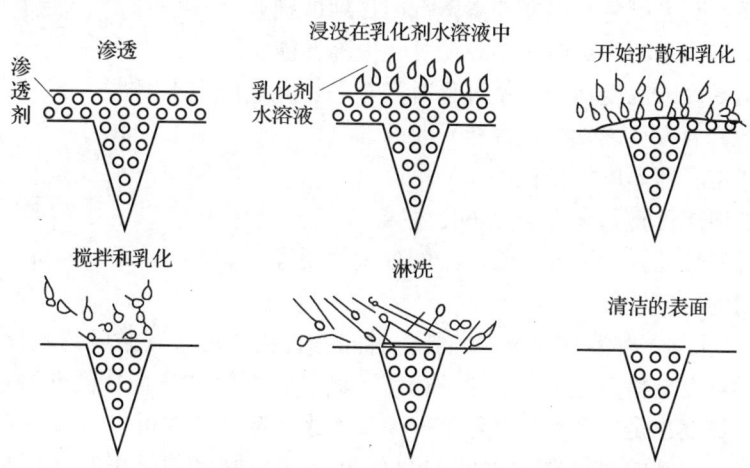

图 4—2　亲水性乳化剂作用过程（从左上至右下）示意图

（2）亲油性乳化剂　亲油性乳化剂不加水使用，若乳化剂黏度大，扩散到渗透剂中的速度就慢，容易控制乳化，但乳化剂拖带损耗大。黏度低的乳化剂扩散到渗透剂中去的速度快，乳化速度快，需注意控制乳化时间。

亲油性乳化剂应能与后乳化型渗透剂产生足够的相互作用，而起一种溶剂的作用，使工件表面多余的渗透剂能被去除。

亲油性乳化剂对水及对渗透剂的容许量也是乳化剂的基本要求。亲油性乳化剂应允许添加5%的水，应允许混入20%的渗透剂，而仍然像新的乳化剂一样，能够有效地被水清洗掉，达到所要求的渗透检测灵敏度。

亲油性乳化剂作用过程见图4—3。

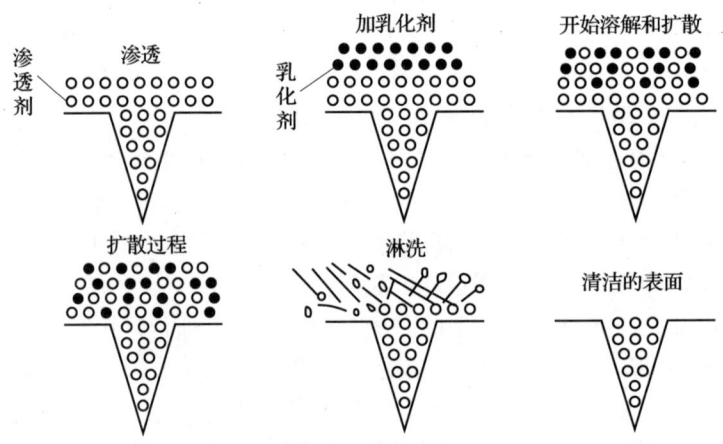

图4—3 亲油性乳化剂作用过程（从左上至右下）示意图

2. 乳化剂的性能

（1）乳化剂的综合性能 对乳化剂的基本要求是能够很容易地乳化并去除表面多余的后乳化型渗透剂。因此，要求乳化剂：

外观（色泽、荧光颜色）上能与渗透剂明显地区别开。

受少量水或渗透剂的污染时，不降低乳化去除性能。

表面活性与黏度或浓度适中，使乳化时间合理，乳化操作不困难。

贮存保管中，温度稳定性好，性能不变。

对金属及盛装容器不腐蚀变色。

对操作者的健康无害，无毒及无不良气味。

闪点高，挥发性低，废液及去除污水的处理简便等。

（2）乳化剂的物理性能

1）黏度 乳化剂的黏度对渗透剂的乳化时间有直接影响。高黏度的乳化剂在渗透剂中扩散较慢，这样可以更精确地控制乳化的程度。黏度较低的乳化剂扩散到渗透剂中比较快，控制就困难些。黏度也是一个值得从经济上给予考虑的问题。在可控性和经济性之间，可取的折衷办法是将乳化剂的最短乳化时间控制在30 s内。黏度值是由制造厂来加以控制的，但误差变化应保持在±10%的范围内。

2）闪点 从安全观点出发，必须考虑乳化剂的闪点。所有乳化剂的材料，其闪点都应不低于50℃。

3）挥发性　对于乳化剂的挥发性，主要考虑问题是使用中的经济性。在敞开槽中使用时，乳化剂的挥发性应当低，以免由于挥发引起过大的损失，并在乳化槽附近产生过量的挥发性气体污染。

(3) 乳化剂的化学性能

1）毒性　乳化剂中所用材料必须是无毒的，不能对人体产生诸如恶心或引起皮肤炎症等不良副作用。

2）容水性　乳化剂会受水的污染，特别在敞开槽中使用时更是如此。按体积计算，乳化剂应能容许混入5％的水，而无凝胶、分离、凝聚或水浮在表面上等现象产生，且须满足同族组（见4.4.1）渗透检测剂灵敏度的要求。

3）与渗透剂的相容性　某些渗透剂会不可避免地混入到乳化剂中。受渗透剂的过分污染后，乳化剂会减弱其对渗透剂的乳化能力。按体积计，乳化剂应能容许混入20％的渗透剂而不变质。

减少乳化剂受渗透剂污染的方法是：增加渗透剂的滴落时间；加强滴落后乳化前的预水洗，减少进入乳化剂的渗透剂。

(4) 乳化剂的特殊性能

1）水洗性　与后乳化型渗透检测剂系统共用的乳化剂，必须使渗透剂能从工件表面用水清洗去除掉。

2）荧光　水洗过程中，目视检查时，乳化剂的黑光下可能会发荧光。在白光或黑光下，其颜色应在橙色至红色范围内变化，应与同族组渗透剂有明显的颜色差别。使操作者在白光或黑光下易于判明乳化剂是否在工件表面上充分铺展开，渗透剂与乳化剂是否产生了结合以及它们是否被去除掉。

3）槽液寿命　大多数乳化剂是在敞开槽内使用，所以在贮放期间，要求乳化剂保持其性能不变，既不产生组分间的分离，也不能有表面浮渣形成。

4）温度稳定性　同渗透剂一样，乳化剂也要经受不同温度的作用。在实际的工作温度范围内，在贮存和运输期间所遇到的温度条件下，应保持所需要的性能不变。

5）停留时间　为了对渗透剂的乳化清洗进行准确控制，需要使乳化停留时间不能短到不可控制或长到超过要求。在敞开槽内使用时，乳化剂的停留时间应不少于30 s，不要超过15 min。

4.2.2　溶剂去除剂

1. 溶剂去除剂的分类

按照溶剂去除剂与受检材料的相容性，可将其分为卤化型溶剂去除剂、非卤化型溶剂去除剂及特殊用途溶剂去除剂。非卤化型溶剂去除剂中，卤族元素例如氯、氟元素含量受到严格控制（<1％），主要用于奥氏体钢及钛合金材料的检测。

2. 溶剂去除剂的性能

溶剂去除剂与溶剂去除型着色或荧光渗透剂配合使用。性能要求是：溶解渗透剂适度；去除时挥发适度；贮存保管中稳定；不使金属腐蚀与变色；无不良气味；毒性小等。一般多使用丙酮、乙醇、汽油或三氯乙烯等多组分有机溶剂。

4.3 显像剂

显像剂是渗透检测中的另一关键材料，它的作用在于：通过毛细作用将缺陷中的渗透剂吸附到工件表面上形成缺陷显示；将形成的缺陷显示在被检表面上横向扩展，放大至人眼可见；提供与缺陷显示较大反差的背景，以利于观察。

4.3.1 显像剂的分类及组成

前已叙述，显像剂分为干式显像剂与湿式显像剂两大类。自显像是不使用显像剂的。干式显像剂实际就是微细白色粉末，又称干粉显像剂。湿式显像剂有水悬浮显像剂（白色显像剂粉末悬浮于水中）、水溶解显像剂（白色显像剂粉末溶解于水中）、溶剂悬浮显像剂（白色显像剂粉末悬浮于有机溶机中）及塑料薄膜显像剂（白色显像剂粉末悬浮于树脂清漆中）等几类。也有将塑料薄膜显像剂单独列为一类的。

1. 干式显像剂——干粉显像剂

干粉显像剂为白色无机物粉末，如氧化镁、碳酸钠、氧化锌、氧化钛粉末等。干粉显像剂一般与荧光渗透剂配合使用，适用于螺纹及粗糙表面工件的荧光检验。

干粉显像剂粉末应是轻质的、松散的及干燥的，粉末应细微，尺寸不应超过 $1\sim 3~\mu m$；应有较好的吸水吸油性能，容易被缺陷处微量的渗透剂润湿，能把微量的渗透剂吸附出；应吸附在干燥工件表面上，并仅形成一层显像粉薄膜。在黑光下不应发荧光，对工件和存放容器不应腐蚀，且无毒。

干粉显像剂的一个明显缺点是有严重的粉尘。

2. 湿式显像剂

（1）水悬浮显像剂　水悬浮显像剂是干粉显像剂按一定比例加入到水中配制而成。一般是每升水中加进 30～100 g 的显像剂粉末。显像剂粉末不宜太多，也不宜太少，太多会造成显像剂薄膜太厚，遮盖显示，太少将不能形成均匀的显像剂薄膜。

显像剂中加有润湿剂，是为改善与工件表面的润湿性，保证在工件表面形成均匀的薄膜。加有分散剂，是为防止沉淀和结块。加有限制剂，是为防止缺陷显示无限制的扩散，保证较好的分辨力。加有防锈剂，是为防止显像剂对工件和存放容器的锈蚀。

水悬浮显像剂一般呈弱碱弱，它对钢工件一般不腐蚀，但长时间残留在铝镁工件上，会对其产生腐蚀，并出现腐蚀麻点。

该类显像剂不适用于水洗型渗透检测剂体系中，要求工件表面有较高的光洁度。

（2）水溶解显像剂　水溶解显像剂是将显像剂结晶粉末溶解在水中而制成，添加有润湿剂、分散剂、防锈剂及限制剂等。它克服了水悬浮显像剂易沉淀、不均匀和可能结块的缺点；还具有清洗方便、不可燃、使用安全等优点；但由于显像剂结晶粉末多为无机盐类，白色背景不如水悬浮显像剂；另外，该类显像剂也不适用于水洗型渗透检测剂体系，同时要求工件表面有较低的粗糙度值。

(3) 溶剂悬浮显像剂 是将显像剂粉末加在挥发性的有机溶剂中配制而成。常用的有机溶剂有丙酮、苯及二甲苯等。该类显像剂中也加有限制剂及稀释剂等。常用的限制剂有火棉胶、醋酸纤维素、过氯乙烯树脂等；稀释剂是用以调整显像剂的黏度，并溶解限制剂的。

该类显像剂通常装在喷罐中使用，而且与着色渗透剂配合使用。

就显像方法而论，该类显像剂灵敏度较高，因为显像剂中的有机溶剂有较强的渗透能力，能渗入到缺陷中去，挥发过程中把缺陷中的渗透剂带回到工件表面，故显像灵敏度高。另外，有机溶剂挥发快，缺陷显示扩散小，显示轮廓清晰，分辨力高。

由于着色渗透检测显像需要足够厚但又不至于掩盖显示的均匀覆盖层，以提供白色的对比背景，所以用于着色渗透检测的显像剂粉末应是白色微粒。荧光渗透检测时，由于在黑光灯下不可能看见有多少显像剂已涂附在试件上，所以显像剂粉末可以是无色透明微粒，不用施加溶剂悬浮显像剂，可用干粉显像剂。

该类显像剂的典型配方见表 4—11。

表 4—11 溶剂悬浮显像剂的典型配方

成 分	比 例	作 用
二氧化钛	50 g/L	显像粉末
丙酮	40%	溶剂
火棉胶	45%	限制剂
乙醇	15%	稀释剂

3. 塑料薄膜显像剂

塑料薄膜显像剂主要由显像剂粉末和透明清漆（或者胶状树脂分散体）所组成，可剥下作永久记录。

4.3.2 显像剂的性能

1. 显像剂的综合性能

吸湿能力要强，吸湿速度要快，能很容易被缺陷处的渗透剂所湿润并吸出足量渗透剂。

显像剂粉末颗粒细微，对工件表面有一定的黏附力，能在工件表面形成均匀的薄覆盖层，将缺陷显示的宽度扩展到足以用肉眼看到。

用于荧光法的显像剂应不发荧光，也不应有任何减弱荧光的成分。而且不应吸收黑光。

用于着色法的显像剂应与缺陷显示形成较大的色差，以保证最佳对比度。对着色染料无消色作用。

对被检工件和存放容器不腐蚀，对人体无害。

使用方便，易于清除，价格便宜。

2. 显像剂的物理性能

(1) 颗粒度 显像剂的颗粒应研磨得很细。如果颗粒过大，微小的显示就显现不出来。

这是由于渗透剂只能润湿粒度较细的球状颗粒所致。显像剂颗粒如果不能被渗透剂所润湿，则从检验表面就观察不到缺陷显示。

(2) 干粉显像剂的密度　松散状态：密度小于 0.075 g/cm³，每升质量 75 g 以下。包装状态：密度小于 0.13 g/cm³，每升质量 130 g 以下。干粉显像剂的颗粒度应不超过 1~3 μm。

(3) 水悬浮或溶剂悬浮显像剂的沉淀速率　显像剂粉末在水中或溶剂中的沉淀速度称沉淀速率。细小粉末沉淀慢，粗的沉淀快，粗细不均的沉淀得不均匀。为确保悬浮性好，应选用细微均匀的显像剂粉末。

3. 显像剂的化学性能

(1) 毒性　各种显像剂材料必须是无毒的，使用中不能对人体产生诸如恶心或引起皮肤炎症等。禁止使用二氧化硅干粉显像剂。

(2) 腐蚀性　显像剂不应使受检工件在渗透检测期间及以后的使用期间产生腐蚀。对镍基合金进行渗透检测时，显像剂中的硫化物含量应严格控制。对奥氏体钢及钛合金进行渗透检测，应对显像剂中的氯、氟含量严格控制。

(3) 温度稳定性　现场使用的水悬浮显像剂或水溶性显像剂，不应在冰冻情况下使用。为此，显像前，应对受检工件加热，或对显像剂加热，防止显像剂在使用中产生冻结。另外，高温或相对湿度特别低的环境会使显像剂液体成分过分蒸发。所以，在上述环境下使用显像剂，应经常检查显像剂槽液的浓度。

(4) 污染　渗透剂的污染将引起虚假显示。油及水的污染，将使工件表面粘上过多显像剂，遮盖显示。

4. 显像剂的特殊性能

(1) 荧光　在黑光下对显像剂材料进行观察时，应无荧光。显像剂中荧光的存在将影响荧光渗透剂的缺陷显示。

(2) 分散性　分散性指当显像剂粉末沉淀后，再次搅拌，显像剂粉末重新分散到溶剂中去的能力。分散性好的显像剂，搅拌后粉末能全部重新分散到溶剂中去，而不残留任何结块。

(3) 湿显像剂的润湿能力　湿显像剂应能很好地润湿工件表面。如果润湿能力差，溶剂挥发后，显像剂会出现流痕和卷曲剥落现象。

(4) 显像剂的去除性　由于显像剂留在受检工件表面可能会产生有害的作用，所以显像剂应能完全从受检工件表面清除掉。

4.4　渗透检测剂系统

4.4.1　渗透检测剂系统的定义及同族组

渗透检测剂系统指由渗透剂、去除剂和显像剂所构成的特定组合系统。系统中每种材料不仅需要满足各自特定的要求，而且作为一个整体，还需要做到系统内部相互兼容，最终要满足达到整个系统的目标——检测表面开口缺陷。

所谓"同族组"是指完成一个特定的渗透检测过程所必须的完整的一系列材料，含渗透剂、去除剂及显像剂。

由渗透剂、去除剂和显像剂所构成的渗透检测剂系统，原则上必须采用同一厂家提供的、同族组的产品，不同族组的产品不能混用。否则，可能出现渗透剂、去除剂和显像剂等材料各自都符合规定要求，但它们之间不兼容，最终使渗透检测无法进行。如确需混用，则必须通过验证，确保它们能相互兼容且有所要求的检测灵敏度。

4.4.2 渗透检测剂系统的选择原则

（1）同族组要求：渗透检测剂系统应同族组。

（2）灵敏度应满足检测要求。不同的渗透检测材料组合系统，其灵敏度不同，一般后乳化型灵敏度比水洗型高，荧光渗透剂灵敏度比着色渗透剂高。在检测中，应按被检工件灵敏度要求来选择渗透检测材料组合系统。当灵敏度要求高时，例如疲劳裂纹、磨削裂纹或其他细微裂纹的检测，可选用后乳化型荧光渗透检测系统。当灵敏度要求不高时，例如铸件，可选用水洗型着色渗透检测系统。应当注意，检测灵敏度越高，其检测费用也越高。因此，从经济上考虑，不能片面追求高灵敏度检测，只要灵敏度能满足检测要求即可。

（3）根据被检工件状态进行选择。对表面光洁的工件，可选用后乳化型渗透检测系统。对表面粗糙的工件，可选用水洗型渗透检测系统。对大工件的局部检测，可选用溶剂去除型着色渗透检测系统。

（4）在灵敏度应满足检测要求的条件下，应尽量选用价格低、毒性小、易清洗的渗透检测材料组合系统。

（5）渗透检测材料组合系统对被检工件应无腐蚀。如铝、镁合金不宜选用碱性渗透检测材料，奥氏体不锈钢、钛合金等不宜选用含氟、氯等卤族元素的渗透检测材料。

（6）化学稳定性好，能长期使用，受到阳光或遇高温时不易分解和变质。

（7）使用安全，不易着火。如盛装液氧的容器不能选用油溶性渗透剂，而只能选用水基型渗透剂，因为液氧遇油容易引起爆炸。

4.5 国内渗透检测剂简介

近年来，我国渗透检测剂有较大进展，有的渗透剂的性能达到国外某些同类产品的水平。但品种仍然不全，要达到系列化和标准化，还有待进一步努力。

下面各表介绍我国研制的渗透检测剂。

我国研制 HD 型着色渗透检测剂及 SM-1 型低毒型着色渗透检测剂均属溶剂去除型着色渗透检测剂，它们由红色着色渗透剂、溶剂去除剂及显像剂组成。以喷罐成套出售。

表 4—12 介绍了着色检测剂的基本组成成分。

渗透检测

表 4—12　　　　　　　　　　　着色检测剂组分

渗透检测剂	渗透剂	溶剂去除剂	显像剂
组分	苏丹红Ⅲ 苏丹红Ⅳ 乙酸乙酯 二甲基萘 二甲苯	OΠ—10 乳化剂 乙醇 丙酮	氧化镁粉 丙酮 乙醇 乳化剂 0～20

表 4—13 介绍了我国研制 ZB 系列水洗型荧光渗透剂及 HA、HB 系列后乳化型荧光渗透剂的基本组分。这些荧光渗透剂的性能已达到国外某些同类产品水平。表中后乳化型荧光渗透剂所用的乳化剂由 TX-10、JEC 和水组成。表中水洗型及后乳化型荧光渗透剂均与干粉显像剂（例如轻质氧化镁）配合使用。

表 4—13　　　　　　　　　　　荧光渗透剂的组分

类型	水洗型荧光渗透剂 ZB—1；ZB—2；ZB—3	后乳化型荧光渗透剂 HA—1；HA—2；HB—1；HB—2
组分	煤油 邻苯二甲酸二丁酯 乙二醇单丁醚 表面活性剂 荧光染料 YJP—15， 　　　　　YJN—68 荧光增白剂 MDAC， 　　　　　PEB	煤油 邻苯二甲酸二丁酯 表面活性剂 荧光染料 YJP—15， 　　　　　YJN—68 荧光增白剂 MDAC， 　　　　　PEB

表 4—14 及表 4—15 分别介绍水洗型荧光渗透剂及后乳化型荧光渗透剂的性能。

表 4—14　　　　　　　　　　　水洗型荧光渗透剂性能

项目	ZB—1	ZB—2	ZB—3
外观	红色油状物	黄绿色油状物	黄绿色油状物
密度（36℃）（g/cm³）	0.916	0.913	0.918
黏度（38℃）（10^{-6} m²/s）	6.87	6.92	7.96
表面张力系数（27℃）（N/cm）	25.4×10^{-5}	25.9×10^{-5}	25.3×10^{-5}
闪点（闭口）	50℃	50℃	50℃
荧光颜色	黄绿	黄绿	黄绿
荧光强度（比较值）	61	80	69
黑点直径（mm）	<2	1.5	1.0
可去除性	无荧光痕迹	无荧光痕迹	无残留荧光

续表

	项目	ZB-1	ZB-2	ZB-3
腐蚀性	钢 30CrMoA	无	无	无
	铝 LC4	无	无	无
	镁 5#	无	无	无

表4—15　　　　　　　　　　　后乳化型荧光渗透剂性能

项目		HA-1	HA-2	HB-1	HB-2
密度（36℃）(g/cm^3)		0.958	0.956	1.005	0.980
黏度（38℃）(10^{-6}m^2/s)		6.48	6.31	9.79	5.96
表面张力系数（27℃）(N/cm)		26.6×10^{-5}	26.6×10^{-5}	28.5×10^{-5}	27.5×10^{-5}
闪点（闭口）		69℃	68℃	69℃	60℃
荧光颜色		强黄绿色	强黄绿色	强黄绿色	强黄绿色
荧光强度（比较值）		86		100	91
对黑光稳定性		稳定		稳定	稳定
黑点直径（mm）		1.5	1.3	1.1	1.0
腐蚀性	钢 30CrMoA	无	无	无	无
	铝 LC4	无	无	无	无
	镁 5#	无	无	无	无

表4—16介绍国内部分厂商生产的着色渗透检测剂。

表4—16　　　　　　　　　　　国内着色渗透检测剂

型号	厂商	特征
《大铜锣》DPT-3	中日合资美柯达公司	可水洗型、溶剂去除型
《大铜锣》DPT-5	中日合资美柯达公司	可水洗型、溶剂去除型
《船牌》HD-G 标准型	上海沪东造船厂检测剂分厂	溶剂去除型
《船牌》HD-G 核工业级	上海沪东造船厂检测剂分厂	溶剂去除型
《金睛》GE 国际型	上海日用化学制罐厂	溶剂去除型
《破浪牌》通用型	上海奉贤工具二厂	溶剂去除型
《金盾牌》SM-1	上海材料研究所上海沪东化工厂	溶剂去除型

4.6　国外渗透检测剂简介

在英、美、日等国，渗透检测剂已标准化和系列化，种类齐全，能满足各种不同渗透检测的需要。以着色渗透检测剂来说，有的具有良好的水洗性，专用于粗糙表面的检查；有的

渗透检测

限制氯、硫、氟的含量，适用于航空航天工业及核工业；有的不会引起塑料的溶解或变色，专用于检查塑料；有的适用于 50～1 250℃ 的高温检查等。

下列各表简要介绍国外的渗透检测剂。

表 4—17 介绍的是日本生产的"拓色涂"牌着色渗透检测剂，该渗透检测剂为化学反应型，其渗透剂为无色透明液体，显像剂为白色液体。混合后起化学反应，呈红色，受黑光照射时，呈金黄色荧光，所以也是着色荧光渗透剂、双重灵敏度渗透剂。这种渗透检测剂不染红工人服装和皮肤，工作环境清洁卫生，工件表面只有缺陷处呈红色，易于清洗。

表 4—17　　日本生产"拓色涂"牌着色渗透检测剂

项目	渗透剂（P—C）	渗透剂（PW—C）	洗净剂（R—C）	显像剂（D—C）
特性	标准型溶剂去除型	水洗型	标准型溶剂去除型	标准型溶剂悬浮型
外观	无色透明液	无色透明液	无色透明液	白色悬浮液
密度（20℃）（g/cm^3）	0.95	0.98	0.72	0.93
黏度（37.8℃）（10^{-6} m^2/s）	1.6	2.6		
表面张力系数（20℃）（N/cm）	28×10^{-5}	29×10^{-5}	29×10^{-5}	
闪点	>30℃	>60℃	>39℃	>15℃
温度稳定性	无分离、无沉淀	无分离、无沉淀		
腐蚀性	无腐蚀、合格	无腐蚀、合格	无腐蚀、合格	无腐蚀、合格
灵敏度	合格			合格
沉淀率：25 ml，试管 15 min				0.5 ml 以下
毒性、容许浓度	5×10^{-4}	5×10^{-4}	5×10^{-4}	5×10^{-4}

表 4—18 介绍的是英国生产的荧光渗透剂，该荧光渗透剂与干粉显像剂 ARDROX9D3 配合使用。9D3 为多种轻质、松散、化学性质不活泼的白色粉末组成，密度 120～125 g/1 000 ml，含硫 30×10^{-6}，氯 20×10^{-6}，钠 60×10^{-6}。

表 4—18　　英国生产荧光渗透剂

名称	970—P4	970—P10	970—P17	985—P1	985—P3
类型	水洗型	水洗型	水洗型	后乳化型	后乳化型
密度（20℃）（g/cm^3）	0.864	0.870	0.935	0.903～0.908	0.940～0.950
闪点（开口）	80℃	80℃	80℃	93℃	93℃
黏度（38℃）（10^{-6} m^2/s）	4.0	4.0	10.0	6.0～8.0	4.5～5.0
腐蚀	合格	合格	合格	合格	合格
氯	25×10^{-6}	25×10^{-6}	26×10^{-6}	$<20\times10^{-6}$	$<55\times10^{-6}$
硫	13×10^{-5}	13×10^{-5}	1×10^{-4}	$<8\times10^{-5}$	$<13\times10^{-5}$

续表

名称	970—P4	970—P10	970—P17	985—P1	985—P3
钠	125×10^{-6}	125×10^{-6}	125×10^{-6}	$<3\times10^{-5}$	$<25\times10^{-6}$
特点	具有良好的水洗性，适用于表面粗糙的铸件、焊件	具有中等灵敏度，适用于轻合金铸件、锻件和冲压件	高灵敏度，适用于涡轮叶片、涡轮盘等旋转件	标准灵敏度，适用于涡轮叶片、涡轮盘等旋转件	超高灵敏度，仅在特殊情况下使用

表4—19介绍的是日本生产的荧光渗透检测剂（含荧光渗透剂、乳化剂及显像剂）的特点和用途及组分，系OD型。

表4—19　　　　　　　　　　日本生产荧光渗透剂

	品种	特点和用途	组分
水洗型荧光渗透剂	OD—2800N	荧光亮度强，黏度4～8 $(10^{-6} m^2/s)$，一般检测用	油溶性荧光染料，烃类；高沸点乙醇；高沸点酯类；石油混合溶剂，非离子型表面活性剂
	OD—2800—Ⅰ	灵敏度与OD—1700A相当，黏度 $(6\sim12)10^{-6} m^2/s$，一般检测用	
	OD—2800—Ⅱ	灵敏度比OD—2800—Ⅰ高，黏度 $(6\sim12)10^{-6} m^2/s$，精密检测用	
	OD—2800—Ⅲ	荧光亮度非常高，黏度 $(6\sim12)10^{-6} m^2/s$，能检出极小裂纹，超精密检测用	
	OD—2800—Ⅳ		
后乳化型荧光渗透剂	OD—1700A	用于检测阳极化镀铬表面，精密检查用，与OD—1700B并用，黏度 $(8\sim14)10^{-6} m^2/s$。	油溶性荧光染料，烃类；石油混合溶剂，高沸点酯类
	OD—6000	与OD—1700B并用，精密检测用，黏度 $(8\sim14)10^{-6} m^2/s$	
	OD—7000	比OD—6000灵敏度高，超精密检测，黏度 $(8\sim14)10^{-6} m^2/s$	
乳化剂	OD—1700B	黏度 $(1\pm0.1)\times10^{-4} m^2/s$	芳香族烃类；高沸点酯类，非离子型表面活性剂，盐基染料
	OD—1750B	比OD—1700B黏度低，$5\times(1\pm0.1)\times10^{-5} m^2/s$，乳化时间短	
	水溶性去除剂 TR—1	用水稀释，浓度5%～10%，乳化时间长，不会降低灵敏度	非离子表面活性剂，高沸点乙醇
显像剂	溶剂悬浮式 DN—600S	对渗透剂吸附力强，适用于锻铸件大型部件	碳酸盐粉末；硅酸盐粉末；醇类等
	干式 DN—600	适用于检测微小缺陷	数种无机盐粉末
	湿式 DN—900D	白色粉末，用水分散，对比度鲜明	碳酸盐粉末，黏土粉末，无机盐防锈剂；铬酸盐

表4—20介绍的是英国阿觉克斯公司生产与阿觉克斯985系列渗透检测剂配套使用的几种乳化剂性能。

渗透检测

表4—20 英国阿觉克斯公司几种乳化剂性能

性能＼型号	阿觉克斯9PR3	阿觉克斯9PR4	阿觉克斯9PR6
密度（20℃）（g/cm^3）	0.915～0.920	1.075～1.085	1.045～1.055
闪点（开口）	140℃	不燃	不燃
黏度（38℃）（10^{-6}m^2/s）	24	70	65
硫含量	<10^{-4}	<4×10^{-5}	
氯含量	<5×10^{-5}	<3×10^{-5}	
钠含量	0.08%	0.20%	
特点	亲油性	亲水性	亲水性
用法	直接使用	使用时用水稀释到5%～20%体积分数	使用时用水稀释到5%～20%体积分数

表4—21、表4—22和表4—23分别介绍美国磁通公司（Magneflux. Co.）、英国阿觉克斯公司（Ardrox. Co.）及日本马泰克公司（MARKTEC. Co.）部分常用渗透检测剂。它们均摘自美国鉴定合格产品目录清单QPL－25135：符合军用规范《MIL－Ⅰ－25135》渗透检测材料。

表4—21 国外可水洗型荧光渗透剂（摘自QPL－25135）

灵敏度	美国磁通公司	英国阿觉克斯公司	日本马泰克公司	备注
1/2级（很低）	ZL－15B	970P21	P100	
1级（低）	ZL	970P22	P110A	
2级（中）	ZL－60D	970P23	P122	
3级（高）	ZL－67	970P25	P130	
4级（超高）	ZL－56	970P26E	P141D	

表4—22 国外后乳化型（亲水）荧光渗透剂（摘自QPL－25135）

灵敏度	美国磁通公司	英国阿觉克斯公司	日本马泰克公司	备注
1级（低）		渗透剂：985P11 乳化剂：9PR12	渗透剂：P210 乳化剂：R500	
2级（中）	渗透剂：ZL-2C 乳化剂：ZR-10B	渗透剂：985P12 乳化剂：9PR12	渗透剂：P220 乳化剂：R500	
3级（高）	渗透剂：ZL-27A 乳化剂：ZR-10B	渗透剂：985P13 乳化剂：9PR12	渗透剂：P230 乳化剂：R500	
4级（超高）	渗透剂：ZL-37 乳化剂：ZR-10B	渗透剂：985P14 乳化剂：9PR12	渗透剂：P240 乳化剂：R500	

表 4—23　　　　　　　国外显像剂（摘自 QPL—25135）

型式	美国磁通公司	英国阿觉克斯公司	日本马泰克公司	备注
干式	ZP—4B	9D4A	D700	
速干式	ZP—9F	9D15	D701	

复习思考题

1. 渗透剂分类方法有哪几种？各分为哪几类？简述其主要特点。
2. 渗透剂的主要成分是什么？每种成分各举三例说明。
3. 染料应具备哪些基本性能？常用着色染料及荧光染料有哪几种？举例说明。
*4. 简述增强荧光亮度的"串激"方法。举例说明。
5. 渗透剂中溶剂应具备哪些基本性能？常用哪几种溶剂？它们各具有什么特征？
6. 简述水基及自乳化型着色液的主要组成成分、特征及适用范围。
7. 简述后乳化型着色渗透剂的主要组成成分及适用范围。
8. 简述溶剂去除型着色渗透剂的主要组成成分及适用范围。
9. 简述水洗型荧光渗透剂的主要组成成分及适用范围。
10. 简述后乳化型荧光渗透剂的主要组成成分及适用范围。
11. 简述溶剂去除型荧光渗透剂的主要组成成分及适用范围。
*12. 简述着色荧光渗透剂、高温下使用的渗透剂、过滤性微粒渗透剂及化学反应型着色剂的作用原理及适用范围。
13. 简述渗透剂的综合性能要求。
14. 简述渗透剂的物理性能（黏度、表面张力、接触面、密度、挥发性、闪点、燃点、电导性）对渗透检测的影响。
15. 简述渗透剂的化学性能（化学惰性、去除性、含水量、容水量、毒性、溶解性、腐蚀性）对渗透检测的影响
*16. 简述渗透剂的特殊性能（稳定性）对渗透检测的影响。
17. （简述）不同的渗透检测方法使用哪些不同的去除剂？
18. 乳化剂的成分有哪些？各起什么作用？
19. （简述）亲水性乳化剂与亲油性乳化剂的乳化型式、H.L.B值及使用注意事项等方面的区别？
20. 简述乳化剂的综合性能要求。
21. 简述乳化剂的物理性能（黏度、闪点、挥发性）对渗透检测的影响。
22. 简述乳化剂的化学性能（毒性、容水性及与渗透剂的相容性）对渗透检测的影响。
*23. 简述乳化剂的特殊性能（去除性、荧光、槽液寿命、温度稳定性、停留时间）对渗透检测的影响。
24. 简述溶剂去除剂的主要性能要求。
25. 显像剂分哪几类？各类显像剂的主要组分是什么？各组分的作用是什么？

26. 简述显像剂的综合性能要求。

27. 简述显像剂的物理性能（颗粒度、干粉显像剂的密度、水悬浮或溶剂悬浮湿式显像剂的沉淀速率）对渗透检测的影响。

28. 简述显像剂的化学性能（毒性、腐蚀性、温度稳定性、污染）对渗透检测的影响。

*29. 简述显像剂的特殊性能（荧光、分散性、湿式显像剂的润湿能力、显像剂的去除性）对渗透检测的影响。

30. 什么叫渗透检测剂系统？对渗透检测剂系统的基本要求是什么？

31. 渗透检测剂同族组的含义是什么？为什么必须遵守"同族组"原则？

32. 渗透检测剂系统的选择原则是什么？举例说明。

33. 什么叫静态渗透参量？它与哪些因素有关？优质渗透剂的接触角、表面张力系数及静态渗透参量有何特征？

34. 什么叫动态渗透参量？它与哪些因素有关？具体阐述黏度值是如何影响动态渗透参量并进而影响渗透检测的？

第 5 章　渗透检测设备、仪器和试块

5.1　便携式设备

便携式设备，一般是一个小箱子，里面装有渗透剂、去除剂和显像剂喷罐，以及清理擦拭工件用的金属刷、毛刷。如果采用荧光法，还要装有紫外线灯。这种设备多用于现场检查。

渗透检测剂（包括渗透剂、去除剂和显像剂），通常装在密闭的喷罐内使用。喷罐一般由盛装容器和喷射机构两部分组成。典型结构如图 5—1 所示。

喷罐携带方便，适用于现场。罐内装有渗透检测剂和气雾剂。气雾剂采用乙烷或氟利昂等，通常在液态时装入罐内，常温下气化，形成高压。使用时只要压下头部的阀门，检测液体就会成雾状从头部的喷嘴自动喷出。喷罐内部压力因检测剂和温度不同而异，温度越高，压力越高。40℃左右可产生 0.29～0.49 MPa 的压力。

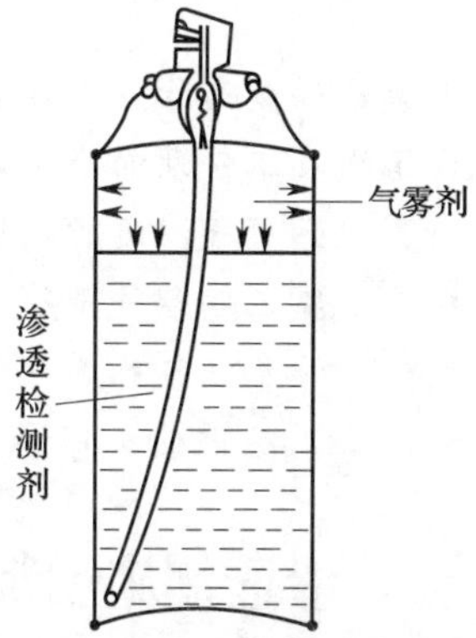

压力喷罐内盛装溶剂悬浮显像剂或水悬浮湿式显像剂时，罐内均有数个弹子（图中未示出）。使用前，应充分摇晃弹子，通过弹子的运动，使沉淀的固体显像剂粉末重新悬浮起来，重新成为细微颗粒均匀分布状。

图 5—1　内压式渗透检测剂喷罐

使用喷罐应注意的事项：喷嘴应与工件表面保持一定的距离，太近会使检测剂施加不均匀；喷罐不宜放在靠近火源、热源处，以防爆炸；处置空罐前，应先破坏其密封性。

5.2　固定式设备

工作场所相对固定，工件数量较多，要求布置流水线作业时，一般采用固定式检测装置，基本上是采用水洗型或后乳化型渗透检测方法，主要的装置有：预清洗装置、渗透剂施加装置、乳化剂施加装置、水洗装置、干燥装置、显像剂施加装置、后清洗装置。

5.2.1　预清洗装置

设置预清洗装置的目的是，为渗透检测提供清洁而干燥的工件。

工件在检测前必须彻底清洗和干燥，预清洗装置有三氯乙烯蒸气除油槽、溶剂清洗槽、超

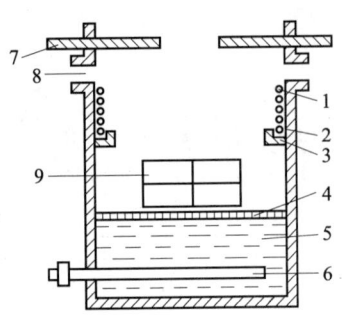

图 5—2 三氯乙烯蒸气除油槽
1—冷却水入口 2—冷却水出口
3—冷凝液集槽 4—格栅
5—三氯乙烯溶液 6—加热器
7—活动盖板 8—抽风口
9—被清洗工件

声波清洗机、碱性或酸性腐蚀槽、洗涤剂清洗槽及冲洗喷枪等。这里主要介绍三氯乙烯蒸气除油槽。

三氯乙烯蒸气除油槽结构见图 5—2。槽的底部是加热装置（6），可采用电加热或蒸汽加热。三氯乙烯溶液（5）在槽底被加热，于 87℃ 沸腾，产生三氯乙烯蒸气。槽的上部为蛇形管冷凝器（1）（2），冷凝器内连续通冷水冷却，使不断上升的三氯乙烯蒸气在此处冷凝，限制三氯乙烯蒸气团的上升，并使其保持在一定的水平面上。冷凝的三氯乙烯液体，经冷凝液集槽（3）收集后流回槽中重复使用。槽子上部内侧装有一个温度控制探头，如果三氯乙烯蒸气团因某种原因上升，探头处的温度将提高，此时温度控制器能自动切断电源，起安全保护作用。槽子上部还装有抽风口（8），可抽掉挥发在槽口的三氯乙烯蒸气。

三氯乙烯蒸气除油十分方便。只需将被清洗工件（9）放在处于蒸气区的格栅（4）上，蒸气便迅速在工件表面冷凝，而将工件表面的油污溶解掉。工件表面温度不断上升，除油不断进行，达到蒸气温度时，除油也就结束了。

吸入三氯乙烯蒸气是有害的。操作时，工件进出槽子要缓慢，防止过多的蒸气带出槽外。要经常添加三氯乙烯，防止加热器露出液面。否则，会引起过热产生剧毒气体。操作现场禁止吸烟，防止吸入有毒气体。

5.2.2　渗透剂施加装置

工件施加渗透剂的装置和工艺方法应保证渗透剂能均匀地施加于工件表面上，特别重要的是使工件的每个部位都能覆盖上渗透剂。理想的渗透剂施加装置应能回收多余的渗透剂，这样可以避免渗透剂的大量损失。采用自动传递装置进行大批量检测时，要把传送装置布局好，以便受检工件通过渗透剂施加装置到乳化装置或水洗装置的传送过程中，有适当的滴落时间。

渗透装置主要包括渗透剂液槽及滴落架。

渗透剂槽应能放置最大工件，且有足够的间隙和深度。在槽子内壁，应标记出正常的液面高度（2），槽子上方需要留有 15 cm 的余量以防止渗透剂（4）飞溅；正常的液面高度还应考虑工件浸入槽中能被覆盖完全而又不使渗透剂外溢。有的渗透剂槽上装两个阀门，一个离槽底约 75～100 mm（3），在清洗槽液时用来排出槽子上层清洁的渗透剂；另一个阀门装在槽底（5），用来排除槽底的油污和水分。

滴落架（1）与渗透剂槽多做成一体，见图 5—3。工件从渗透剂槽中取出后放置在滴落架上滴落，滴下

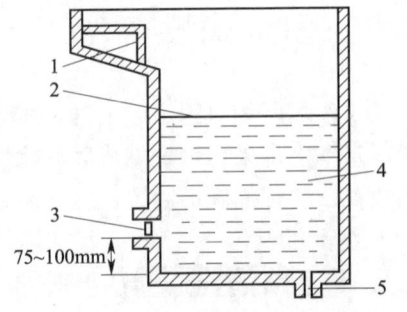

图 5—3　渗透剂槽和滴落架
1—滴落架 2—正常液面高度标记
3—排液口 4—渗透剂 5—排污口

的渗透剂可直接流到渗透剂槽中。浸涂时使用浸涂专用的金属丝网筐和小型提升机。对于不能浸涂的工件，应附设小型泵以及软管和喷嘴，以便对工件喷涂渗透剂。寒冷地区，有时还要附设加热渗透剂的加热装置。

渗透剂槽体可用碳钢制造，且应进行泄漏检验，槽体内部的所有焊缝、弯曲处和连接处均施涂上渗透剂，在槽体的外部对应位置，检验有否渗透剂迹象。不允许有任何泄漏迹象。

5.2.3 乳化剂施加装置

对于后乳化渗透检测方法来说，乳化剂施加装置的用途是将乳化剂施加到工件表面并使其与渗透剂混合，从而使渗透剂能够被水清洗。后乳化操作的关键，是控制缺陷内的渗透剂不要被清洗掉。为此，理想的操作是在尽可能短的时间内使乳化剂完全覆盖工件表面。浸入法是常用的方法。大型工件不能采用浸入法时，也可采用喷涂方法，多路喷涂可使工件表面获得均匀的覆盖层。

乳化剂施加装置包括乳化剂槽及滴落架。乳化剂槽体也可用碳钢制造。装置的结构及大小与渗透剂槽装置相似参见图5—3，但需配备搅拌器，供乳化剂不连续的定期或不定期搅拌用。不宜采用压缩空气搅拌，因为会产生大量的乳化剂泡沫。

5.2.4 水洗装置

水洗是为了去掉工件表面上多余的渗透剂，而不得把缺陷内的渗透剂去除掉，要防止过洗。流水线上检测时，应设有自动水洗装置，水流应喷洗到所有表面。单纯的浸洗效果不太好。大型工件，使用浸洗方法可迅速停止乳化剂作用，然后采用手工喷洗。用冷水清洗去除工件表面多余的渗透剂，清洗时间需要长一些；已经进入缺陷内的渗透剂，一般情况下不太可能被水洗掉。水洗操作过程，应经常观察背景，检查水洗程度，防止过洗。

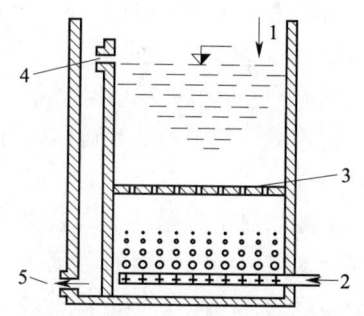

图5—4 压缩空气搅拌水槽
1—供水口 2—压缩空气入口
3—格栅 4—限位口 5—排水口

水洗装置常用如图5—4所示的压缩空气搅拌水槽。压缩空气通过两根直径约12 mm的管子（2）进入槽底。管子水平安放，每隔3 cm钻1个孔眼。槽中水温控制在15～25℃，水压0.15～0.29 MPa。工作时水不断地流动，其流量应达到每小时使槽水更换一次，供水口（1）流入水量应加以控制。水洗装置本体应用不锈钢制造，防止锈蚀。

除空气搅拌水槽外，也常采用喷洗槽或手工喷洗。

喷洗槽中的喷嘴安装在槽子的所有侧面，形成扇形的喷射图样，喷嘴的角度应能调节，滴落的水从槽子底部的出口排出，或者流入净化装置再循环使用。水的净化采用活性炭过滤器。

手工喷洗采用喷射式喷枪将水喷至工件上，一般是将工件放在槽子内喷洗。槽中装有孔径为 5 cm 的格栅（3）以支撑工件。可以用挡板挡住水的飞溅。

5.2.5　干燥装置

本节主要介绍热空气循环干燥装置。

热空气循环干燥装置是装有恒温控制和空气搅拌装置的烘箱，温度为 65～80℃。温度过高会导致荧光染料及着色染料变色甚至变质。图 5—5 所示为井式热空气循环干燥装置，适合于吊车吊运工件的检测流水线。图 5—6 所示为罩式热空气循环干燥装置，适合于滚道传送的检测流水线。

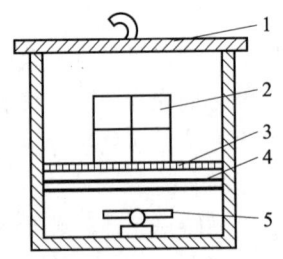
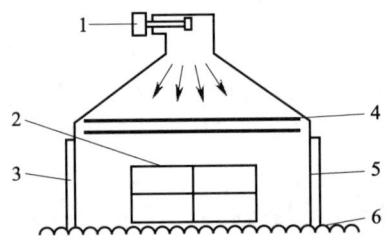

图 5—5　井式热空气循环干燥装置
1—带吊钩盖板　2—被干燥工件
3—格栅　4—电阻加热器　5—电风扇

图 5—6　罩式热空气循环干燥装置
1—鼓风机　2—工件　3—工件进门
4—加热器　5—工件出门　6—滚道

图 5—5 所示的井式热空气循环干燥装置中，带吊钩盖板（1）打开后，需要干燥的工件（2）可用吊车吊运至格栅（3）上，电阻加热器（4）使干燥装置内空气加热进而干燥工件，电风扇（5）使热空气循环。

图 5—6 所示的罩式热空气循环干燥装置中，工件进门（3）打开，工件（2）通过滚道（6）进入干燥装置内适当位置；加热器（4）使装置内空气加热进而干燥工件，鼓风机（1）使热空气循环；工件干燥后，打开工件出门（5），通过滚道送出工件。

对控制热空气循环干燥装置的恒温控制器，应进行升温、恒温及温度恢复试验。升温试验时，应将恒温控制器的温度调节到 110℃ 左右，干燥装置由室温 20℃ 上升到 110℃ 所用时间最多应为 40 min。恒温试验时，应将恒温控制器的温度调节到 110℃，让干燥装置在此温度下稳定 1 h，然后检查干燥装置内其他三个位置的温度；四个位置的温度平均值应在指定值±5℃ 范围内。温度恢复试验时，干燥装置处于稳定状态（110℃），打开装置挡板，时间最多为 1 min，然后关闭装置挡板，温度应在 8 min 内返回到 110℃。

5.2.6　显像剂施加装置

显像剂施加装置在渗透检测设备流水线中的安放位置应视显像剂的类型而定。对湿式显像剂而言，显像剂施加装置直接放在干燥装置之前；对干式显像剂而言，显像剂施加装置要放在干燥装置之后。

干式和湿式显像所用装置是不一样的。

干式显像喷粉柜的结构如图 5—7 所示。底部为锥形，内盛显像剂粉末（8），用电风扇或压缩空气（6）使显像剂粉末飞扬起来。柜内装有支撑工件用的格栅（5），并带有密封盖（1）以防止粉末的飞扬。显像剂粉末飞扬起来后，关闭压缩空气（6），显像剂粉末自然降落在工件（4）上；显像结束后，用细微的压缩空气（2）将工件表面多余的显像剂粉末轻轻吹落掉。底部的加热器使柜内粉末保持干燥松散。

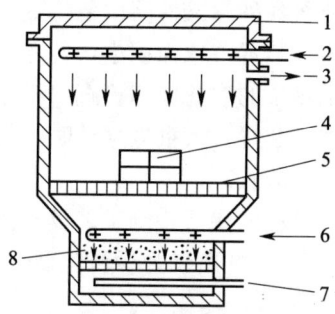

图 5—7　干式显像剂喷粉柜
1—密封盖　2—压缩空气　3—排气
4—工件　5—格栅　6—压缩空气
7—加热器　8—显像粉

施加干式显像剂之前，工件要冷却到便于操作的温度。工件可以埋入显像剂中，因为干式显像剂非常轻，几乎可以流动。显像结束后，取出工件，抖掉多余的显像剂，即可进行检查。

湿式显像剂槽的结构与渗透剂液槽相似，也由槽体及滴落架组成，槽内应装有机械或空气搅拌机构。如果采用水悬液，还应装有恒温控制器，槽内应装有支撑工件的格栅。

湿式显像剂槽体应用不锈钢制造，并且应该进行泄漏检验，不允许有任何泄漏现象。

5.2.7　后清洗装置

对于后清洗装置的要求，取决于工件的预期使用。最低限度，应把多余的渗透剂及工件表面的显像剂清洗掉。采用水——洗涤剂清洗就是清洗大量小工件的有效方法。用溶剂清洗也是有效方法。经检测合格的工件，从渗透检测线交出的工件，不应有残余渗透剂，应呈清洁可用状态。

5.2.8　整体装置

根据被检工件的大小、数量和现场情况等，可将渗透检测用各种设备分别布置成"一"字形、"U"字形或"L"字形等流水线。工件可用手推动在滚道上传送，也可用吊车吊运，还可两者结合使用，图 5—8 所示为装有吊车和滚道的"U"字形布置，适合于大型工件（如砂型铸件）的渗透检测。

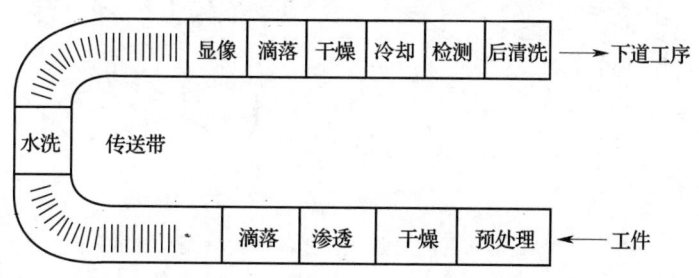

图 5—8　"U"字形排列的固定式荧光渗透检测流水线

渗透检测

将各种渗透检测设备组成一个整体，称为整体型装置。图5—8即为一种整体型装置。整体型装置占地面积小，各部分连接紧凑，适合于大批量叶片、机加工件（如螺钉、螺帽）的工序中的渗透检测检查，渗透检测技术人员可根据采用的渗透检测工艺设计出各种各样的整体型装置。大批量生产时，需要连续地大批量地进行渗透检测，可采用高效率的自动操作整体型装置。

单独的渗透检测工艺设备例如预清洗装置、渗透剂施加装置等常称为分离型装置。

图5—9所示为后乳化型荧光渗透－干粉显像渗透检测的整体装置。

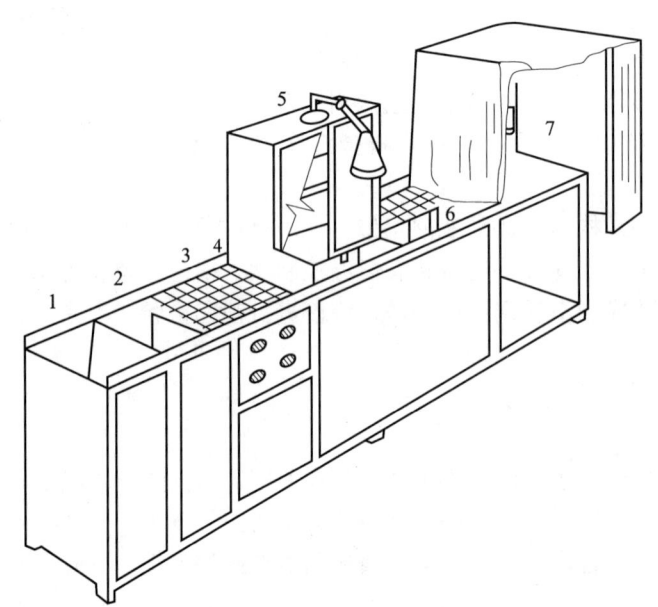

图5—9 后乳化型荧光渗透－干粉显像检测的整体装置
1—渗透 2—乳化 3—滴落 4—水洗 5—干燥 6—显像 7—检测

图5—10为L形布置的固定式荧光渗透检测流水线示意图。

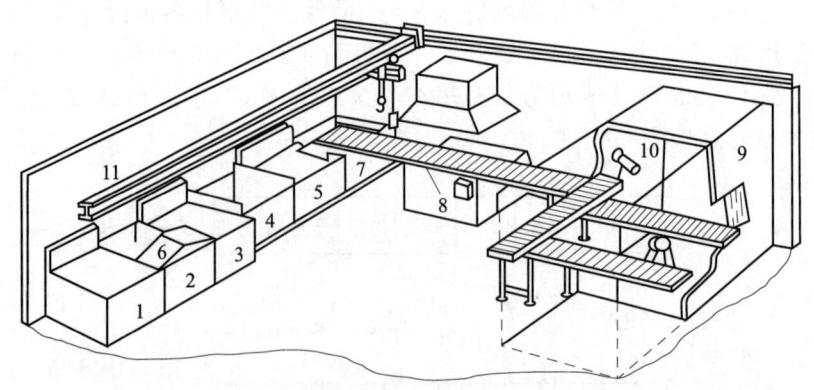

图5—10 L形布置的固定式荧光渗透检测流水线示意图
1—渗透槽 2—滴落槽 3—乳化槽 4—水洗槽 5—液体显像槽 6、7—滴落板
8—传输带 9—观察室 10—黑光灯 11—吊轨

5.2.9 静电喷涂装置

检查大型工件，有时采用静电喷涂装置。其原理是使喷涂渗透剂及显像剂的喷嘴具有（相对于地的）80～100 kV 负电位，渗透剂和显像剂通过时带上负电，工件接地作为阳极。在高压静电场作用下，渗透剂和显像剂就吸附在工件上，见图 5—11。

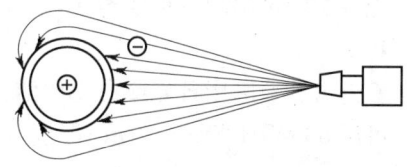

图 5—11 静电喷涂原理

静电喷涂装置包括 100 kV 静电发生器、粉末漏斗柜、高压空气泵、渗透剂喷枪和显像粉喷枪五个部分。渗透剂或显像剂喷枪柄上装有低压开关，与静电发生器上的继电器联通，开关打开时，继电器工作，静电产生达到喷枪头上。喷枪柄上还装有触发安全锁，以保证在偶然掉地时或碰撞时触发器停止工作，渗透剂或显像剂喷射不出来。静电的输送是利用一种装有特殊导电液的液体电缆线，这种电缆线不会产生着火的危险。喷涂时工件要接地良好。喷枪与工件的距离一般控制在 20～30 cm。

静电喷涂可以在现场操作，工件不需要移动，也不需要渗透剂槽、显像粉柜等一系列容器；渗透、水洗、显像和检查等各道工序均在同一地点，占地面积大为节约。

静电喷涂时，渗透检测剂用量很少，喷射量 70% 以上能够滴落在工件上，如果速度调节得当，很少有液滴或粉末会飞出静电场，因此可大量节约渗透检测剂。同时减少了污染，保持了工作场地的清洁。

静电喷涂时，渗透检测剂能够快速而均匀地覆盖受检工件。由于喷涂的均匀，灵敏度可相应地提高。并且，所有的渗透检测剂都是新鲜的，不存在因污染而降低灵敏度的问题。

5.3 检验场地及光源

5.3.1 检验场地

检验场地必须为目视评价渗透检测结果提供一个良好的环境。

着色渗透检测时，检验场地内白光照明应使被检工件表面照度不低于 500 lx。

荧光渗透检测时，应有暗室。暗室里的白光强度应不超过 20 lx。暗室内装有标准黑光源，备有便携式黑光灯，以便检查工件的深孔等部位。暗室中黑光强度要足够，一般规定距离黑光灯 380 mm 处，其黑光强度应不低于 1 000 $\mu W/cm^2$。暗室内还应备有白光照明装置，作为一般照明和在白光下评定缺陷用。

检验场地应设置料架，供存放合格和报废的工件用。

5.3.2 检测光源

光源对渗透检测有重要意义，它不仅涉及检测灵敏度，也关系到操作人员的视力。

1. 白光灯

着色渗透检测用日光或白光照明，光的照度应不低于 500 lx。在没有照度计测量的情况下，可用 80 W 日光灯在 1 m 远处的照度为 500 lx 作为参考。

2. 黑光灯

（1）黑灯光的结构及工作原理　荧光检测需要中心波长为 365 nm 的黑光来激发荧光渗透剂产生荧光。黑光光源一般采用水银石英灯，其结构如图 5—12 所示，水银石英灯也称黑光灯。

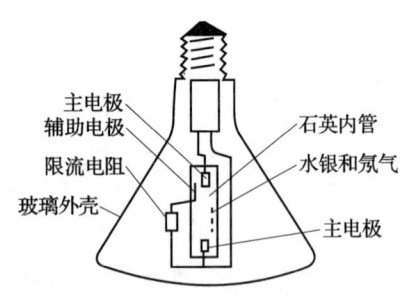

图 5—12　水银石英灯结构

黑光灯中石英内管中充有水银和氩气。管内有两个主电极，一个辅助电极。辅助电极与其中一个主电极靠得很近。开始通电时，主电极与辅助电极首先通过氩气产生电极放电。由于限流电阻的作用，使放电电流相当小，但足以使管中水银蒸发。由于水银蒸发，导致两主电极之间产生电弧放电，黑光灯开始点燃。开始点燃时，两电极间放电并不稳定。一般要等 5~15 min 才能稳定下来。两电极稳定放电时，管中水银蒸气压力达 0.4~0.5 MPa。所以，黑光灯也称高压黑光水银灯，但高压是指石英管内水银蒸气压力较高。石英管与玻璃外壳之间抽真空或充氮气或惰性气体。

黑光灯外壳直接用深紫色玻璃制成，又称黑光屏蔽罩。这种玻璃设计制造成能阻挡可见光和短波黑光通过，而仅让波长为 330~390 nm 的黑光通过。该波长范围的黑光对人眼几乎是无害的。典型滤光片 K0PP41 透射特性见图 5—13。

（2）黑光灯与镇流器的串接　黑光灯需串接镇流器才能使用，具体接线图见图 5—14。

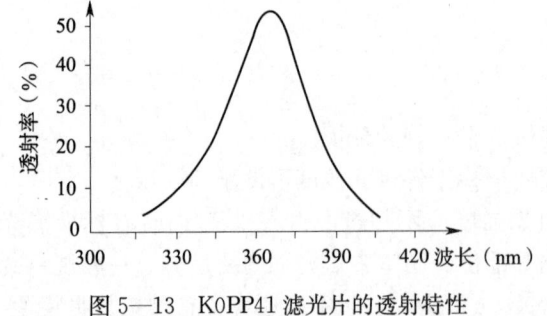

图 5—13　K0PP41 滤光片的透射特性　　　　图 5—14　黑光灯接线图

黑光灯镇流器与日光灯镇流器一样，由铁芯和绕在上面的线圈组成。镇流器是电感元件，在主、辅电极放电和两主电极放电的时候都起着阻止电流迅速增加的作用，使放电电流趋于稳定，保持黑光灯不致过载。由主、辅电极放电转为两主电极放电的一瞬间，主辅电极断电，在镇流器上产生一个阻止电流减小的反电动势，这个反电动势加到电源电压上，使两主电极间的放电电压高于电源电压,有助于黑光灯的点燃。

黑光灯点燃并稳定工作后,石英内管中的水银蒸气压力很高。在这种状态下关闭电源,在断电的一瞬间,镇流器上产生一个阻止电流减小的反电动势,这个反电动势加到电源电压上,使得在断电的一瞬间,两主电极之间电压高于电源电压。此时,由于石英内管中水银蒸气压力很高,会造成黑光灯处于瞬时击穿状态,缩短黑光灯的使用寿命。每断电一次,灯的寿命大约缩短 3 h。因此,要尽量减少不必要的开关次数。通常,每个工作班只开关一次,即黑光灯开启后,直到本班不再使用才关闭它。

上海灯泡一厂生产的 GXF 型黑光灯,外接一个 125 W 的高压水银灯镇流器即可使用。上海检测机厂生产的 XY—125 型荧光检测仪,功率 125 W。

(3) 黑光强度 荷兰菲利浦公司生产的黑光灯泡,型式多种多样,常用的有 100 W 及 400 W 两种,还有 800 W 的细长形吊灯,用于检查长的型材、棒材和管材。两个灯泡组合而成的检测灯可以得到强度均匀的照射面。为了检查长形工件,有时还将数个,甚至十几个 400 W 灯并排组装,可得到均匀的高的照度。

黑光灯所发射出的光谱范围很宽。除了黑光以外,尚有可见光和红外线。波长在 390 nm 以上的可见光会在工件上产生不良的衬底使荧光显示不鲜明。330 nm 以下的短波黑光会伤害人的眼睛。所以,黑光灯所选用的起滤光作用的深紫色玻璃,应只允许通过 330~390 nm 波长的光。

某单位用单色仪对两个商品黑光灯的谱线强度进行过测量,其中一个黑光灯的谱线强度在波长为 365 nm 处比较集中,另一个黑光灯的谱线强度则分布在波长为 290~1 410 nm 的较大范围内,低于 290 nm 的黑光也有透过。黑光灯的质量不稳定,个体差异大,使用前要严加选择。

黑光灯的输出功率相差很大,发光强度相差也很大,使用时主要注意以下几条:

黑光灯本身质量的差异、灯泡的型式和滤光片不同,黑光灯的输出功率不同;即使是同一制造厂生产的黑光灯,输出功率也可能不同。

电源电压的改变会引起黑光灯输出功率的变化,例如额定电压为 110 V 的黑光灯在 120 V 时可得到理想输出功率,当电压降到 105 V 时,输出功率则下降 20%。

随着使用时间的不断增长,黑光灯的输出功率将不断降低。黑光灯接近寿命终了时,输出功率可能降到新灯的 25%。实际使用时,大量的开关次数大大降低黑光灯的使用寿命。

黑光灯滤光片上集聚的灰尘将降低输出,灰尘严重时,能使输出功率降低一半。

黑光灯的使用电压超过额定电压,寿命将下降。例如额定电压 110 V 的黑光灯,电压增到 125~130 V 时,每点燃 1 h,寿命减少 48 h。

为保证黑光灯有足够的发光强度,保证检测灵敏度,需要定期对黑光强度进行测定。

图 5—15 所示为几种荧光渗透检测用黑光灯。

渗透检测

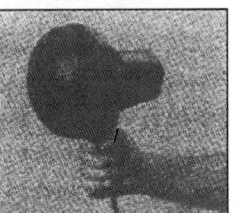

FC—100/F
- 带冷却风扇
- 38cm处紫外强度5500μW/cm²

a)

SB—100P/F
- 经济型高强度紫外灯
- 38cm处紫外强度4800μW/cm²
- 15cm处紫外强度4000μW/cm²

b)

BIB—150P/F
- 自镇流紫外灯
- 38cm处紫外强度4500μW/cm²

c)

Maxima 3500
- 交直流两用操作
- 38cm处紫外强度达6000μW/cm²
- 15cm处紫外强度达100000μW/cm²

d)

UV—400/F
- 紫外照射面积可达61cm×25cm
- 38cm处区域内强度高于2000μW/cm²
- 38cm处中心紫外强度6500μW/cm²

e)

图 5—15 荧光渗透检测用黑光灯

5.4 测量设备

渗透检测常用的测量设备及器具有：黑光辐射强度计、白光照度计及荧光亮度计等。

应该指出，作为无损检测单位，应用荧光渗透检测方法时，黑光辐射强度计和白光照度计是必须配备的检测辅助器具，荧光亮度计不是必备器具；应用着色渗透检测方法时，白光照度计是必须配备的检测辅助器具。

荧光检测用的黑光辐照度检测仪有两种形式。一种采用直接测量法，另一种采用间接测量法。

黑光辐射强度计一般采用直接测量法，黑光照度计一般采用间接测量法。

5.4.1 黑光辐射强度计

黑光辐射强度计主要用于校验黑光源性能和测定被检工件表面的黑光辐射强度。一般采用直接测量法。

直接测量法是黑光直接辐射到离黑光灯一定距离的光敏电池上，测得黑光辐射强度值，以 $\mu W/cm^2$ 表示。这种仪器的组成见图 5—16。江苏射阳无线电厂生产的 ZQJ—1 型紫外线辐照计就是这种类型。该仪器采用硅光电池做光敏元件，仪器量程为 0～4 500 $\mu W/cm^2$。属于这种类型的仪器还有：美国紫外线产品公司生产的 J221 型，测量范围为 0～1 200 $\mu W/cm^2$ 和 1 000～6 000 $\mu W/cm^2$；日本特殊涂料公司生产的 UK－2500 Ⅱ 型，测量范围 0～2 500 $\mu W/cm^2$ 和 0～10 000 $\mu W/cm^2$，误差为 ±2.5%。

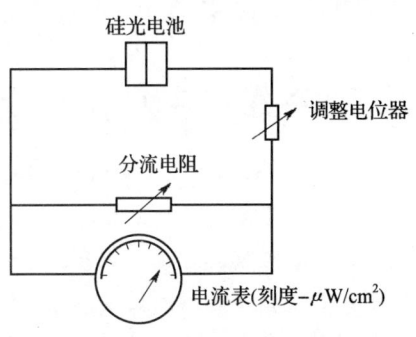

图 5—16　黑光辐射强度计示意图

GT/T 16673《无损检测用黑光源（UV－A）辐射的测量》规定了具体测量方法。

黑光灯性能具体校验方法简单叙述为：将带有探测器的辐射强度计放置于距黑光灯正前面 400 mm 处，移动探测器，使其平面垂直于灯光束轴线，直至获得最大读数为止。然后，在黑光灯的校验单上，记录辐射强度计上的读数。

被检工件表面黑光辐射强度的测定方法也较为简单：将辐射强度计放置在工作表面，给以辐射使之曝光。

5.4.2　黑光照度计

黑光照度计一般采用间接测量法。

间接测量法是黑光辐射到一块荧光板上（荧光板是无机荧光粉粘在一块薄板上，表面涂一层透明的聚酯薄膜），使其激发出黄绿色荧光，黄绿色荧光再照射到光电池上（光电池前装有黄绿色滤光片），使照度计指针偏转，指出照度值，以 lx 为刻度。由于这种检测仪以照度刻度，故又称为黑光照度计。江苏射阳无线电厂生产的 ZQJ－2 型紫外线强度计就是这种类型的仪器，测量范围为 0～500 lx。英国阿觉克斯公司生产的 BCI95 型仪器也属于这种类型的仪器，测量范围为 0～500 lx。这类仪器的结构见图 5—17。

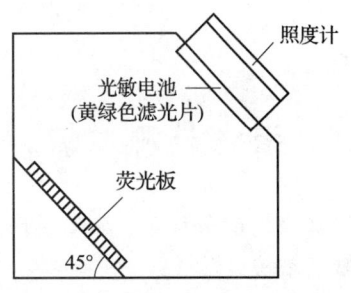

图 5—17　黑光照度计示意图

黑光照度计还可用来比较荧光渗透剂的亮度。

5.4.3　白光照度计

白光照度计用于测定被检工件表面白光照度值。一般采用直接测量法。

被检工件表面的实际的白光照度，应使用白光照度计进行实地测定，以确定是否真正满足观察缺陷时所要求的白光照度。

着色渗透检测操作过程中和观察显示时，工件表面都需要有一定的可见光照度。荧光检测观察时,则需要控制可见光照度,以提高缺陷显示的可见度。

5.4.4 荧光亮度计

荧光亮度计是一种一定波长范围的可见光照度计。其主要用途是当比较两种荧光渗透检测材料性能时,做出较视觉更为准确一些的判定,而不是做荧光显示亮度的真实测定,不是得出真正的亮度值。在实际渗透检测条件下,通常不能用荧光亮度计来可靠地测定实际荧光显示的亮度,因为存在诸多的可变因素以及检测人员缺乏精确控制这些变化的能力,即使使用同样的渗透检测材料和程序,再次检测相同的不连续性时,测定渗透显示的亮度也会出现较大的差别。

图 5—18 所示为黑光辐射强度计、白光照度计和黑白两用照度计。

a)　　　　　　　　　　　　b)　　　　　　　　　　　　c)

图 5—18　黑光辐射强度计、白光照度计和黑白两用照度计
a) 黑光辐射强度计　b) 白光照度计　c) DSE—2000 黑白两用照度计

5.5 渗透检测试块

试块是指带有人工缺陷或自然缺陷的试件。它是用于衡量渗透检测灵敏度的器材,也称灵敏度试块。

5.5.1 铝合金淬火试块(A 型试块)

铝合金淬火试块又称 A 型试块,具体规格尺寸及形貌见图 5—19。

1. 铝合金淬火试块制作步骤

从 8~10 mm 厚(T_3 状态 LY—12)铝合金板材上切取一块大小为 50 mm×80 mm 的试块,取料时使 80 mm 长度沿板材的轧制方向。试块应做非均匀加热,然后在冷水中淬火,以产生热裂纹。进行操作时,把试块放在支架上,用气体灯或喷灯加热,加热的位置在试块的下方中央,且不向任何方向移动。加热时,用测温色笔测量试块上方中央位置的温度,加热到 510~525℃时,调节火焰,保温 4 min,然后迅速在冷水中淬火。淬火后,试块上出现宽度

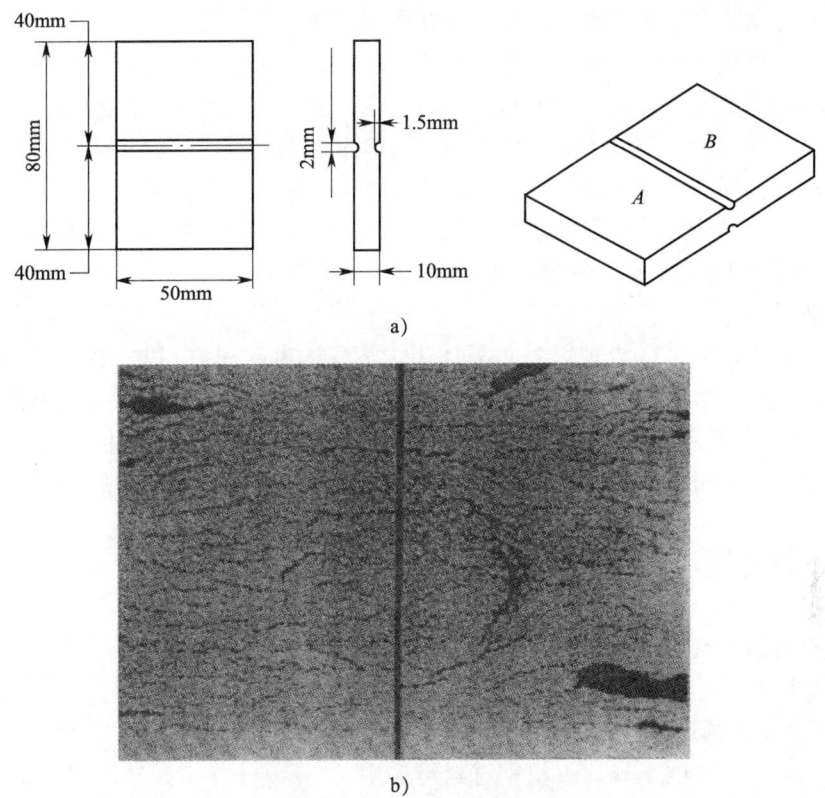

图 5—19 铝合金淬火试块
a) 规格尺寸　b) 裂纹形貌

和深度不一的淬火裂纹。沿 80 mm 方向的中心位置开一个深约 1.5 mm，宽约 2 mm 的槽沟，这样就形成两个相似的又可避免相互污染的区域。为便于以后使用时识别，试块的一半标志以"A"，另一半标志以"B"。再用硬刷子清理表面，并用有机溶剂洗涤，从而成块铝合金淬火试块的制作。

根据 JB/T 9213—1999《无损检测—渗透检测—A 型对比试块》标准：

A 型对比试块的尺寸，见图 5—19（a）规格尺寸。

A 型对比试块的取向为：试块的长度方向与板材轧制方向一致。

A 型试块的材质：可为铝合金 LY12（硬铝 12）、板材或棒材，要求为：

①化学成分：GB/T 3190《铝及铝合金加工产品化学成分》。

②板材：GB/T 3193《铝及铝合金热轧板材》。

③棒材：GB/T 3191《铝及铝合金挤压棒材》或 GB/T 3192《高强度铝合金挤压棒材》。

A 型试块上的裂纹：如图 5—19（b）所示，其具体要求为：

①开口裂纹、呈不规则分布；

②裂纹宽度：≤3 μm、3～5 μm、>5 μm；

③每块试块上，≤3 μm 的裂纹，不得少于 2 条。

2. 质量检验要求

（1）用金相法逐块测量每块试块上的裂纹宽度。

（2）把测量结果和测量位置，正确记录在测试参数卡片上。

铝合金淬火试块中心因有一道沟槽，所以试块被分为两半，它适合于两种不同的渗透检测剂在互不污染的情况下进行灵敏度对比试验，也适合于同一种渗透检测剂的某一不同操作工序的灵敏度对比试验。例如不同温度下的渗透检测灵敏度对比试验。这种试块的优点是制作简单且经济，在同一试块上能提供各种尺寸的裂纹，并且形状近似于自然裂纹，因此，适合于对渗透探测剂进行综合性能比较。缺点是由于加热急冷，所产生的裂纹尺寸不能控制，多次使用后再现性不良；同时，裂纹尺寸太大，难以用于中、高或超高灵敏度渗透检测剂的性能鉴别。

使用过的试块，需进行清理以备重复使用。清理的办法是在试块中心用气体灯加热到426℃左右，再放入冷水中淬火，然后在110℃温度下干燥15 min。使裂纹中溶剂或水分蒸发干净，冷却至室温，然后保存备用。应该指出的是，清洗后的效果不能令人满意，一般情况下，铝合金淬火试块的使用次数不多于3次，因为在大气中，铝表面会氧化。

5.5.2 不锈钢镀铬辐射状裂纹试块（B型试块）

不锈钢镀铬辐射状裂纹试块又称B型试块，具本规格尺寸见图5—20。

该试块为单面镀硬铬的长方形不锈钢，推荐尺寸为130 mm×25 mm×4 mm，不锈钢材料可采用1Cr18Ni9Ti。制作步骤如下：单面磨光后镀硬铬，铬层厚度为25 μm左右，镀铬后退火。从未镀面以直径10 mm的钢球，在布氏硬度机上分别以750 kg、1 000 kg及1 250 kg打三点硬度，从而在镀层上形成三处辐射状裂纹。750 kg产生的裂纹最小，适用于较高灵敏度的测定。其中，镀铬后退火处理，主要是消除电镀层的应力，使压后产生的裂纹条数不至于太多。

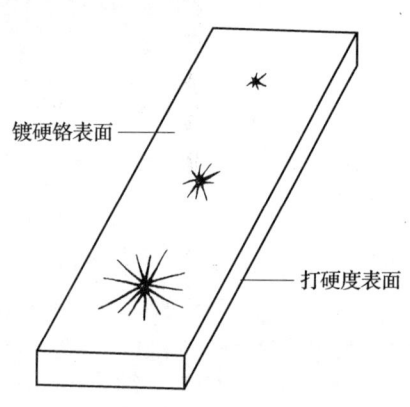

图5—20 镀铬辐射状裂纹试块

根据JB/T 6064《无损检测 渗透检测用试块》标准：

该类三点式B型对比试块的材质，要求为：

不锈钢板材，牌号为1Cr18Ni9Ti或Cr17Ni2；

化学成分：按GB/T 4273《不锈钢热轧钢板》。

试块制造完成后，在镀层面上，形成从大至小、裂纹区直径明显、肉眼不易见的三个辐射状裂纹区。

这种试块主要用于校验操作方法和工艺系统灵敏度。试块不像铝合金淬火试块可分成两半进行比较试验，通常与塑料复制品或照片对照使用。在每个工作班开始时，先将该试块按正常工序进行处理，观察辐射状裂纹显示情况，如果和复制品或照片一致，则可认为设备和材料正常。

试块使用后的清理方法，参照黄铜板镀铬裂纹试块使用后的清理方法。

B型试块用不锈钢板制成,可以长期使用。

5.5.3 黄铜板镀镍铬层裂纹试块（C型试块）

黄铜板镀镍铬层裂纹试块,又称C型试块,具体规格尺寸见图5—21。

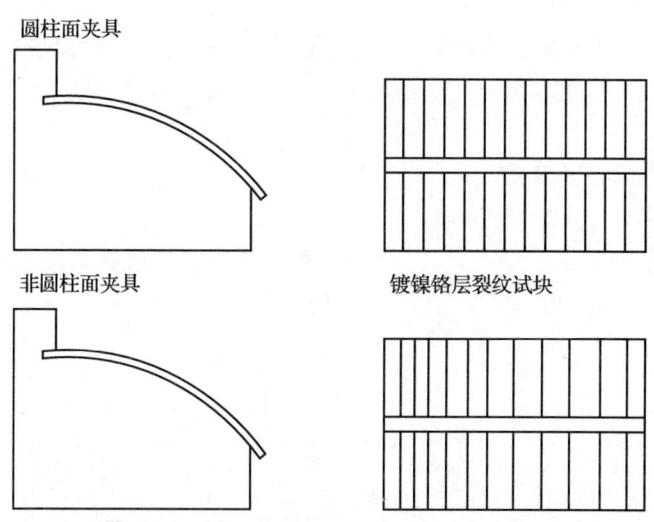

图5—21 黄铜板镀镍铬层裂纹试块及弯曲夹具

黄铜板镀镍铬层裂纹试块的制作步骤如下:

从黄铜板上切取一块100 mm×70 mm 的试块,试块厚度可为4 mm。先镀镍,再镀铬,然后进行弯曲疲劳使之产生裂纹。裂纹呈接近于平行的条状。在垂直于裂纹的方向上将试块从中切开成两半,两半上的裂纹互相对应,以便进行渗透检测剂的对比。弯曲可在半径为114 mm的圆柱面模具上进行,可得到等距离分布的裂纹;也可在非圆柱面模具上进行,例如在悬臂模（非圆柱面）上进行,可得到由固定点向外由密到疏排列裂纹。弯曲模具见图5—21。

日本已将这种试块规格化,见表5—1。从表中可以看出:镀层厚度为50 μm 时,裂纹宽度约5 μm,镀层厚度为20 μm 时,裂纹宽用约2 μm。镀层厚度越厚,所制裂纹则越深。

表5—1　　　　　　　　　日本各裂纹试块规格

名　　称	CTP—B—50—5	STB—B—20—2
镀层厚度（μm）	50±5	20±2
裂纹宽度（μm）	5±0.5	2±0.5

黄铜板镀镍铬层裂纹试块的优点是,通过控制镀层厚度可以控制裂纹深度,改变弯曲的程度可以控制裂纹宽度。尽管事实上,操作起来仍有难度。另一个优点是裂纹的尺寸很小,可作为高灵敏度渗透检测剂的性能测定,而且不易堵塞,可以多次重复使用。其缺点是镀层形成光滑镜面使渗透检测剂易于洗去,与实际工件表面状况差异较大,制作也比较困难。

试块每次使用后,需要清洗干净。可以用洗涤剂清洗后再用水清洗干净,在110℃的烘

渗透检测

箱中烘干 15 min，再浸入丙酮 24 h，取出后，用三氯乙烯蒸气除油，最后可将试块放在干燥器中保存备用，也可以采用其他推荐的清洗方法。

黄铜板镀镍铬层裂纹试块主要用于鉴别各类渗透检测剂性能和确定灵敏度等级。

5.5.4 其他试块

1. ISO 3452.3—1998《无损检测　渗透检测　第三部分：标准试块》

ISO 3452.3—1998《无损检测　渗透检测　第三部分：标准试块》中Ⅰ型试块，简要介绍如下：

试块尺寸、形状及结构见图 5—22。

尺寸：35 mm×100 mm×2 mm。

结构：四块（分别为Ⅰ、Ⅱ、Ⅲ、Ⅳ型），均为矩形；电镀层总厚度分别为 50 μm（Ⅰ型），30 μm（Ⅱ型），20 μm（Ⅲ型），10 μm（Ⅳ型）。

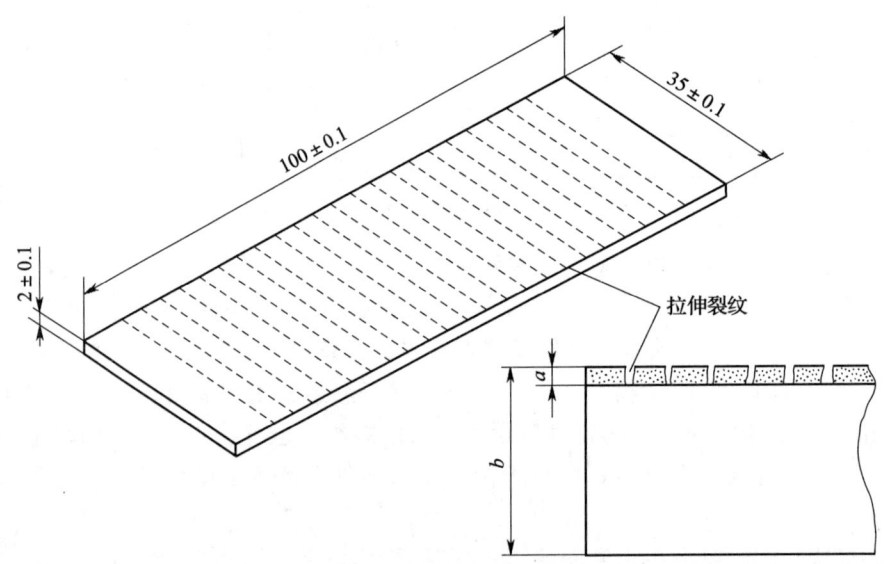

图 5—22　ISO 3452—Ⅰ型试块
a—电镀层厚度　b—试块厚度

试块基材：均为黄铜板。

试块制造过程为：

在试块基材上，电镀镍和铬，按型别，电镀层总厚度不同。

用纵向拉伸方法（不排除其他方法），使电镀层开裂；形成若干条近乎平行的横向裂纹；裂纹深度接近电镀层总厚度，宽度与深度之比约为 1∶20。

该试块的用途为：评定荧光和着色渗透剂系统的灵敏度等级。

ISO 3452.3—1998《无损检测　渗透检测　第三部分：标准试块》中Ⅱ型试块，是一种改型的 B 型试块。简要介绍如下：

试块尺寸、形状及结构见图 5—23。

尺寸：155 mm×50 mm×2.5 mm。

结构：试块分隔为两个尺寸相等的部分（155 mm×25 mm×2.5 mm）；分别为可清洗度测试区和缺陷评定区。

试块的基材：不锈钢板，牌号为00Cr17Ni13－Mo2N；硬度HV20＝150±10或相当。

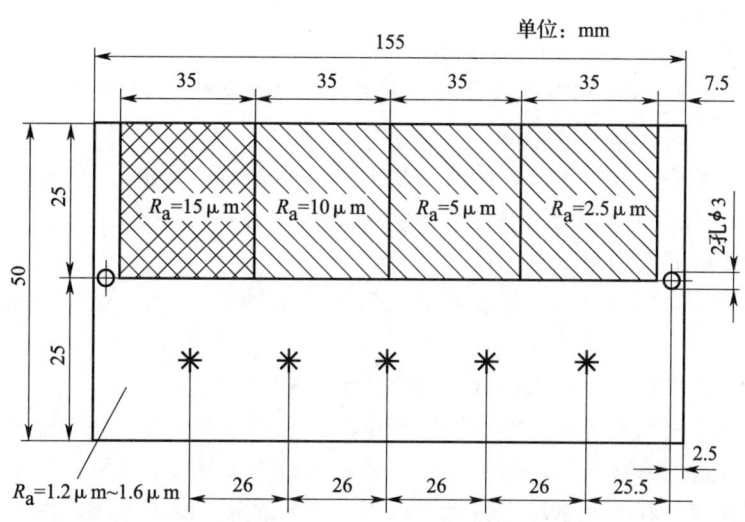

图 5—23　ISO 3452－Ⅱ型对比试块
a) 可清洗度测试区（试块上半部）　b) 缺陷评定区（试块下半部）

试块制造过程为：

①可清洗度测试区　将其分成四个大小均为25 mm×35 mm的相等区域；通过特定的表面处理方法，制成四个粗糙度R_a不同的区域。粗糙度R_a分别为2.5，5，10和15 μm。R_a＝2.5 μm区域由喷砂处理制成，其余区域由电侵蚀方法制配。

②缺陷评定区　先镀镍，厚度为（60±3）μm，硬度为HV20＝500～600；后镀硬铬，厚度为0.53～1.5 μm，405℃加热70 min（不排除其他工艺），使硬度达到HV20＝900～1 000，硬铬层粗糙度为1.2～1.6 μm。再在电镀层背面分别以2.0，3.5，5.0，6.5和8.0 kN的压力，等距离压制五个压痕，在电镀层表面（与压痕对应处）形成圆或近似圆的放射状裂纹。试块上的裂纹要求为：圆或近似圆的放射状裂纹直径分别为：3.0，3.5，4.0，4.5和5.5 mm。

加载过程、加载速度、卸载速度、加载压头等都有具体规定。

试块的用途：评定荧光和着色渗透检测的综合性能。

①评定某渗透检测剂系统和某渗透检测程序对于不同尺寸缺陷的分辨能力；②评定某渗透检测剂系统和某渗透检测程序对某粗糙度表面的清洗能力。

2. JB/T 6064《无损检测　渗透检测用试块》

JB/T 6064《无损检测　渗透检测用试块》标准，规定了另一种B型对比试块，介绍如下：

试块尺寸、形状及结构见图5—23。

尺寸为：152 mm×(57＋45) mm×2.5 mm。

结构：试块分隔为可清洗度测试区及缺陷评定区两个部分；其中，可清洗度测试区为152 mm×57 mm；缺陷评定区为152 mm×45 mm。

试块的基材　不锈钢板材，牌号为1Cr18Ni9Ti或Cr17Ni2；化学成分按GB/T 4273《不锈钢热轧钢板》。

试块制造过程为：

①可清洗度测试区：152 mm×57 mm。

使用0.2 mm细砂、0.4 MPa气压喷砂处理制成；喷砂后表面粗糙度R_a为1.2～2.5 μm。

②缺陷评定区：152 mm×45 mm。

镀铬区，厚度为20～60 μm，表面粗糙度R_a为0.63～1.25 μm；在镀铬层背面，选择相距25 mm的五个适当点的位置，用布氏硬度计施加不同负荷（依次由大至小），在镀层面上，形成从大至小的五个辐射状裂纹区。

裂纹区直径为：ϕ0.8～1.6 mm、ϕ1.6～2.4 mm、ϕ2.7～3.5 mm、ϕ3.7～4.5 mm、ϕ5.5～6.3 mm。

试块的用途：评定荧光和着色渗透检测的综合性能。

①评定某渗透检测剂系统和某渗透检测程序对于不同尺寸缺陷的分辨能力；

②评定某渗透检测系统和某渗透检测程序对某粗糙度表面的清洗能力。

3. JB/T 4730.5—2005《承压设备无损检测　第5部分　渗透检测》用B型试块

JB/T 4730.5—2005标准沿用JB/T 4730—94/12标准采用的3点试块，只有裂纹区，没有粗糙面对比区。试块上1、2、3处裂纹区，分别对应JB/T 6064—1992标准的2、3、4区，见表5—2。

表5—2　　　　　　　　　JB/T 4730.5—2005 PT试块

次序	1	2	3	备注
直径（mm）	3.5～4.5	2.4～3.0	1.6～2.0	

4. 美国歇尔温PSM-5试块

美国歇尔温PSM-5试块是由改性B型试块与吹砂钢试块组合而成。试块有两个区域，一个区域是改性B型试块，该区域表面镀铬，然后在镀铬层表面压制有5处大小不同的辐射状裂纹；另一个区域是吹砂钢试块，该区域表面为中等粗糙度的吹砂表面。试块尺寸为150 mm×100 mm×（2～3）mm，具体规格尺寸见图5—24。

5. 吹砂钢试块

吹砂钢试块采用100 mm×50 mm×10 mm的退火不锈钢片制成。在试块的一面，用平均粒度为100目的砂子进行吹砂，吹砂喷枪距试块表面450 mm，压缩空气压力0.4 MPa，一直把试块表面吹成毛面状态，制成

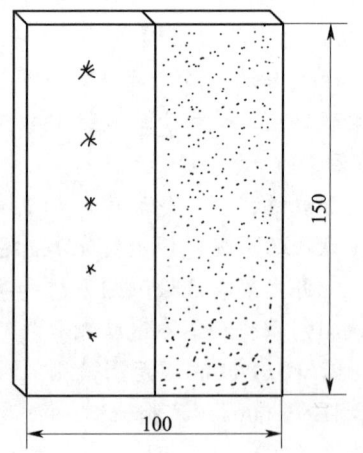

图5—24　美国歇尔温PSM-5试块

好的试块用干净纸包好备用。这种试块主要用于渗透剂的清洗性能校验和去除剂的去除性能校验,也用于校验去除工件表面多余渗透剂的工艺方法是否妥当。

6. 陶器试块

陶器试块是一种不上釉的陶器圆盘片,表面上有很多小孔。使用时,在试片两面分别涂上两种不同渗透剂(或新旧渗透剂)。保持一段时间后,直接观察两面的渗透剂,比较显示的小孔的数量及荧光亮度或着色亮度。

陶器试块主要用于比较两种过滤性微粒渗透剂的性能。

7. 缺陷试件

人工裂纹试块表面与实际检验工件表面之光洁度相差较大,因此清洗状况相差也较大,为克服这一缺点,可选带有缺陷的工件作为缺陷试件与人工裂纹试块一起使用。

缺陷试件选择原则如下:

在被检测工件中挑选有代表性的工件:

在所发现的缺陷件中,挑选有代表性缺陷的工件,裂纹是最危险的缺陷,通常选择带有裂纹的缺陷试件。

要选择带有细小裂纹和其他细小缺陷的试件,同时要选择带有浅而宽的开口缺陷的试件。选择好的缺陷试件,其缺陷位置、大小要做草图记录,最好照相以备校验时对照用。

复习思考题

1. 简述压力喷罐的结构及工作原理。
2. 什么叫分离型装置?它包括哪些具体装置?
 *3. 简述三氯乙烯蒸气除油装置的结构、工作原理及操作注意事项。
4. 简述渗透剂施加装置的结构及各结构的作用。
5. 简述乳化剂施加装置的结构。
6. 简述压缩空气搅拌水槽的结构。
7. 简述干燥装置的结构。
8. 简述干式显像喷粉柜的结构及各结构的作用。
9. 简述湿式显像槽的结构及各部分结构的作用。
10. 什么叫整体型装置?它有哪几种形式?设计整体型装置的依据是什么?
11. 简述黑光灯的结构、点燃过程及使用注意事项。
12. 试画出黑光灯接线图。
13. 简述黑光灯镇流器的作用,为什么黑光灯要尽量减少不必要的开关次数?
14. 简述需要检测黑光强度的原因。
15. 黑光强度检测仪有哪几种型式?分别简述其工作原理。
 *16. 简述静电喷涂装置的工作原理。
17. (简述)渗透检测质量检验用试块(试件)常用哪几种?(简述)各有什么优缺点?

第 6 章 渗透检测方法

渗透检测方法主要可分为水洗型渗透检测法、后乳化型渗透检测法和溶剂去除型渗透检测法,以及其他一些特殊的渗透检测方法。

6.1 水洗型渗透检测法

水洗型渗透检测法是广泛使用的渗透检测方法之一,它包括水洗型着色渗透检测法及水洗型荧光渗透检测法两种,其检测程序见图 6—1。

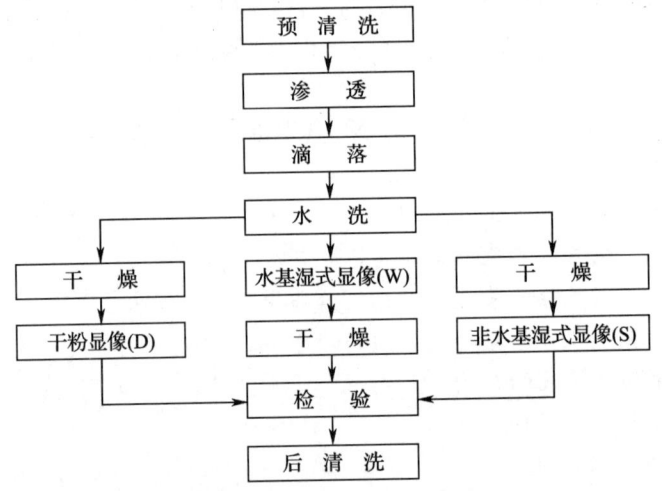

图 6—1 水洗型渗透检测法程序方框图

1. 水洗型渗透检测法适用的范围

(1) 灵敏度要求不高;
(2) 检验大体积或大面积的工件;
(3) 检验开口窄而深的缺陷;
(4) 检验表面很粗糙(例如砂型铸造)的工件;
(5) 检验螺纹工件和带有键槽的工件;

工件的状态不同,缺陷种类不同,所需渗透时间不同。表 6—1 列出了水洗型荧光渗透检测推荐的渗透时间,也可供水洗型着色渗透检测时参考。实际渗透时间,需根据所用渗透剂型号、检验灵敏度要求或渗透剂制造厂推荐的渗透时间来具体制定;实际渗透时间还与渗透温度有关,当渗透温度改变较大时,应通过试验确定。

表 6—1　　　　　水洗型荧光渗透检测法的渗透时间（温度 16～28℃）

材　料	状　态	缺陷类型	渗透时间（min）
铝、镁	铸件	气孔、裂纹、冷隔	5～15
	锻件	裂纹	15～30
		折叠	30
	焊缝	未焊透、气孔、裂纹	30
	各种状态	疲劳裂纹	30
不锈钢	铸件	气孔、裂纹、冷隔	30
	锻件	裂纹、折叠	60
	焊缝	裂纹、未焊透气孔	60
	各种状态	疲劳裂纹	30
黄铜	铸件	气孔、裂纹、冷隔	10
青铜	锻件	裂纹	20
		折叠	30
	焊缝	裂纹	10
		气孔、未焊透	15
	各种状态	疲劳裂纹	30
塑料		裂纹	5～30
玻璃	玻璃与金属封严	裂纹	30～120
硬质合金刀头	焊接刀头	未焊透、气孔	30
		磨削裂纹	10
钨丝		裂纹	1～24 h
钛和高温合金	各种状态	各种缺陷	不推荐使用

不同的材料和不同的缺陷，不仅渗透时间不同，而且显像时间也不同。表 6—2 列举出某些材料及缺陷的一般显像时间，可供参考。

表 6—2　　　　　　　　　不同材料和缺陷的显像时间

材　料	缺陷类型	显像时间（min）
铝铸件	气孔—冷隔	2～10
镁锻件	折叠	5～15
不锈钢锻件	折叠	5～30
所有金属	疲劳裂纹	5～15
玻璃	裂纹	2～15
塑料	所有缺陷	1～15

水洗型渗透检测法所用渗透剂为水洗型渗透剂。

一般不使用水悬浮式水溶解湿式显像剂；对于着色法一般不用干式和自显像，因为这两种显像方法均不能形成白色背景，对比度低，故灵敏度也较低。

2. 水洗型渗透检测法的优缺点

（1）水洗型渗透检测法的优点

1）表面多余的渗透剂可以直接用水去除，相对于后乳化型渗透检测方法，具有操作简便，检验费用低等优点。

2）检测周期较其他方法短。能适应绝大多数类型的缺陷检测。如使用高灵敏度荧光渗透剂，可检出很细微的缺陷。

3）较适合于表面粗糙的工件检测，也适用于螺纹类工件、窄缝和工件上的销槽、盲孔内缺陷等的检测。

（2）水洗型渗透检测法的缺点

1）灵敏度相对较低，对浅而宽的缺陷容易漏检。

2）重复检测时，再现性差，故不宜在复检的场合下使用。

3）如清洗方法不当，易造成过清洗，例如，水洗时间过长、水温偏高或水压过大，都可能会将缺陷中的渗透剂清洗掉，降低缺陷的检出率。

4）渗透剂的配方复杂。

5）抗水污染的能力弱。特别是渗透剂中的含水量超过容水量时，会出现混浊、分离、沉淀及灵敏度下降等现象。

6）酸的污染将影响检测的灵敏度，尤其是酸和铬酸盐的影响很大。这是因为酸和铬酸盐在没有水存在的情况下，不易与渗透剂的染料发生化学反应，但当水存在时，易与染料发生化学反应，而水洗型渗透剂中含有乳化剂，易与水相混溶，故酸和铬酸盐对其影响较大。

6.2 后乳化型渗透检测法

后乳化型渗透检测法也是广泛使用的渗透检测方法之一。这种方法除了多一道乳化工序外，其余与水洗型渗透检测程序完全一样；这种方法也包括后乳化型着色渗透检测法及后乳化型荧光渗透检测法两种。其中亲水型后乳化渗透检测程序见图6—2。

1. 后乳化型渗透检测法适用范围

（1）表面阳极化工件，镀铬工件及复查工件；

（2）有更高检测灵敏度要求的工件；

（3）被酸或其他化学试剂污染的工件，而这些物质会有害于水洗型渗透检测剂；

（4）检验开口浅而宽的缺陷；

（5）被检工件可能存在使用过程中被污物所污染的缺陷；

（6）应力或晶界腐蚀裂纹类缺陷（使用最高灵敏度渗透检测剂）；

（7）磨削裂纹缺陷；

（8）灵敏度可控，以便在检测出有害缺陷的同时，非有害缺陷不连续能够被放过。

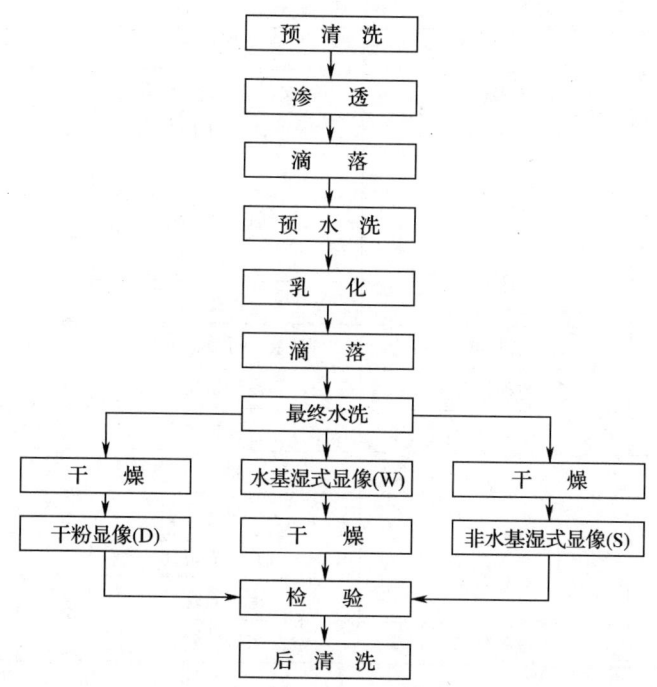

图 6—2 亲水型后乳化渗透检测法程序方框图

后乳化型渗透检测法也大量应用于经机加工的光洁工件的检验,例如,发电机的涡轮叶片、压气机叶片、涡轮盘及压气机盘等机加工工件的检验。这些工件在检验前最好能进行一次酸洗或碱洗,以去除工件表面约 0.001～0.005 mm 的一薄层表面层金属,使被机加工堵塞的缺陷重新露出。

后乳化型渗透检测法因乳化剂不同(亲水型、亲油型)而分为亲水型后乳化渗透检测法及亲油型后乳化渗透检测法两种。亲水型后乳化渗透检测法的去除工序操作工艺为:预水洗→施加乳化剂→最终水洗→滴落余水。亲油型后乳化渗透检测法的去除工序操作工艺为:施加乳化剂→水洗→滴落余水。

渗透时间控制很关键,表 6—3 列出了后乳化型荧光渗透检测法推荐的渗透时间,也可供后乳化型着色渗透检测法参考。

表 6—3　　　　　后乳化型荧光渗透检测法的渗透时间 (16～32℃)

材　料	状　态	缺陷类型	渗透时间 (min)
铝、镁	锻件	裂纹、折叠	10
	焊缝	气孔、未焊透、裂纹	10
	各种状态	疲劳裂纹	10
不锈钢	精铸件	裂纹	20
		气孔、冷隔	10
	锻件	裂纹	20
		折叠	10～30

渗透检测

续表

材　料	状　态	缺陷类型	渗透时间（min）
不锈钢	焊缝	裂纹、未焊透、气孔	20
	各种状态	疲劳裂纹	20
青铜	铸件	裂纹	10
		气孔、冷隔	5
黄铜	锻件	裂纹	10
		折叠	5～15
	钎焊缝	裂纹、折叠、气孔	10
	各种状态	疲劳裂纹	10
塑料		裂纹	2
玻璃		裂纹	5
玻璃与金属封严		裂纹	5～60
硬质合金刀头	钎焊刀头	气孔、未熔合	5
		磨削裂纹	20
钛合金与高温合金	各种状态	各种缺陷	20～30

2. 优缺点

（1）后乳化型渗透检测法的优点

1）具有较高的检测灵敏度。这是因为渗透剂中不含乳化剂，有利于渗透剂渗入表面开口的缺陷中去。另一方面，渗透剂中染料的浓度高，显示的荧光亮度（或颜色强度）比水洗型渗透剂高，故可发现更细微的缺陷。

2）能检出浅而宽的表面开口缺陷。这是因为在严格控制乳化时间的情况下，已渗入到浅而宽的缺陷中去的渗透剂不被乳化，从而不会被清洗掉。

3）因渗透剂不含乳化剂，故渗透速度快，渗透时间比水洗型要短。

4）抗污染能力强，不易受水、酸和铬盐的污染。后乳化型渗透剂中不含乳化剂，不吸收水分，水进入后，将沉于槽底，故水、酸和铬盐对它的污染影响小。

5）重复检验的再现性好。这是因为后乳化型渗透剂不含乳化剂，第一次检验后，残存在缺陷中的渗透剂可以用溶剂或三氯乙烯蒸气清洗掉，因而在第二次检验时，不影响渗透剂的渗入，故缺陷能重复显示。水洗型渗透剂中含有乳化剂，第一次检验后，只能清洗去渗透剂中的油基部分，乳化剂将残留在缺陷中，妨碍渗透剂的第二次渗入。这也是水洗型渗透检测法的再现性差的主要原因。

6）渗透剂不含乳化剂，故温度变化时，不会产生分离、沉淀和凝胶等现象。

（2）后乳化型渗透检测法的缺点

1）要进行单独的乳化工序，故操作周期长，检测费用大。

2）必须严格控制乳化时间，才能保证检验灵敏度。

3）要求工件表面有较低的粗糙度。如工件表面粗糙度较大或工件上存有凹槽、螺纹或拐角、键槽时，渗透剂不易被清洗掉。

4) 大型工件用后乳化渗透检测法比较困难。

6.3 溶剂去除型渗透检测法

溶剂去除型渗透检测法是渗透检测中应用较广的一种方法，它也包括溶剂去除型着色渗透检测法及溶剂去除型荧光渗透检测法两种，其检测程序见图6—3。

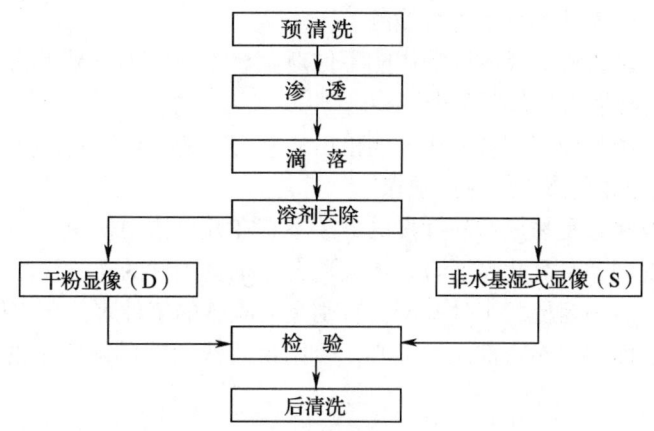

图6—3 溶剂去除型渗透检测法程序方框图

溶剂去除型渗透检测适用于焊接件和表面光洁的工件，特别适用于大工件的局部检测，也适用于非批量工件和现场检测。工件检测前的清洗和渗透剂的去除都应采用同一种有机溶剂。

溶剂去除型渗透检测法所用渗透剂不是专用渗透剂，可以使用后乳化型渗透剂，也可以使用水洗型渗透剂。仅仅是因为去除方法不同，形成了不同的渗透检测方法。溶剂去除型渗透检测多采用非水基湿式显像剂即溶剂悬浮显像剂显像，具有较高的检验灵敏度。

渗透剂的渗透速度比较快，故采用比较短的渗透时间。表6—4为溶剂去除型着色渗透检测法推荐的渗透时间，也可供溶剂去除型荧光渗透检测法时参考。

表6—4　　　　　　溶剂去除型着色渗透检测法的渗透时间

材料和状态	缺陷类型	渗透时间（min）
各种材料	热处理裂纹	2
	磨削裂纹、疲劳裂纹	10
塑料、陶瓷	裂纹、气孔	1~5
刀具硬质合金刀具	未熔合、裂纹	1~10
合金模铸件	气孔	3~10
模铸件	气孔	3~10
	冷隔	10~20
锻件	裂纹、折叠	20
金属滚轧件	缝隙	10~20
焊缝	裂纹、气孔	10~20

（1）溶剂去除型着色检测法的优点

1）设备简单。渗透剂、清洗剂和显像剂一般装在喷罐中使用，故携带方便，且不需要暗室和黑光灯。

2）操作方便，对单个工件检测速度快。

3）适合于外场和大工件的局部检测，配合返修或对有怀疑的部位，可随时进行局部检测。

4）可在没有水、电的场合下进行检测。

5）缺陷污染对渗透检测灵敏度的影响不像对荧光渗透检测的影响那样严重，工件上残留的酸和碱对着色渗透剂的破坏不明显。

6）与溶剂悬浮型显像剂配合使用，能检出非常细小的开口缺陷。

（2）溶剂去除型着色渗透检测的缺点

1）所用的材料多数是易燃和易挥发的，故不宜在开口槽中使用。

2）相对于水洗型和后乳化型而言，不太适合于批量工件的连续检测。

3）不太适用于表面粗糙的工件检测。特别是对吹砂的工件表面更难应用。

4）擦拭去除表面多余渗透剂时要细心，否则易将浅而宽的缺陷中的渗透剂洗掉，造成漏检。

6.4 特殊的渗透检测方法

6.4.1 加载法

虽然渗透检测具有很高的灵敏度，但检查某些疲劳裂纹时仍然很困难。这些裂纹很紧密或者其中充满夹杂物，使渗透剂难于渗入。此时如果加上弯曲载荷或扭转载荷，渗透剂就比较容易渗入，这种方法通常有两种方式：

一种是只在渗透这一道工序中施加载荷，以后各道工序都和普遍方法相同。图6—4是用这种方法检查涡轮盘的示意图，载荷大约为2 500 kg，挠度为0.25 mm，周期为每13分钟7次。

另一种方式是在渗透和观察评定这两道工序中都施加载荷，这种方法通常不用显像剂，称为"自显像法"。在反复载荷的作用下，裂纹一张一合，裂纹中的渗透剂也在紫外线照射下一闪一闪地发光，所以这种方法称为"闪烁法"。有些工厂经常采用这种方法检查叶片，所加载荷为180 kg，挠度0.9～1.5 mm，周期每分钟20次。

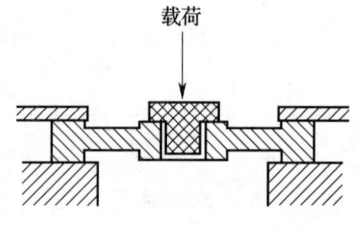

图6—4 涡轮盘加载示意图

加载法通常用来检查发动机工件，如涡轮叶片、压气机盘及压气机长轴。这种方法需要特殊的夹具，而且要选择适当的加载方法，如叶片要加弯曲载荷，长轴要加扭转力矩，检查压气机键槽中的裂纹要加切向载荷。

加载法的效果虽然很好，但效率太低，如叶片，每人每小时仅能检查15～20片。

6.4.2 渗透剂与显像剂相互作用法

通常，渗透剂中含有着色染料或荧光染料。本法中的渗透剂中不含染料，而干粉显像剂中含有显示染料。缺陷中渗透剂被吸附出来，与显像粉中的染料作用后，产生缺陷显示。本法所用的渗透剂渗透能力强，能渗入到细微缺陷中去；溶解显像剂中染料的能力强，能很快地溶解显像剂中的染料。渗透检测结束，表面的显像剂及渗透剂去除后，能留下干净的无荧光背景，污染很小。本法要求染料的粒度尽量小，通常要求粒度小于 10 μm。

6.4.3 逆荧光法

本法采用着色渗透剂和含低亮度荧光染料的溶剂悬浮显像剂。检测时，工件在黑光灯下观察。整个工件表面发出低亮度的荧光，而缺陷处则呈现暗色显示。这是因为着色渗透剂中着色染料与显像剂中荧光染料作用后，猝灭了显像剂中的荧光。

6.4.4 酸洗显示的染色法

中等强度的酸洗可腐蚀掉裂纹的开口边缘，使裂纹开口宽度增大，故目视检验可发现裂纹的形貌。将一种化学试剂涂在腐蚀过的表面上，化学试剂与裂纹中渗出的酸洗液起反应将使裂纹处染上颜色，这样就提高了目视检验的可见度。

工件在进行硫酸、氢氟酸和硝酸的混和液酸洗后，再用水冲洗。若将其浸入亚甲蓝染料溶液中，则染料与裂纹中渗出的酸起反应而使裂纹处显示蓝色。

铝合金阳极化时，也能显示出裂纹。但这种方法灵敏度不高。如果将清洗干净的铝合金浸入稀释的氢氟酸中，由于缺陷处酸的作用，使缺陷处染上颜色，缺陷显示则清晰得多。

6.4.5 消色法

消色法可采用最高灵敏度的后乳化型渗透剂，不需要考虑渗透剂的去除能力。只需考虑渗透剂中的染料对强的短波紫外线的稳定性。因而可采用荧光渗透剂或着色渗透剂。

工件渗透后，用水洗法或用布擦去表面明显多余的渗透剂，烘干后，再在短波紫外线下进行辐照，转动工件使其各部位都能均匀地接受辐照，由于短波紫外线能完全破坏表面多余的渗透剂，故显像后可得到缺陷显示。消色法可通过改变短波紫外线的曝光时间来控制检测灵敏度，以达到检查出浅而宽的表面缺陷和细微缺陷的目的。

消色法操作简单，速度快，易实现自动化并具有后乳化型渗透检测的灵敏度。但是这种方法应用很少，原因是所用染料缺乏持久性，在白光或黑光长期照射下，荧光亮度下降或褪色，且需要短波紫外线源，而短波紫外线会伤害人体。

6.4.6 气体渗透剂技术（氪曝光技术、KET 技术）

将关键重要工件如涡轮叶片清洗后放入真空室中，以排除吸附在细微缺陷中的空气。然后向真空室中充入惰性混合气体（含 ^{85}Kr 5%），氪进入细微缺陷中。然后喷涂一层含卤化银及二氧化钛增白剂的水溶性乳剂，^{85}Kr 辐射出低能粒子使乳剂曝光。最后使用照相技术冲洗乳剂片，使细微缺陷在白色背景下呈现黑色图案。

6.4.7 铬酸阳极化法

铝合金工件进行铬酸阳极化保护处理时，电解液渗入缺陷中。经阳极化后，缺陷处便呈现褐色。这样就能检查出裂纹、夹杂和折叠等缺陷。

6.4.8 用渗透剂检测泄漏缺陷的方法

泄漏是由容器壁、管道壁等中的穿透性缺陷引起的。检测泄漏的方法很多。除用渗透剂检测外，还有空气压力试验法、液压试验法、带放大器的传声器探测法、卤素气体检测器法和质谱仪法等方法。

渗透剂检测泄漏的原理见图 6—5。

通常用高灵敏度的后乳化型荧光渗透剂检测泄漏，这是因为后乳化型荧光渗透剂具有高的渗透能力和荧光亮度。检测泄漏时，不需要清除表面多余

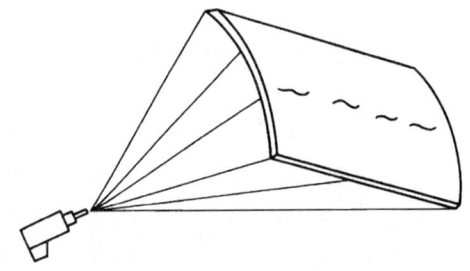

图 6—5　用渗透剂检测泄漏示意图

的渗透剂，因而各种表面包括粗糙表面的工件均可采用高灵敏度的后乳化型荧光渗透剂进行检测。

用来检测泄漏的荧光渗透剂，其荧光颜色可以是多种多样的。因为工件上的油污在黑光灯下发蓝色荧光，所以，如果采用红色荧光渗透剂，即可明显地将泄漏鉴别出来。

采用荧光渗透剂检测泄漏通常有如下三种情况：

一种情况是被检测物是密封的压力容器或装置。如果容器（或装置）内的液体本身带有荧光，则只需从容器外侧在黑光灯下进行检测。如果容器（或装置）内的液体不发荧光，可往容器（或装置）内液体中加荧光添加剂，进行检测。注意：加进的添加剂应不对容器的使用产生有害影响。

另一种情况是被检物是真空容器或装置。一种检测方法是在不抽真空的情况下，在容器中灌上渗透剂，在外侧用黑光灯照射，检查有无泄漏。另一种检测方法是在容器外侧涂上渗透剂，并降低容器内侧的压力（如抽真空），保持一定的渗透时间后，从内侧检测有无泄漏显示。透明的玻璃真空装置，只需在外侧涂上渗透剂，擦去外侧的渗透剂后，在黑光灯下观察，若有荧光显示，则说明渗透剂已渗入，可能有泄漏存在。

再一种情况是被检物是焊接容器。一种检测方法是在容器内灌入渗透能力强的液体,再在该液体中加进荧光添加剂,在容器外侧于黑光灯下检测焊缝区有无泄漏显示。另一种检测方法是在容器焊缝的内侧涂上荧光渗透剂,于外侧在黑光灯下检测,或在焊缝外侧涂上荧光渗透剂,在内侧进行检测。

用渗透剂检测泄漏时,通常不必进行显像。因为,只要渗透时间稍长,渗过泄漏的渗透剂是足以在黑光下被观察出来的。也可在涂敷渗透剂的另一侧涂敷显像剂,来检测更细微的泄漏。为保证检测出厚焊缝或厚大工件上的泄漏,要求渗透时间较长,一般渗透若干小时,甚至几十小时。

6.4.9 非标准温度的检测方法

当检测不可能在 10~50℃ 温度范围内进行时,应对检测方法作出鉴定。鉴定通常使用铝合金试块(最好是分体式)进行。鉴定方法简述如下:

①温度低于 10℃ 条件下渗透检测方法的鉴定 在试块和所有材料都降到预定温度后,将拟采用的低温条件检测方法用于 B 区。而在 A 区用标准方法进行检测。比较 A、B 两区的裂纹显示迹痕。如果显示迹痕基本相同,则可以认为准备采用的温度低于 10℃ 条件下的渗透检测方法,经过鉴定是可行的。

②温度高于 50℃ 条件下渗透检测方法的鉴定 如果拟采用的检测温度高于 50℃,则需将试块 B 区加温,并在整个检测过程中保持在这一温度。并将拟采用的高于 50℃ 检测温度的方法用于 B 区。而在 A 区用标准方法进行检测。比较 A、B 两区的裂纹显示迹痕。如果显示迹痕基本相同,则可以认为准备采用的温度高于 50℃ 条件下的渗透检测方法,经过鉴定是可行的。

6.5 渗透检测方法的选用

渗透检测方法的选用,首先应满足检测缺陷类型和灵敏度的要求。选用中,必须考虑被检工件表面粗糙度、检测批量大小和检测现场的水源、电源等条件。此外,检验费用也是必须考虑的。不是所有的渗透检测灵敏度级别、材料和工艺方法均适用于各种检验要求。灵敏度级别达到预期检测目的即可,并不是灵敏度级别越高越好。相同条件下,荧光法比着色法有较高的检测灵敏度。

对于细小裂纹,宽而浅裂纹,表面光洁的工件,宜选用后乳化型荧光法或后乳化型着色法,也可采用溶剂去除型荧光法。

疲劳裂纹、磨削裂纹及其他微小裂纹的检测,宜选用后乳化型荧光渗透检测法或溶剂去除型荧光渗透检测法。

对于批量大的工件检测,宜选用水洗型荧光法或水洗型着色法。

大工件的局部检测,宜选用溶剂去除型着色法或溶剂去除型荧光法。

对于表面粗糙且检测灵敏度要求低的工件,宜选用水洗型荧光法或水洗型着色法。

检测场所无电源、水源时,宜选用溶剂去除型着色法。

渗透检测

另外，选用合适的显像方法，对保证检测灵敏度很重要。比如光洁的工件表面，干粉显像剂不能有效地吸附在工件表面上，因而不利于形成显示，故采用湿式显像比干粉显像好；相反，粗糙的工件表面则适于采用干粉显像。采用湿式显像时，显像剂可能会在拐角、孔洞、空腔、螺纹根部等部位积聚而掩盖显示。溶剂悬浮显像剂对细微裂纹的显示很有效，但对浅而宽的缺陷显示效果则较差。

若采用自显像工艺，则应经过批准，并使用专用的自显像渗透剂。

表6—5为渗透检测方法选择指南。

表6—5　　　　　　　　　　　渗透检测方法选择指南

	对象或条件	渗透剂	显像剂
以缺陷为标准选择	浅缺陷、宽而浅的缺陷	后乳化型荧光渗透剂	水基湿式、非水基湿式 缺陷长度几毫米以上，可用干式
	深度10 μm以下的细微缺陷		
	深度30 μm的缺陷	水洗型渗透剂 溶剂去除型渗透剂	水基湿式、非水基湿式 干式（只用于荧光）
	深度30 μm以上的缺陷		
	缺陷靠近或聚集，需观察缺陷表面形状	水洗型荧光渗透剂 后乳化型荧光渗透剂	干式
以试样为标准选择	连续检测小批量工件	水洗型荧光渗透剂 后乳化型荧光渗透剂	湿式、干式
	间歇不定期检测少量工件	溶剂去除型渗透剂	非水基湿式
	检测大型部件、结构件的局部位置		
以表面粗糙度为标准选择	螺钉及键槽的拐角处	水洗型渗透剂	干式（只用于荧光） 水基湿式 非水基湿式
	表面粗糙的铸锻件		
	车削、刨削加工面	水洗型渗透剂 溶剂去除型渗透剂	
	磨削、抛光加工面	后乳化型荧光渗透剂	
	焊缝	水洗型渗透剂 溶剂去除型渗透剂	
	其他缓慢起伏的凸凹面		
以设备为标准选择	试验场所无暗室	溶剂去除型着色渗透剂 水洗型着色渗透剂	非水基湿式 水基湿式
	无水、电设备的场所	溶剂去除型着色渗透剂	非水基湿式
	仪器适合高空作业		

应该注意：允许使用较高灵敏度等级的渗透剂代替较低灵敏度等级；反之，是不允许的，除非经过批准。

铁磁性材料表面缺陷的检测，优先选用磁粉检测法。

复习思考题

1. 简述水洗型渗透检测法的基本工艺流程及适用范围。
2. 简述后乳化型渗透检测法的基本工艺流程及适用范围。
3. 简述溶剂去除型渗透检测法的基本工艺流程及适用范围。
*4. 简述加载法的工作原理及优缺点。
*5. 简述使用渗透剂检漏法的工作具体方法及注意事项。
6. 渗透检测方法的选择原则是什么？举例说明。
*7. 简述下列各特殊渗透检测方法的工作原理：渗透剂与显像剂相互作用法、逆荧光法、酸洗显示的染色法、消色法、气体渗透剂技术、铬酸阳极化法。

第 7 章 渗透检测工艺

根据不同类型的渗透剂，不同的表面多余渗透剂的去除方法与不同的显像方式，可以组合成多种不同的渗透检测方法。这些方法间虽然存在若干的差异，但都是按照下述 6 个基本步骤进行操作的。这 6 个基本步骤是：

① 表面准备和预清洗——检测前工件表面的预处理和预清洗；
② 施加渗透剂——渗透剂的施加及滴落；
③ 多余渗透剂的去除；
④ 干燥——自然干燥或吹干或烘干；
⑤ 施加显像剂；
⑥ 观察及评定——观察和评定显示的痕迹。

渗透检测的时机：检测一般以最终成品为对象。但生产中和维修中的检验也常常使用渗透方法。时机安排原则一般如下：

渗透检测应在喷漆、镀层、阳极化、涂层、氧化或其他表面处理工序前进行。表面处理后还局部机加工的，对该局部机加工表面需再次进行渗透检测。

工件要求腐蚀检测时，渗透检测紧接在腐蚀工序后进行。

焊接件在热处理后进行渗透检测。如果需进行两次以上热处理，可在温度较高的一次热处理后进行渗透检测，紧固件和锻件的渗透检测一般安排在热处理之后进行。

使用过的工件应去除表面积炭层及漆层后进行渗透检测。但是，阳极化层可不去除，工件可直接进行渗透检测。完整无缺的脆漆层，可不必去除就直接进行渗透检测。在漆层上检测发现裂纹后，去除裂纹部位的漆层，再检查基体金属上有无裂纹。

磨削、焊接、矫直、机械加工和热处理等操作，如果可能产生表面缺陷，渗透检测则应在这些操作完成后进行。对有延迟裂纹倾向的材料，至少应在焊接完成 24 h 后进行焊接接头的渗透检测。

渗透检测通常在喷丸和研磨操作前进行，如果在其后进行，则应进行包括腐蚀在内的预清洗操作，使表面开口缺陷完全开口。

7.1 表面准备和预清洗

检测部位的表面状况在很大程度上影响着渗透检测的检测质量。任何渗透检测成功与否，在很大程度上取决于被检表面的污染程度及粗糙程度。所有污染物会阻碍渗透剂进入缺陷。另外，清理污染过程中产生的残余物反过来也能同渗透剂起反应，影响渗透检测灵敏度。被检表面的粗糙程度也会影响渗透检测效果。

受检工件表面准备和预清洗的基本要求是，任何可能影响渗透检测的污染物必须清除干净；同时，又不得损伤受检工件的工作功能。例如：不得用钢丝刷打磨铝、镁、钛等软合金，密封面不得进行酸蚀处理等。被检工件经过机加工的被检表面一般要求粗糙度 $R_a \leqslant 12.5~\mu m$；非机加工表面粗糙度可以适当放宽，但不得影响渗透检测结果。对受检工件表面进行局部检测时，也应在渗透检测前，进行表面准备和预清洗。一般渗透检测工艺方法标准规定：渗透检测准备工作范围应从检测部位四周向外扩展 25 mm。

通常情况下，焊缝、轧制件、铸件、锻件的表面状态，是可以满足渗透检测要求的。当焊缝、轧制件、铸件、锻件表面的不规则外形，影响渗透检测效果；或铁锈、型砂、积炭等物，可能遮盖拒收缺陷迹痕，或对检验效果产生干扰时，必须用打磨方法或机械加工方法进行表面处理。打磨方法或机械加工方法可能堵塞表面缺陷的开口，降低渗透检测效果。特别是对铝、镁、钛等软合金。因此，打磨、机械加工后，应进行酸蚀处理；喷丸后，也应进行酸蚀处理。

在渗透检测的表面准备和预清洗中，要防止由于清理和清洗方法的不当，造成缺陷的堵塞。人们往往忽视清洗方法的正确运用。例如，采用化学方法和溶剂去除方法时，应尽量避免浸泡或刷洗法，杜绝压力水喷的方式。在不得已采用浸泡、刷洗或压力水喷法的场合，必须注意随后的干燥，防止可能造成的浸润堵塞。这是因为，任何残余的液体都会阻碍渗透剂的渗入。因此，必须采取相应措施，例如，烘烤或吸附方法，使缺陷重新暴露，其间只充满空气。

7.1.1 污染物类别及其对渗透检测的影响

被检工件常见的污染物包括：
铁锈、氧化皮、腐蚀产物；
焊接飞溅、焊渣、铁屑、毛刺；
油漆及其他有机防护层；
发蓝层、阳极化层及磷酸盐、铬酸盐转化的涂层。
预清洗是渗透检测的第一道工序，用于清洗受检工件表面以下液体污物：
防锈油、机油、润滑油及含有有机组分的其他液体；
水和水蒸发后留下的化合物；
强酸、强碱及包括卤素在内的有化学活性的残留物。
应当指出，不仅要清除被检面上原来的污物，而且要清除表面准备过程中所产生的残余物。

所有污染物对渗透检测的影响，至少有如下几点：
①妨碍渗透剂对受检工件的润湿，妨碍渗透剂渗入缺陷，甚至完全堵塞缺陷。
②妨碍显像剂对缺陷中的渗透剂的吸附，影响缺陷迹痕显示的效果。
③缺陷中的污染物，会与渗透剂混合，甚至发生作用，降低渗透剂的灵敏度及其性能；

有些污染物，例如酸和铬酸盐，会影响荧光染料发光。

④有些污染物，会引起虚假显示；有些污染物，会掩盖显示；所有污染物，都会污染渗透剂、显像剂等渗透检测剂。

7.1.2 清除污染物的方法

进行表面准备和预清洗前，选择合适的方法是非常重要的。常用的方法有：机械清理、化学清洗、溶剂清洗。但是，不论选择哪种方法，都不是万能的。例如，溶剂清洗剂不能清洗锈蚀产物、氧化皮、焊瘤、飞溅物以及普通无机物；蒸气去油不能清洗无机型污物（夹渣、腐蚀、盐类等），也不能清除树脂型污物（塑料涂层、清漆、油漆等）。

选择预清洗方法时，必须考虑如下几点：

①必须了解污染物的类别，有针对性地选用合适的预清洗方法。因为，没有一种预清洗方法是万能的。应注意，溶剂蒸气除油、超声清洗及水基清洗剂在内的溶剂洗涤，是用于去除油脂及蜡等污染物的方法。碱清洗、酸蚀处理等化学清洗是用于清除油漆、釉子、锈皮、积炭或用溶剂清洗法去不掉的其他污染物的方法。机械清理与表面修整是用于清除焊渣、飞溅、泥土或用溶剂清洗和化学清洗不能清除的其他污染物的方法。

②必须了解选用的预清洗方法，对被检工件的影响。选用的预清洗方法，不得损伤被检工件的工作功能。例如，前已叙述，密封面不得进行酸蚀处理。应该注意，为个别部位选择的清洗用物质，例如化学清除剂、溶剂及腐蚀剂等，应与被清除的污染物相容，而且应不损伤被检工件表面及其预期功能。

③必须了解选用的预清洗方法的实用性。例如：被检大工件不能放在小型除油槽中去进行除油。

下面介绍几种常用的表面准备和预清洗的方法。

1. 机械清理与表面修整

包括振动光饰、抛光、干吹砂、湿吹砂、钢丝刷、砂轮磨等。

振动光饰适用于去除轻微的氧化皮、毛刺、锈蚀、铸件型砂或模料等，不能用于铝镁、钛等软金属材料。

抛光适用于去除被检工件表面的积炭、毛刺等。

干吹砂适用于去除氧化皮、熔渣、铸件型砂、模料、喷涂层和积炭等。湿吹砂可用于清除比较轻微的沉积物。如果不会使金属表面硬化或使表面缺陷被磨料封堵或污染的话，可以用吹砂打磨来清理金属表面。

钢丝刷和砂轮磨用于去除氧化皮、溶渣、铁屑、铁锈等。应注意，涂层必须用化学法去除，不能用打磨法去除。

用机械方法清除污物时产生的金属细末、砂末等可能堵塞缺陷。所以，经过机械处理的受检工件，渗透检测前一般应进行酸洗或碱洗。焊接件和铸件吹砂后可不酸洗或碱洗而进行渗透检测；精密铸造的关键受检工件，如涡轮叶片等，吹砂以后必须酸洗方能渗透检测。喷丸法处理后的被检工件也应进行酸洗或碱洗。渗透检测通常安排在喷丸前进行。

2. 碱洗及蒸汽清洗

碱洗适用于去除油污、抛光剂、积炭等，多用于铝合金。

碱洗液是一种不易燃的水溶液，含有经过特别选择的洗涤剂。该洗涤剂能够对各类污物起润湿、渗透、乳化及皂化作用。

热的碱洗液还可用来除锈和除垢，清除掩盖表面缺陷的氧化皮。

碱洗液应按照制造厂的建议使用。

注意，采用碱洗工艺清洗后的被检工件，必须把清洗剂冲洗干净；并在渗透检测前，将其整体加热干燥；施加渗透剂时，被检工件温度一般不得超过50℃。

蒸汽清洗是一种改进的热碱清洗方法，在容器内进行。适用于大型被检工件。能够清除被检工件表面的无机污物和各种有机污物，但无法清除较深缺陷底部的污物。此时，可采用溶剂浸泡法。

部分碱洗液配方及适用范围见表7—1。

表 7—1　　　　　　　　　　酸洗、碱洗液配方及适用范围

名　称	配　方	温　度	中和液	适用范围
酸洗液	硝酸 80% 氢氟酸 10% 水 10%	室温	氢氧化铵 25% 水 75%	不锈钢工件
	盐酸 80% 硝酸 13% 氢氟酸 7%	室温		镍基合金
	硫酸 100 ml 铬酐 40 ml 氢氟酸 10 ml 加水至 1 L	室温		钢工件
碱洗液	氢氧化钠 10% 水 90%	77～88℃	硝酸 25% 水 75%	铝合金铸件
	氢氧化钠 6 g 水 1 000 ml	70～77℃		铝合金铸件

3. 酸洗处理

（1）酸洗处理的作用

①酸洗处理可以清除被检表面的锈蚀。

②酸洗处理可以清除可能掩盖表面缺陷，并且可能妨碍渗透剂渗入表面开口缺陷的氧化皮。

③被检工件经打磨、机械加工后，进行酸洗处理时，可以清除封闭表面开口缺陷的金属毛刺。喷丸后，进行酸洗处理，可以清除由于喷丸形成的封闭表面开口缺陷的细微金属物。例如：经过机加工的软金属经过酸洗后，可以去除可能掩盖开口缺陷的金属粉末。

(2) 酸洗处理时的注意事项

①酸和铬酸盐将会影响荧光染料的发光作用。因此，酸洗处理后的被检工件必须清洗干净，使被检表面呈中性；并且在施加渗透剂前，充分干燥。

②被检工件被酸洗液作用后，可能发生氢脆。因此，酸洗处理后的被检工件应进行去氢处理；并且在施加渗透剂前，将被检工件冷却至50℃以下。例如：高强度钢酸洗时，容易吸收氢气，产生氢脆现象。因此，应进行去氢处理。去氢条件一般为，在200℃左右温度下，烘烤3 h。去氢应在酸洗后尽快进行。

③酸洗时，要严格控制时间，防止被检表面腐蚀严重。强酸溶液用于去除严重的氧化皮，中等强度的酸溶液用于去除轻微氧化皮，弱酸溶液用于去除被检表面薄层金属。

④酸洗后要进行中和处理，然后在流动水中进行彻底的清洗。清洗后要烘干被检工件，以去除被检表面上可能渗入缺陷中的水分。

⑤酸洗处理，应按制造厂推荐意见进行。

4. 溶剂去除

包括溶剂蒸气除油和溶剂液体清洗。

溶剂蒸气除油通常为三氯乙烯蒸气除油。溶剂液体清洗通常用酒精、丙酮或汽油、三氯乙烯等溶剂清洗或擦洗，常用于大工件局部区域的清洗。

有许多溶剂能有效地用来溶解油脂、油膜、蜡、密封胶、油漆及普通有机污物等。溶剂应无残留物，尤其是在采用手动、液浸法时更应特别注意。

溶剂不能去除锈蚀、氧化皮、焊瘤、飞溅物以及普通无机物。

有些溶剂是易燃物质，有些则可能还有毒，所以，应按照制造厂说明书和注意事项进行操作使用。

溶剂蒸气除油是清除受检工件表面和开口缺陷处的油和油脂类污染物的较好方法。但它不能清除无机型污染物（如夹渣、腐蚀、盐类等），也不能清除树脂类（例如，塑料、涂层、清漆、油漆等）。三氯乙烯是一种无色、透明的中性有机化学溶剂，沸点86.7℃，比汽油溶油能力强，蒸气密度可达4.54 g/L，容易形成蒸气区。三氯乙烯蒸气除油操作十分方便，只需将受检工件放入蒸气区中，蒸气便迅速在受检工件表面冷凝，而将受检工件表面的油污溶解掉。除油过程中，受检工件表面温度不断上升，达到蒸气温度时，除油也就结束了。三氯乙烯在使用过程中易受热、光、氧的作用分解成酸性，因此，在使用过程中要经常测量酸度值。

若需要将深缺陷中的油脂全部清除干净时，建议采用溶剂浸泡法。

钛合金被检工件容易与卤族元素作用，产生应力腐蚀裂纹，因此，钛合金应采用添加特殊抑制剂的三氯乙烯进行除油，并且在除油前必须进行处理，以消除应力。

橡胶、塑料及涂漆被检工件不能使用三氯乙烯蒸气除油，因为这些被检工件会受到三氯乙烯的破坏。也不得使用会对其产生有害影响的溶剂除油。必要时，应通过试验，确认所使用的溶剂是否会对被检橡胶、塑料工件产生有害影响。另外，还应注意温度对其的影响。

铝、镁合金被检工件在除油后，容易在空气中锈蚀，应尽快浸入渗透剂中。

5. 洗涤剂清洗

洗涤剂清洗液是一种不易燃的水溶液，含有特殊的表面活性剂，能够对各类污染物（如油脂、油膜、切削加工润滑油等）起润湿、渗透、乳化及皂化作用。

洗涤剂清洗液可分为碱性、中性和酸性三类，选定的清洗液对被检工件应无腐蚀作用。

采用洗涤剂清洗，可以很容易地将被检工件表面和缝隙内的污染物清除干净。清洗时间一般应为 10～15 min。清洗温度一般可为 75～95℃。浓度应按照制造厂的推荐值（一般为 45～60 kg/m³）。清洗时应作适当搅动。

6. 超声波清洗

超声波清洗利用超声波的机械振动，去除被检工件表面的油污。它常与洗涤剂或有机溶剂配合使用。这样可提高清洗效果、减少清洗时间，便于大批量小工件检测。

如果是清除无机污物，例如，清除锈蚀、夹渣、盐类、腐蚀物等，则应辅以水和洗涤剂。如果是清除有机污物，如油脂、油膜等，则应辅以有机溶剂。

超声清洗后，施加渗透剂前，应加热被检工件，以去除溶剂或洗涤剂。然后，将被检工件冷却至 50℃ 以下。

7. 去漆处理

根据油漆的化学成分，有针对性地选择的去漆剂，能够有效地去除被检表面的油漆膜层。

一般情况下，去除漆层时，可以采用热的碱洗液清洗，还可采用特殊的去漆剂。油漆膜层必须完全除掉，直至露出金属表面。

去漆后，应使被检工件表面充分干燥。

8. 陶瓷的空气焙烧

空气焙烧法适用于去除陶瓷被检工件的水分或有机污染物。一般在低于 1 000℃ 的清洁的氧化环境中加热陶瓷，是去除水分和有机污染物的有效方法。

加热的最高温度应不降低陶瓷的性能。

从图 7—1 所示可见吹砂对裂纹显示的影响。试样上的原始裂纹经吹砂后，显示非常模糊。酸洗处理后，显示变得清晰。

从图 7—2 可见，试样经过去毛刺抛光处理后，原始裂纹数量明显减少，酸洗处理后，原始裂纹显示非常清晰。

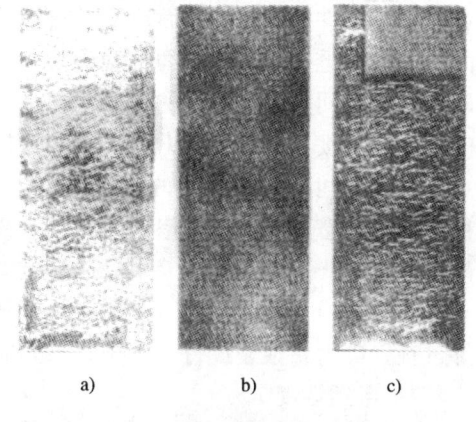

图 7—1　吹砂对裂纹显示的影响
a）原始裂纹　b）吹砂后　c）腐蚀后

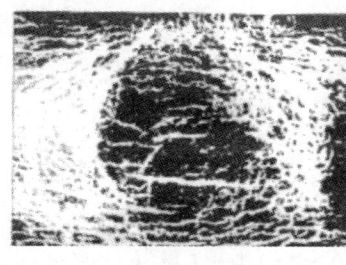 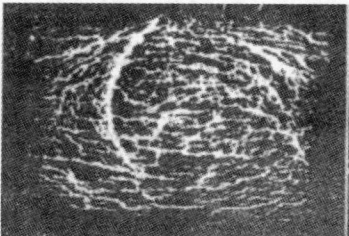 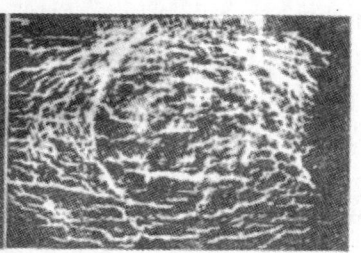

　　　　a)　　　　　　　　　　b)　　　　　　　　　　c)

图 7—2　去毛刺抛光处理对裂纹显示的影响
a）开裂后　b）去毛刺抛光处理后　c）酸洗处理后

7.2 施加渗透剂

7.2.1 渗透剂施加方法

渗透剂施加方法应根据被检工件大小、形状、数量和检查部位来选择。所选方法应保证被检部位完全被渗透剂覆盖，并在整个渗透时间内保持润湿状态。具体施加方法如下：

喷涂：静电喷涂、喷罐喷涂或低压循环泵喷涂等。适用于大工件的局部或全部检查。

刷涂：刷子、棉纱、抹布刷涂。适用于局部检查、焊缝检查。

浇涂（流涂）：将渗透剂直接浇在受检工件表面上。适用于大工件的局部检查。

浸涂：把整个被检工件全部浸入渗透剂中。适用于小工件的表面检查。

7.2.2 渗透时间及温度

1. 渗透时间

渗透时间指施加渗透剂到开始去除处理之间的时间。

采用浸涂法施加时，还应包括排液所需的时间。这时它是施加渗透剂时间和滴落时间之和。被检工件浸涂渗透剂后，应进行滴落，以减少渗透剂的损耗。滴落时，排除被检工件表面流淌的渗透剂所需的时间称滴落时间。因为渗透剂在滴落过程中仍在继续往缺陷中渗透，所以滴落时间是渗透时间的一部分。滴落过程中，渗透剂中的挥发物质被挥发掉，使渗透剂中的染料浓度相对提高，即提高了渗透检测灵敏度。

渗透时间又称接触时间或停留时间。被检工件不同，要求发现的缺陷种类和大小不同，被检表面状态不同及所用渗透剂不同，渗透时间的长短也不同。一般渗透检测工艺方法标准规定：在10～50℃的温度条件下，施加渗透剂的渗透时间一般不得少于10 min。对于怀疑有缺陷的被检工件，渗透时间可相应延长，或者额外施加渗透剂，以保证缺陷内渗入足够的渗透剂。应力腐蚀裂纹特别细微，渗透时间需更长，甚至长达2 h。

2. 渗透温度

渗透温度一般控制在10～50℃范围内。温度太高，渗透剂易干在被检工件上，给清洗带来困难；温度太低，渗透剂变稠，动态渗透参量受影响。为提高检测细小裂纹的灵敏度，可将渗透温度控制在10～50℃范围的上限。当渗透检测不可能在10～50℃的标准温度范围内进行时，则应用铝合金淬火试块作对比试验，对操作方法进行修正。图7—3所示，为两种不同温度下的着色渗透检测试验结果。A型试块左边的渗透温度为120℃，右边为30℃。

7.3 去除多余的渗透剂

本步骤要求去除被检工件表面上多余的渗透剂，又不将已渗入缺陷中的渗透剂清洗出来。水洗型渗透剂直接用水去除，后乳化型渗透剂经乳化后再用水去除，溶剂去除型渗透剂

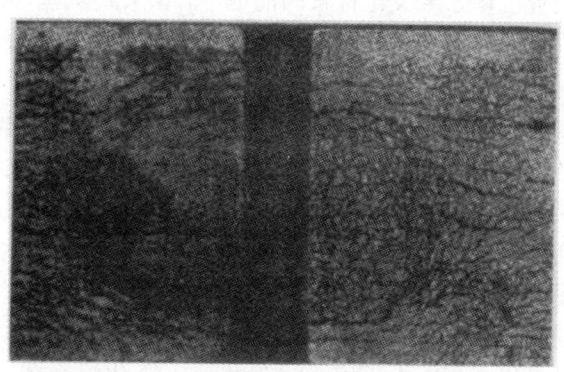

图 7—3　两种不同温度下的着色渗透检测试验结果

用有机溶剂擦除。去除渗透剂时，要防止过清洗或过乳化；同时，为取得较高灵敏度，可使荧光背景或着色底色保持在一定的水准上。但是，也应防止欠洗，防止荧光背景过浓或着色底色过浓。这一步骤完成得如何，在一定程度上取决于操作者以往取得的经验。

7.3.1　水洗型渗透剂的去除

水洗型渗透剂可用水喷法清洗。一般渗透检测工艺方法标准规定：水射束与被检面的夹角以 30°为宜，水温为 10～40℃，冲洗装置喷嘴处的水压应不超过 0.34 MPa。水洗型荧光渗透剂用水喷法清洗时，应使用粗水柱，喷头距离受检工件 300 mm 左右，并注意不要溅入邻近槽的乳化剂中。应由下而上进行，以避免留下一层难以去除的荧光薄膜。水洗型渗透剂中含有乳化剂，所以水洗时间长，水洗压力高，水洗温度高。这便有可能把缺陷中的渗透剂清洗掉，产生过清洗。在得到合格背景的前提下，水洗时间越短越好。荧光渗透剂的去除，可在紫外灯照射下边观察边进行。着色渗透剂的去除应在白光下控制进行。除水喷洗外，去除方法还有手工水擦洗、空气搅拌水浸洗方法。

7.3.2　后乳化型渗透剂的去除

后乳化型渗透剂的去除方法因乳化剂不同而不同。

施加亲水性乳化剂的操作方法是先用水预清洗，然后乳化，最后再用水冲洗。施加乳化剂时，只能用浸涂、浇涂或喷涂（喷涂浓度不超过 5%）。不能刷涂，因为刷涂不均匀。

预水洗的目的是尽量多地洗去工件表面多余的渗透剂，减少渗透剂对乳化剂的污染。预水洗可用压缩空气水喷枪喷洗或浸入搅拌水槽中清洗。要注意清洗工件上的凹槽、盲孔和内腔等容易残留渗透剂的部位。预水洗温度不高于 40℃，预水洗时间控制在尽量短的时间范围内。

施加亲油性乳化剂的操作方法是直接用乳化剂乳化，然后用水冲洗；施加乳化剂时，只能用浸涂法或浇涂法，不能用刷涂法或喷涂，而且也不能在被检工件上搅动。

乳化工序是后乳化型渗透检测工艺中最关键的步骤。必须严格控制乳化时间，防止过乳化。在保证达到允许的着色背景及荧光背景的前提下，乳化时间应尽量短。

工件从乳化槽中取出后，均需进行滴落。滴落时间是乳化时间的一部分。即乳化时间等于浸入乳化剂中的时间与滴落时间之和。

乳化时间的影响因素包括工件表面粗糙度、乳化剂浓度、乳化剂温度、乳化剂被污染程度和后乳化型渗透剂种类。需对具体工件，通过试验选择最佳乳化时间。并且要根据乳化剂被污染，乳化能力不断降低现象，修正乳化时间。当乳化时间增加到新配制乳化剂乳化时间的2倍以上，还达不到乳化效果时，应更换乳化剂。

一般渗透检测方法标准对乳化时间作了原则上的规定：亲油性乳化剂的乳化时间在 2 min 内，亲水性乳化剂的乳化时间在 5 min 以内。

乳化剂温度太低，会使乳化能力下降。一般规定，乳化温度在 20～30℃ 范围较好。环境温度太低，可将乳化剂加温使用。

乳化结果后，即施加乳化剂后需将工件立即浸入温度不超过 40℃ 的搅拌水中清洗，以迅速停止乳化剂的乳化作用。

亲水后乳化型渗透检测法最终水洗及亲油后乳化型渗透检测法施加乳化剂后水洗，需在白光或黑光灯下进行，以控制清洗质量。若在白光或黑光灯下发现清洗不干净，说明乳化时间不足。此时，应将工件烘干，重新对工件进行渗透检测，并增加乳化时间，以达到合格的清洗背景。当检验要求不太严格时，可直接将工件再次浸入乳化剂中补充乳化，以减少背景。只要乳化时间合适，即不过乳化，最终水洗时间就不像水洗型渗透检测工艺那样严格，但也应在尽量短的时间内清洗干净。

7.3.3　溶剂去除型渗透剂的去除

溶剂去除型渗透剂用清洗/去除溶剂去除。除特别难清洗的地方外，一般应先用干燥、洁净不脱毛的布依次擦拭，直至大部分多余渗透剂被去除后，再用蘸有清洗/去除溶剂的干净不脱毛布或纸进行擦拭，直至将被检表面上多余的渗透剂全部擦净。但应注意，不得往复擦拭，不得用清洗/去除溶剂直接冲洗被检面。

7.3.4　去除方法与缺陷中渗透剂被去除可能性的关系

图 7—4 表示采用不同的去除表面多余渗透剂的方法与从缺陷中去除渗透剂的可能性。从该关系图中可以看出，用不沾有机溶剂的干布擦除时，缺陷中的渗透剂保留最好；后乳化型渗透剂的乳化去除法较好；水洗型渗透剂的水洗去除法较差；有机溶剂清洗去除法最差，缺陷中的渗透剂被有机溶剂清洗掉很多。

在去除操作过程中，如果出现欠洗现象，则应采取适当措施，增加清洗去除，使荧光背景或着色底色降低到允许水准上；或重复处理，即从预清洗开始，按顺序重新操作，渗透、乳化、清洗/去除及显像全过程。如果出现过乳化过清洗现象，则必须进行重复处理。

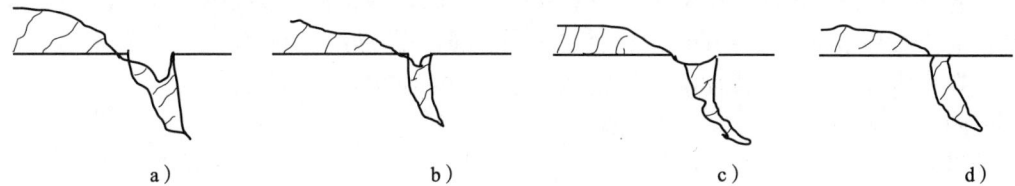

图 7—4 去除方法与缺陷中渗透剂被去除可能性的关系示意图
a) 溶剂清洗 b) 水洗型渗透剂的水洗 c) 后乳化型渗透剂去除 d) 干布擦除

7.4 干燥

7.4.1 干燥的目的和时机

干燥的目的是除去被检工件表面的水分，使渗透剂充分地渗入缺陷或回渗到显像剂上。

干燥的时机与表面多余渗透剂的去除方法和使用的显像剂密切相关。原则上，溶剂去除法渗透检测时，不必进行专门的干燥处理，应在室温下自然干燥，不得加热干燥。用水清洗的被检工件，若采用干粉显像或非水湿式显像时，则在显像之前，必须进行干燥处理；若采用水湿式显像剂应在施加后进行干燥处理；若采用自显像，则应在水清洗后进行干燥。

7.4.2 常用的干燥方法

干燥的方法有干净布擦干、压缩空气吹干、热风吹干、热空气循环烘干等。实际应用中是将多种干燥方法组合进行，例如，被检工件水洗后，先用干净布擦去表面明显的水分，再用经过过滤的清洁干燥的压缩空气吹去表面的水分，尤其要吹去盲孔、凹槽、内腔部位及可能积水部位的水，然后放进热空气循环干燥装置中干燥。另一种方法是在室温下使用环流风扇。使用这种方法的渗透检测，其灵敏度通常不及使用加热的干燥法。只有当被检工件由于尺寸或质量等原因，不能使用烘箱时，才使用环流风扇吹干方法。

为加快干燥速度，也可以采用"热浸"技术，即被检工件洗净后，短时间地在 80~90℃的热水中浸一下，可提高工件的初始温度，加快干燥速度。由于"热浸"对被检工件具有一定的补充清洗作用，故一般不推荐采用。为确保不因"热浸"造成过洗，"热浸"时间严格控制在 20 s 之内。光洁的机加工面不允许进行"热浸"。

7.4.3 干燥温度和时间

干燥温度不能太高，干燥时间不能太长。否则会将缺陷中渗透剂烘干，不能形成缺陷显示。过度干燥还会造成渗透剂中染料变质。允许的最高干燥温度与所用渗透剂种类及被检工件材料有关。

正确的干燥温度需经试验确定。一般规定：金属被检工件干燥温度不宜超过 80℃，塑料被检工件通常用 40℃以下的温风吹干。干燥时间越短越好，一般规定不宜超过 10 min。

一般渗透检测工艺方法标准常作总体规定：干燥时被检工件表面的温度不得大于 50℃；干燥时间 5～10 min。

干燥时间与被检工件材料、尺寸、被检工件水分的多少、工件初始温度和烘干装置的温度等因素有关，还与每批被干燥的工件的数量有关。为控制最短干燥时间，应控制每批放进烘干装置中的工件数量。另外，薄截面被检工件或高导热性被检工件不应与干燥速率缓慢的被检工件放在一起干燥，否则，干燥温度及干燥时间很难控制。

干燥时，要防止被检工件筐、吊具上的渗透检测材料及操作者手上的油污对被检工件造成污染，而产生虚假显示或遮盖缺陷显示。为防止污染，应将干燥后的操作与干燥前的操作隔离开来，例如在自动线上采用分离的两条流水线，第一条线进行除油、渗透和水洗，第二条线进行干燥和显像。在只有一条线操作的情况下，从干燥工序开始，换一种干净被检工件筐，用于干燥以后的工序，这样效果也很好。

7.5 显像

显像的过程是在被检工件表面施加显像剂，利用毛细作用原理将缺陷中的渗透剂吸附至被检工件表面，从而产生清晰可见的缺陷显示图像。显像时间不能太长，显像剂不能太厚，否则缺陷显示会变模糊。

7.5.1 显像方法

常用的显像方法有干式显像、非水基湿式显像、湿式显像和自显像等。

①干式显像：干式显像也称干粉显像，主要用于荧光渗透检测法。

使用干式显像剂时，须先经干燥处理，再用适当方法将显像剂均匀地喷洒在整个被检工件表面上，并保持一段时间。多余的显像剂通过轻敲或轻气流清除方式去除。干粉显像可将被检工件埋入显像粉中进行，也可用喷枪或喷粉柜喷粉显像，但最好采用喷粉柜进行喷粉显像。

喷粉柜喷粉显像是将被检工件放入显像粉末柜中，用经过过滤的干净干燥的压缩空气或风扇，将显像粉末吹扬起来，使呈粉雾状，将被检工件包围住，在被检工件表面上均匀地覆盖一层显像粉末，滞留的多余显像剂粉末，应用轻敲法或用干燥的低压空气吹除。

②非水基湿式显像：也称溶剂悬浮显像。非水基湿式显像主要采用压力喷罐喷涂。喷涂前应摇动喷罐中的弹子，使显像剂重新悬浮，固体粉末重新呈细微颗粒均匀分散状。喷涂时要预先调节好，调节到边喷边形成显像剂薄膜的程度。喷嘴至被检面距离为 300～400 mm，喷涂方向与被检面夹角为 30°～40°。非水基湿式显像有时也采用刷涂或浸涂，浸涂要迅速，刷涂笔要干净，一个部位不允许往复刷涂几次。

③水基湿式显像：分为水悬浮湿式显像及水溶解湿式显像。使用水湿式显像剂时，在被检面经过清洗处理后，可直接将显像剂喷洒或涂刷到被检表面上或将被检工件浸入到显像

剂中，然后迅速排除多余显像剂，再进行干燥处理。

水基湿式显像可采用浸涂、浇涂或喷涂，多数采用浸涂。涂覆后进行滴落，然后再在热空气循环烘干装置中烘干，干燥过程就是显像过程。水悬浮湿式显像时，为防止显像粉末的沉淀，浸涂时，要不定时地进行搅拌。被检工件在滴落和干燥期间，位置放置应合适，以确保显像剂不在某些部位形成过厚的显像剂层，以防可能掩盖缺陷显示。

④ 自显像法：对灵敏度要求不高的检验，例如铝、镁合金砂型铸件及陶瓷件等，常可采用自显像法的显像工艺。即在干燥后不施加显像剂，停留 10~120 min，待缺陷中的渗透剂重新回渗到被检工件表面上后，再进行检验。为保证足够的灵敏度，通常采用较高一个等级的渗透剂进行渗透，在更强的黑光灯下进行检验。自显像法，省掉了显像剂施加步骤，简化了工艺，节约了检验费用。

7.5.2 显像时间

所谓显像时间，不同的显像方式其含义是不同的。对干式显像剂而言，是指从施加显像剂起到开始观察检查缺陷显示的时间。对湿式显像剂而言，是指从显像剂干燥起到开始观察检查缺陷显示的时间。

显像时间取决于显像剂和渗透剂的种类、缺陷大小以及被检工件温度。显然，非水基湿式显像（即溶剂悬浮式显像剂），由于有机溶剂挥发较快，显像时间则很短。

显像时间是很重要的，必须给以足够的时间让显像作用充分进行，但也应在渗透剂扩展的过宽及缺陷显示变得难于评定之前完成检验。检查非常小的缺陷时，较长的显像时间可能会有利。显像时间过长会使缺陷显示严重扩散，特别是缺陷中渗透剂回渗现象严重时，显像后更应当尽快地进行检验。JB/T 4730.5—2005 标准中规定：自显像停留 10~120 min，其他显像方法显像时间一般应不少于 7 min。

7.5.3 干式显像与湿式显像比较

干式显像与湿式显像相比，干式显像剂只吸附在缺陷部位，即使经过一段时间后，缺陷轮廓图形也不散开，仍然能够显示出清晰的图像。所以使用干式显像剂时，可以分开显示出互相接近的缺陷。另外，通过缺陷轮廓图像进行等级分类时，误差也小。即干式显像剂，显像分辨力较高。

湿式显像后，如放置时间较长，缺陷显示图像会扩展，使其形状和大小发生变化，但湿式显像剂易于在被检表面上形成覆盖层，有利于形成缺陷显示并提供良好背景，对比度较高，从而检测灵敏度较高。尤其是溶剂悬浮显像剂中含有常温下易于挥发的有机溶剂，有机溶剂在显像表面上迅速挥发，能大量吸热。由于显像剂的吸附是放热过程，所以溶剂迅速挥发，大量吸热，能促进显像剂对缺陷中回渗的渗透剂的吸附，加剧了吸附作用，使显像灵敏度得以提高。

7.5.4 显像剂的选择

渗透剂不同，表面状态不同，使用的显像剂也应不同。就荧光渗透剂而言：光洁光滑表面应优先选用溶剂悬浮湿式显像剂；粗糙表面应优先选用干式显像剂；其他表面应优先选用溶剂悬浮湿式显像剂，然后是干式显像剂，最后考虑水悬浮或水溶解湿式显像剂。就着色渗透剂而言，任何表面状态，都应优先选用溶剂悬浮湿式显像剂，然后是水悬浮湿式显像剂。

注意，水溶解湿式显像剂不适用于着色渗透检测剂系统和水洗型渗透检测体系。

7.6 观察和评定

7.6.1 观察时机

观察显示应在显像剂施加后 7～60 min 内进行。如显示的大小不发生变化，时间也可超过上述范围。对于溶剂悬浮显像剂，应遵照说明书的要求或试验结果进行操作。

7.6.2 观察光源

着色渗透检测时，缺陷显示的评定应在白光下进行，显示为红色图像。通常被检工件被检面处白光照度应大于等于 1 000 lx；当现场采用便携式设备检测，由于条件所限无法满足时，可见光照度可以适当降低，但不得低于 500 lx。

荧光渗透检测时，缺陷显示的评定应在暗室或暗处的黑光灯下进行，显示为明亮的黄绿色图像。暗室或暗处白光照度应不大于 20 lx，黑光辐照度要足够，一般规定：距离黑光灯 380 mm 处，被检表面辐照度不低于 1 000 $\mu W/cm^2$。自显像检验时，距离黑光灯 150 mm 处，被检表面辐照度不低于 3 000 $\mu W/cm^2$。

便携式荧光渗透检测，其观察区域（暗室）可利用黑色帐篷、照相用黑布或其他方法，将检验时可见光背景降低到最低限水准，但黑光辐照度应符合上述要求。

7.6.3 注意事项

①检测人员进入暗区，至少经过 3 min 的黑暗适应后，才能进行荧光渗透检测。检测人员不能戴对检测有影响的眼镜。

②检测人员在黑光灯下发现显示后，需首先判别显示的类型：相关显示、非相关显示或虚假显示。判别方法是：用干净的布或棉球沾一点酒精，擦拭显示部位。如果被擦去的是真实缺陷显示，擦拭后，显示能再现；若在擦拭后撒上少许显像剂粉末，可放大缺陷显示，提高细微缺陷的重现性。如果被擦去的显示不再重现，一般是虚假显示。

确定为相关显示后，要进一步确定缺陷性质、长度和位置，并作好记录。按指定的验收标准，做出合格或拒收的结论，提出检验报告。

注意：缺陷迹痕显示尺寸比缺陷实际尺寸要大。但是对被检工件做出合格或拒收结论时，一般仍以缺陷迹痕显示尺寸为评定依据。对于缺陷性质不能确定的和缺陷尺寸怀疑超出验收标准的，须在白光灯下用放大镜或双目放大镜进一步检查。

③渗透检测一般不能确定缺陷的深度。因为深的缺陷内渗透剂较多，所以有时可根据这一现象来粗略地估计缺陷的深浅。渗透检测时，为确定宏观指示的特征和大小可使用5～10倍放大镜。

④荧光渗透检测人员要避免使用光敏眼镜，因为这种眼镜在紫外线辐射下会变黑，变黑程度与辐射入射量成正比，所以它直接影响检测效果。另外，那些在紫外线辐射下会发荧光的眼镜架也是不应该使用的，因为它们会带来不必要的干扰信息，荧光渗透检测时，可选用合适的红色眼镜。

⑤在暗室里检测，人员容易疲劳，所以在暗室里连续工作的时间不能太长，否则会影响检测灵敏度。检测时，应避免黑光直射或反射到检验者的眼睛，因为尽管黑光对人的细胞组织和眼睛没有永久性损伤，但黑光可使人的眼球发荧光，人眼在照射后，会出现模糊的感觉，加速眼睛疲劳，从而影响检测质量。

⑥检测完毕，应按有关规定，对被检工件加以标记。标记的方式和位置应对被检工件无损，并能避免在以后的搬运中被去除、弄脏或擦掉。当后续加工处理会掉或覆盖渗透检测标记时，也可用其他方法标识。标记的方法有打印法、染色法、拴标签法及液体腐蚀法等。

7.7 后清洗及复验

完成渗透检测之后，应当去除显像剂涂层、渗透剂残留痕迹及其他污染物，这就是后清洗。一般来说，去除这些物质的时间越早，则越容易去除。

后清洗的目的是为保证渗透检测后，去除任何会影响后续处理的残余物，使其不对被检工件产生损害或危害。

渗透检测完毕后，如果在工件表面上，仍然残留显像剂涂层、渗透剂或其他污物，则可能产生如下危害：

①残余渗透剂或显像剂有可能影响后面工序的加工。例如，对于要求返修的焊缝，则渗透检测剂的残留物，会对返修焊接区造成危害。又例如，渗透检测剂的残留物也会对阳极化等后续处理造成影响。

②残余渗透剂或显像剂有可能影响工件的使用性能。例如，如果被检工件用于液氧（LOX）设备中，则渗透检测剂中碳氢化合物的残留物，可能导致猛烈爆炸。

③残余渗透剂或显像剂有可能与使用中的其他因素结合产生腐蚀等。例如，显像剂涂层会吸收或容纳促进腐蚀的潮气，对被检工件造成腐蚀。如果被检工件用于原子核设施中，高度清洁尤其重要。

后清洗操作的方法：

干式显像剂可粘在湿渗透剂或其他液体物质的地方，或滞留在缝隙中，可用普通自来水冲洗，也可用无油压缩空气吹等方法去除。

水悬浮显像剂的去除比较困难。因为该类显像剂经过80℃左右干燥后黏附在被检工件

渗透检测

表面，故去除的最好方法是用加有洗涤剂的热水喷洗，有一定压力喷洗效果更好，然后用手工擦洗或用水漂洗。

水溶性显像剂用普通自来水冲洗即可去除，因为该类显像剂可溶于水中。

溶剂悬浮显像剂的去除，可先用湿毛巾擦，然后用干布擦，也可直接用清洁干布或硬毛刷擦；对于螺纹、裂缝或表面凹陷，可用加有洗涤剂的热水喷洗，超声清洗效果更好。

在后乳化型渗透检测中，如果被检工件数量很少，则用乳化剂乳化，而后用水冲洗的方法去除显像剂涂层及滞留渗透剂残留物也是有效的。

对碳钢的后清洗时，水中应添加硝酸钠或铬酸钠等防锈剂，洗涤后还应用防锈油防锈。镁合金材料也很容易腐蚀，后清洗时，常需要使用铬酸钠溶液处理。

关于多余渗透剂的去除方法，举例如下：
① 蒸气去油（至少 10 min）。
② 溶剂浸泡（至少 15 min）。
③ 超声溶剂清除（至少 3 min）。

某些情况下，要求先采用蒸气去油，然后用溶剂浸泡。所用时间取决于工件性质，应通过试验来确定。另外，蒸气去油应在显像剂清除后进行，否则将导致显像剂在工件表面凝结。

当出现下列情况之一时，需进行复验：
① 检测结束后，用标准试块（例如 B 型试块）校验时发现检测灵敏度不符合要求；
② 发现检测过程中操作方法有误或技术条件出现改变时；
③ 合同各方有争议或认为有必要时。

需要复验时，必须对被检表面进行彻底清洗，以去掉缺陷内残余渗透检测剂，否则会影响检测灵敏度。

复习思考题

1. 渗透检测前，为什么要对待检测表面进行表面准备和预清洗？它们包括哪些主要内容？
2. 清除被检工件渗透检测表面污物有哪几种主要方法？各种方法应注意哪些事项？
3. 渗透检测被检工件表面的如下污物，运用哪种方法清除较为适宜：

    大批量小被检工件表面的油污；

    铸件表面的型砂、模料及熔渣等；

    焊接件表面的飞溅、焊渣及铁屑等；

    铝合金表面的油污；

    锻件表面的氧化皮、积炭等；

    陶瓷件表面的油污及水分；

    受检工件表面的油漆及其他保护层。
4. 施加渗透剂的基本要求是什么？有哪几种施加方法？适用范围是什么？
5. 施加渗透剂时，渗透时间及温度应如何控制？

6. 去除工序的基本要求是什么？水洗型、后乳化型及溶剂去除型渗透剂的去除方法有何不同？去除时应注意哪些问题？

7. 试分析不同的去除方法对缺陷中渗透剂被除掉的可能性大小。

8. 简述使用不同的渗透剂与显像剂时，干燥工序应如何安排？

9. 干燥的方法有哪几种？实际检测中如何应用这些方法？

10. 比较干式显像与湿式显像的性能有何不同？

11. 简述溶剂悬浮显像的基本要求。

12. 观察和评定对光源有何要求？

第 8 章 显示的解释与缺陷评定

渗透检测中的显示是缺陷存在的反映,但并非所有的显示都是由缺陷引起的。因此,必须对显示作解释,确定这些显示产生的原因,即是否由缺陷引起。确定显示属于缺陷显示后,对缺陷的严重程度进行评定的过程称为缺陷评定。

8.1 显示的解释和分类

8.1.1 显示的解释

渗透检测显示(又称为迹痕、迹痕显示)的解释,是对肉眼所见的着色或荧光显示进行观察和分析,确定产生这些显示产生原因的过程。即通过渗透检测显示的解释,确定出肉眼所见的显示究竟是由缺陷引起的,还是由工件结构等原因所引起的,或仅是由于表面未清洗干净而残留的渗透剂所引起的。渗透检测后,对于观察到的所有显示均应作出解释,对有疑问不能作出明确解释的显示,应擦去显像剂直接观察,或重新显像、检查,必要且可能时,应从预处理开始重新处理。

8.1.2 显示的分类

渗透检测显示一般可分为三种类型:由缺陷引起的相关显示、由于工件的结构等原因所引起的非相关显示、由于表面未清洗干净而残留的渗透剂等所引起的虚假显示。

1. 相关显示

相关显示又称为缺陷迹痕显示、缺陷迹痕或缺陷显示,是指从裂纹、气孔、夹杂、折叠、分层等缺陷中渗出的渗透剂所形成的迹痕显示,它是缺陷存在的标志。

渗透检测相关显示的原因包括不连续和缺陷,不连续是工件正常组织结构或外形的任何间断。不连续可能会(也可能不会)影响工件的使用。缺陷是这样的不连续:其尺寸、形状、取向、位置或性质对工件的有效使用会造成损害或不满足验收标准要求。超标缺陷是这样的缺陷:其尺寸、形状、取向、位置或性质对工件的有效使用会造成损害且超出验收标准规定。

形成显示的原因很多,有必要评定的只是与影响工件有效使用的缺陷或不连续相关联、反映缺陷或不连续存在的显示。因此,渗透检测人员应具有丰富的工程实际经验,并能够结合工件的材料、形状和加工工艺,熟练掌握各类显示的特征、产生原因及鉴别方法,必要时还应采用其他无损检测方法进行验证,尽可能使检测评定结果准确可靠。渗透检测显示分析和解释的意义，其一是正确的显示分析和解释可以避免误判，如果把由缺陷或不连续引起的显示误判为其他的显示，则会产生漏检，造成重大的质量隐患；相反时，则会把合格工件拒收或报废，造成不必要的经济损失。其二是由于显示能反映出缺陷的位置、大小、形状和严重程度，并可大致确定缺陷的性质，可为产品的设计和工艺改进提供较可靠的信息。其三是对在用承压设备进行渗透检测时重点发现和监测疲劳裂纹和应力腐蚀裂纹等危害性缺陷，能够及早预防、避免设备和人身事故的发生。

2. 非相关显示

非相关显示又称为无关迹痕显示，是指与缺陷无关的、外部因素所形成的显示，通常不能作为渗透检测评定的依据。其形成原因可以归纳为三种情况：

（1）加工工艺过程中所造成的显示，例如装配压印、铆接印和电阻焊时未焊接的搭接部分等所引起的显示，这类显示在一定范围内是允许存在的，甚至是不可避免的；

（2）由工件的结构外形等所引起的显示，例如键槽、花键和装配结合的缝隙等引起的显示，这类显示常发生在工件的几何不连续处；

（3）由工件表面的外观（表面）缺陷引起的显示，包括机械损伤、划伤、刻痕、凹坑、毛刺或松散的氧化皮等，由于这些外观（表面）缺陷经目视检验可以发现，通常不是渗透检测的对象，故该类显示通常也被视为非相关显示。

非相关显示引起的原因通常可以通过肉眼目视检验来证实，故对其的解释并不困难。通常不将这类显示作为渗透检测质量验收的依据。表8—1列出常见非相关显示的种类、位置和特征，供参考。

表 8—1　　　　　　　　　　渗透检测中常见的非相关显示

种　类	位　置	特　征
焊接飞溅	电弧焊的基体金属	表面上的球状物
电阻焊缝上未焊接的边缘部分	电阻焊缝的边缘	沿整个焊缝长度、渗透剂严重渗出
装配压痕	压配合处	压配合轮廓
铆接印	铆接处	锤击印
刻痕、凹坑、划伤	各种工件	目视可见
毛刺	机加工工件	目视可见

3. 虚假显示

虚假显示是由于渗透剂污染等所引起的渗透剂显示，往往因不适当的方法或处理产生，或称为操作不当引起。它不是由缺陷引起的，也不是由工件结构或外形等原因所引起的，但有可能被错误地认为由缺陷引起，故也称为伪显示。产生虚假显示的常见原因包括：

①操作者手上的渗透剂污染；
②检测工作台上的渗透剂污染；
③显像剂受到渗透剂的污染；
④清洗时，渗透剂飞溅到干净的工件上；
⑤擦布或棉花纤维上的渗透剂污染；
⑥工件筐、吊具上残存的渗透剂与清洗干净的工件接触造成的污染；

渗透检测

⑦工件上缺陷处渗出的渗透剂污染了邻近的工件等。

渗透检测时，由于工件表面粗糙、焊缝表面凹凸、清洗不足等原因而产生的局部过度背景也属于虚假显示。它容易掩盖相关显示。从显示特征上分析，虚假显示是能够很容易识别的。若用沾湿少量清洗剂的棉布擦拭这类显示，很容易擦掉，且不重新显示。

渗透检测时，应尽量避免引起虚假显示。一般应注意，渗透检测操作者的手应保持干净，应无渗透剂污染；工件筐、吊具和工作台应始终保持洁净；应使用干净不脱毛的无绒布擦洗工件；荧光渗透时应在黑光灯下清洗等。

4. 不同显示的区别

虽然相关显示、非相关显示和虚假显示都是迹痕显示，但其区别在于：相关显示和非相关显示均是由某种缺陷或工件结构等原因引起的、由渗透剂回渗形成的显示，而虚假显示不是。相关显示影响工件的使用性能，需要进行评定；而非相关显示和虚假显示都不影响工件使用性能，故不必进行评定。

8.2 缺陷评定

缺陷评定是对观察到的渗透相关显示进行分析，确定产生这种显示的原因及其分类过程。

8.2.1 缺陷显示的分类

缺陷显示的分类一般是根据其形状、尺寸和分布状况进行的。渗透检测的质量验收标准不同，对缺陷显示的分类也不尽相同。实际工作中，通常应根据受检工件所使用的渗透检测质量验收标准进行具体分类。

仅仅依据缺陷显示的图形来对缺陷进行评定，通常是困难的。所以，渗透检测标准等对缺陷迹痕显示进行等级分类时，一般将其分为线状缺陷显示、圆形缺陷显示和分散状缺陷显示等类型。显示的分类示意图如图8—1所示。

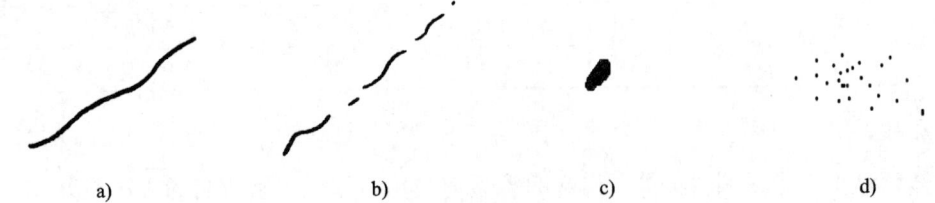

图8—1 缺陷迹痕显示分类示意图
a) 线状显示 b) 断续线状显示 c) 圆形显示 d) 密集形显示

对于承压类特种设备的渗透检测而言，通常将缺陷迹痕分为线性、圆形、密集形、纵（横）向显示等类型。

1. 线性缺陷显示

线性（也称为线状）缺陷显示通常是指长度（L）与宽度（B）之比（L/B）大于3的缺陷显示。裂纹、冷隔或锻造折叠等缺陷通常产生典型的连续线性缺陷显示。

线性缺陷显示包括连续和断续线状缺陷显示两类。断续线状缺陷显示可能是排列在一条直线或曲线上的相邻很近的多个缺陷引起的,也可能是单个缺陷引起的。当工件进行磨削、喷丸、吹砂、锻造或机加工,原来表面上的连续线性缺陷部分地堵塞住了,渗透检测时也会呈现为断续的线状迹痕显示。对于这类缺陷显示,应作为一个连续的长缺陷处理,即按一条线性缺陷进行评定。

2. 圆形缺陷迹痕

圆形缺陷显示通常是指长度(L)与宽度(B)之比(L/B)不大于3的缺陷显示。即除了线性缺陷显示之外的其他缺陷显示,均属于圆形缺陷显示。圆形缺陷显示通常是由工件表面的气孔、针孔、缩孔或疏松等缺陷产生的。较深的表面裂纹在显像时能渗出大量的渗透剂,也可能在缺陷处扩散成圆形缺陷迹痕。小点状显示是由针孔、显微疏松产生的,由于这类缺陷较为细微,深度较小,故显示较弱。

3. 密集形缺陷显示

对于在一定区域内存在多个圆形缺陷显示,通常称为密集形缺陷显示。由于采用标准不同,不同类型工件的质量验收等级要求不同,对一定区域的大小规定也不同,缺陷显示大小和数量的规定也不同。

4. 纵(横)向缺陷显示

对于轴类、棒类等工件的缺陷显示,当其长轴方向与工件轴线或母线存在一定的夹角(一般为大于等于30°)时,通常按横向缺陷显示处理,其他则可按纵向缺陷显示处理。

8.2.2 缺陷的分类

按照形成缺陷的不同阶段,一般可分为原材料缺陷、工艺缺陷和使用缺陷。

1. 原材料缺陷

原材料缺陷也称为冶金缺陷、原材料的固有缺陷,它是金属在冶炼过程中,金属材料由液态凝固成固态时产生的缩孔、夹杂物、气孔、钢锭裂纹等缺陷。钢锭等经过开坯、冷热加工变形后,这些缺陷的形状、名称可能会发生改变,但仍然属于原材料缺陷。例如原钢锭中的夹杂或气孔,在棒材上的发纹;原钢锭中的气孔、缩孔或夹杂等经轧制后,在板材上的分层;钢锭中的裂纹残留在棒坯中经变形而产生的缝隙缺陷等。

2. 工艺缺陷

工艺缺陷是与工件制造的各种工艺因素有关的缺陷,这些制造工艺包括铸造、冲压、锻造、挤压、滚轧、机加工、焊接、表面处理和热处理等。工艺缺陷又称为加工缺陷,通常有下列几种情况:

第一种情况是钢锭等原材料经过一定的变形加工后,在棒材、板材、丝材、管材或带材上,由于变形加工工艺上的原因而形成的工艺缺陷。这些变形加工工艺有锻造、挤压、滚轧、拉拔、冲压、弯曲等,产生的缺陷有锻造裂纹、折叠、缝隙、冲压裂纹、弯曲裂纹等。

第二种情况是在焊接和铸造时产生的缺陷,例如裂纹、气孔、疏松、夹杂、冷隔、未焊透、未熔合等。对于铸造工件中的铸造缺陷,尽管在性质上与钢锭中的铸造缺陷相同,但由于铸造是工件的一种制造工艺,故铸件中的缺陷通常被纳入工艺缺陷。

第三种情况是工件在车、铣、磨等机械加工,电解腐蚀加工、化学腐蚀加工、热处理、表面处理等工艺过程中产生的缺陷,如磨削裂纹、镀铬层裂纹、淬火裂纹、金属喷涂层裂纹等。

3. 使用缺陷

使用缺陷是工件在使用、运行过程中产生的新生缺陷,如针孔腐蚀、疲劳裂纹、应力腐蚀裂纹和磨损裂纹等。

8.2.3 常见缺陷及其显示特征

1. 气孔

气孔是一种常见的缺陷。气孔的存在使工件的有效截面积减少,从而降低其抗外载的能力,特别是对弯曲和冲击韧性的影响较大,是导致工件破断的原因之一。

(1) 焊接气孔 焊接气孔是指焊接时,熔池中的气体未在金属凝固前逸出,残存于焊缝之中所形成的空穴。其气体可能是熔池从外界吸收的,也可能是焊接冶金过程中反应生成的。焊接气孔是焊接件一种常见的缺陷,可分为表面气孔(外气孔)和埋藏气孔(内气孔)。根据分布情况不同,又可分为分散气孔、密集气孔和连续气孔等。气孔的大小差异也很大(见图8—2)。

焊接气孔的形成原因是焊缝金属吸入过多的气体,在焊缝冷却时,气体在金属中溶解度下降,气体逸出后形成气泡。气泡上浮时受到金属结晶的阻碍,结果残留在金属内部而形成埋藏气孔;或者已经浮到金属表面,但受到已经凝固的熔渣的阻碍,残留在金属表面而形成表面气孔。

形成气孔的主要气体是氢和一氧化碳,其来源是原来溶解于母材或焊条药皮中的气体,但更主要的是焊接工艺方面的原因,例如焊件未清理干净;焊缝区有水、油、锈、油漆或气割残渣等;焊条药皮偏芯或磁偏吹,造成电弧不稳,保护不够;焊条受潮尤其是碱性焊条手工电弧焊时,焊条未很好清理;焊剂未按规定要求烘焙;焊条药皮变质剥落,钢芯锈蚀;酸性焊条烘干温度过高(超过150℃),使造气剂成分变质失效,使焊缝已失去了保护;采用过大的电流,使后半截焊条烧红等。

(2) 铸造气孔 铸件中的气孔是由于工件在浇铸过程中,砂型所含的水分形成蒸汽,致使金属液体吸入了过多的气体,在铸件凝固时,气体没有及时排出,而在工件内部形成的大致为梨形或球形的气孔缺陷。这种气孔的尖端与铸件表面相通,在机加工后露出表面,渗透检测很容易发现。铝、镁合金砂型铸件表面常发现这种气孔,其一般目视可见,在放大镜下观察,可看到气孔内表面是光滑的。砂型铸造气孔示意图见图8—3。

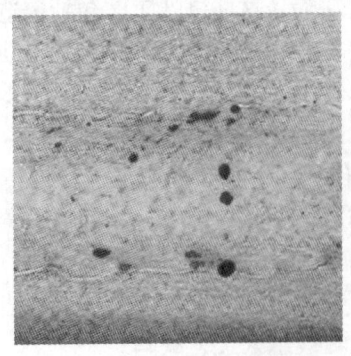

图8—2 焊缝上焊接气孔的迹痕显示

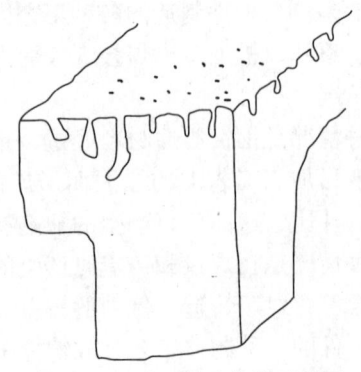

图8—3 砂型铸造气孔示意图

渗透检测时，表面气孔的显示一般呈圆形、椭圆形或长圆条形红色亮点或黄绿色荧光亮点，并均匀地向边缘减淡。由于回渗现象较为严重，气孔的缺陷痕迹显示通常会随显像时间的延长而迅速扩展。

2. 裂纹

工件中材料原子结合遭到破坏，形成新的界面而产生的缝隙称为裂纹。

裂纹除降低工件的强度外，还由于裂纹有尖锐的缺口，会引起较高的应力集中，因而使裂纹尖端扩展，由此导致整个工件的破坏，裂纹对于承受动载荷的工件是很危险的缺陷。因此，裂纹是危害性极大的缺陷。裂纹的种类很多，渗透检测中，常见的裂纹有下列几种：

（1）焊接裂纹　焊接裂纹是指在焊接过程中或焊接以后，在焊接接头出现的金属局部破裂现象。焊接裂纹是焊接接头中不能允许的缺陷。

焊接裂纹按其产生的部位不同，可分为纵向裂纹、横向裂纹、熔合区裂纹、根部裂纹、火口裂纹及热影响区裂纹等。按裂纹产生的温度和时间不同，可分为热裂纹和冷裂纹：

1）热裂纹　金属从结晶开始，一直到相变以前所产生的裂纹都称为热裂纹，又称为结晶裂纹。它沿晶开裂，具有晶间破坏性质。当它与外界空气接触时，表面呈氧化色彩（蓝色、蓝黑色）。热裂纹常产生在焊缝中心（纵向），或垂直于焊缝鱼鳞波纹呈不规则锯齿状；也有产生在断弧的弧坑（火口）处的呈放射状。微小的弧坑裂纹，用肉眼往往是不容易发现的。

热裂纹产生的原因通常认为是由于钢材在固相线附近有一个高温脆性区，即焊缝金属在凝固过程中，低熔点杂质呈液态被排挤并富集在晶界上，形成液态间层，在随后的结晶过程中，由于收缩使其受到拉应力，这时焊缝中的液态间层便成为薄弱的拉伸变形集中地带，当拉伸变形超过了晶界间层的变形能力而又得不到新的液相补充时，便可能沿此薄弱带形成晶间裂纹。焊接时，近缝区熔合线附近处于半熔化状态，如母材晶界上存在低熔点液态间层，当两侧晶粒冷却收缩时，也可能引起热影响区结晶裂纹。低熔点共晶物（如 FeS 或 FeP 等）的存在，能扩大高温脆性区的温度区间；焊缝有其他缺陷存在，会造成应力集中；这些因素都将促使热裂纹的形成。

渗透检测时，热裂纹显示一般呈略带曲折的波浪状或锯齿状红色细条线或黄绿色细条状。但火口裂纹呈星状，较深的火口裂纹有时因渗透剂回渗较多使显示扩展而呈圆形，但如用沾有清洗剂的棉球擦去显示后，裂纹的特征可清楚地显示出来。典型的热裂纹和弧坑裂纹显示见图 8—4，图 8—6。

2）冷裂纹　冷裂纹是指在相变温度下的冷却过程中和冷却以后出现的裂纹。这类裂纹多出现在有淬火倾向的高强钢中。一般低碳钢工件，在刚性不大时不易产生这类裂纹。冷裂纹通常产生在焊接接头的热影响区，有时也在焊缝金属中出现。冷裂纹的特征是穿晶开裂。

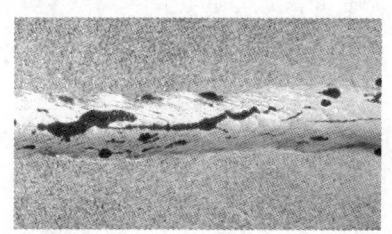

图 8—4　焊缝纵向热裂纹显示

图 8—5　焊缝纵向冷裂纹显示

渗透检测

冷裂纹不一定在焊接时产生，它可以延迟几个小时、甚至更长的时间以后才发生，所以又称延迟裂纹。由于其延迟特性和快速脆断特性，故具有很大的危害性。它常产生于焊层下紧靠熔合线处，并与熔合线平行；有时焊根处也可能产生冷裂纹，这主要是由于缺口处造成了应力集中，如果此时钢材淬火倾向较大，则可能产生冷裂纹。

冷裂纹产生的原因：高强度钢（尤其是厚板）焊接热循环作用下，在热影响区很容易产生马氏体组织。近缝区加热温度高，晶粒显著长大，塑性大大降低。焊缝金属通常含碳量低，冷却时氢在焊缝区的过饱和度大为增加，而向相邻的处于奥氏体状态的母材扩展并在此富集，所以近缝区称为一个富氢狭带。又由于近缝区金属转变得最迟，是在刚性较大条件下进行转变，会产生很大的应力。这样，产生冷裂纹的三个因素：淬硬组织、氢的富集、拉应力同时存在，所以容易产生冷裂纹。

层状撕裂：焊接具有丁字接头或角接头的厚大工件时，沿钢板的轧制方向分层出现的阶梯状裂纹，属冷裂纹，其产生原因主要是由于钢材在轧制过程中，非金属夹杂物沿杂质方向形成各向异性。在焊接应力或外加约束应力的作用下形成开裂。

再热裂纹：沉淀强化的材料工件的焊接接头冷却后再加热至 500~700℃ 时，一般会产生从熔合线向热影响区的粗晶区发展、呈晶间开裂特征的再热裂纹。

渗透检测时，冷裂纹的显示一般呈直线状红色或明亮黄绿色细线条，中部稍宽，两端尖细，颜色或亮度逐渐减淡，直到最后消失。典型的冷裂纹显示见图 8—5，图 8—7（横向）。

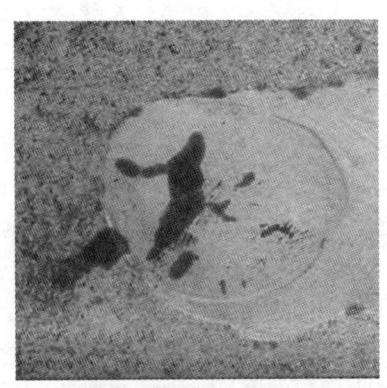

图 8—6　焊缝弧坑裂纹显示

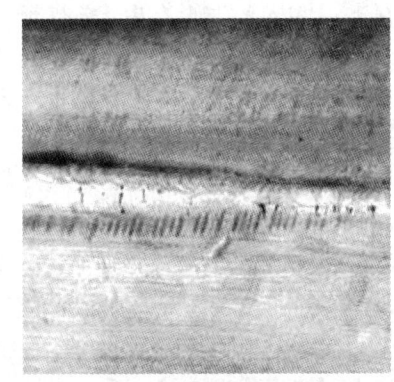

图 8—7　焊缝横向裂纹显示

（2）铸造裂纹　铸造裂纹是铸造金属液在接近凝固温度时，相邻区域冷却速度不同而产生了内应力；在凝固收缩过程中，由于内应力作用而产生的一种线状缺陷。根据产生裂纹时的温度不同，铸造裂纹分热裂纹和冷裂纹。热裂纹是在高温下产生的，出现在热应力集中区，一般比较浅，冷裂纹是在低温时产生的，一般产生在厚薄交界处。

渗透检测时，其显示特征与焊接裂纹相似，若铸造裂纹深度和宽度比较大时，渗透剂渗入较多，则容易发现，裂纹迹痕显示呈锯齿状和端部尖细的特点。但深的裂纹迹痕显示，由于回渗的渗透剂较多，而会失去了裂纹的外形，有时甚至呈圆形迹痕显示。如用清洗剂沾湿的布擦去迹痕显示部位，裂纹的外形特征可清楚地显现出来。

（3）淬火裂纹　淬火裂纹是工件在热处理淬火过程中产生的裂纹，一般起源于刻槽、尖角等应力集中区。渗透检测时，通常呈红色或明亮黄绿色的细线条显示，呈线状、树枝状或网状,裂纹起源处宽度较宽,沿延伸方向逐渐变细。图8—8中所示为齿轮淬火裂纹显示。

(4) 磨削裂纹　工件在磨削加工时,由于砂轮粒度不当、砂轮太钝、磨削进刀量太大、冷却条件不好或工件上碳化物偏析等原因,都可能引起磨削加工表面局部过热,在加工应力作用下而产生磨削裂纹。磨削裂纹一般比较浅微,其方向通常垂直于磨削方向,由热处理不当产生的磨削裂纹有的与磨削方向平行,并沿晶界分布或呈网状、鱼鳞状、放射状或平行线状分布。渗透检测时磨削裂纹显示呈红色断续条纹,有时呈现为红色网状条纹或黄绿色荧光亮网状条纹。典型的磨削裂纹显示如图8—9所示。

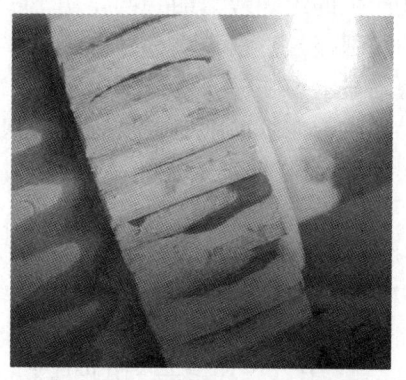

图8—8　齿轮淬火裂纹显示(热处理)

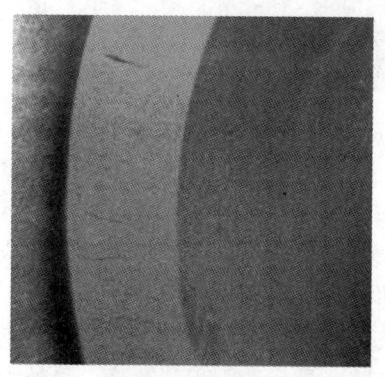

图8—9　磨削裂纹显示(机加工)

(5) 疲劳裂纹　工件在使用过程中,长期受到交变应力或脉动应力作用,可能在应力集中区产生疲劳裂纹。疲劳裂纹往往从工件上划伤、刻槽、陡的内凹拐角及表面缺陷处开始,开口于工件表面,其方向与受力方向垂直,中间粗,两头尖。渗透检测时,缺陷显示呈红色光滑线条或黄绿色荧光亮线条,见图8—10。

(6) 应力腐蚀裂纹　应力腐蚀裂纹是处于特定腐蚀介质中的金属材料在拉应力作用下产生的裂纹。由于工件金属材料受到外部介质(雨水、酸、碱、盐等)的化学作用产生腐蚀坑,起到缺口作用造成应力集中,成为疲劳源,进一步在交变应力作用下不断扩展,最终导致腐蚀开裂。应力腐蚀裂纹通常与拉应力方向垂直。图8—11所示为棒材的应力腐蚀裂纹显示。

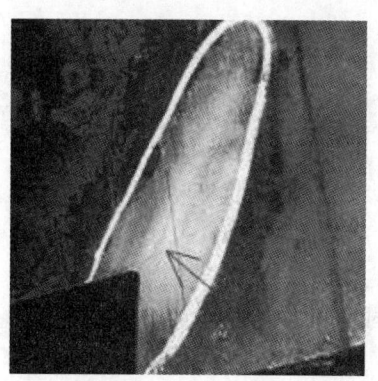

图8—10　疲劳裂纹

图8—11　棒材应力腐蚀裂纹

渗透检测

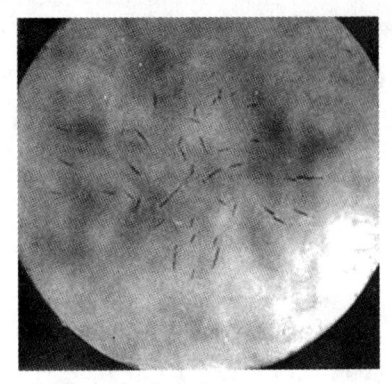

图 8—12　白点（横断面）显示（原材料）

（7）晶间腐蚀　奥氏体不锈钢的晶间析出铬的碳化物导致晶间贫铬，在介质的作用下晶界发生腐蚀，产生连续性的破坏，称为晶间腐蚀。

（8）白点　白点是钢材在锻压或轧制加工时，在冷却过程中未逸出的氢原子聚集在显微空隙中并结合成分子状态，对钢材产生较大的内应力，再加上钢材在热压力加工中产生的变形力和冷却过程相变产生的组织应力的共同作用下，导致钢材内部的局部撕裂。白点多为穿晶裂纹。渗透检测时，缺陷显示为在横向断口上为辐射状不规则分布的小裂纹，在纵向断口上呈弯曲线状或圆形或椭圆形斑点，见图 8—12。

3. 未熔合

未熔合是指焊缝金属和母材之间或焊缝金属与焊缝金属之间未熔合在一起的缺陷。按其所在部位，未熔合可分为坡口未熔合、层间未熔合和根部未熔合。未熔合是虚焊，实际上也是未被电弧熔化焊合而留下的空隙。与未焊透不同之处仅仅是没有熔化焊合的位置不同而已。未熔合是一种面积型缺陷，受外力作用时极易开裂，其危害性很大，因此是不允许存在的缺陷。

产生未熔合的主要原因是电流过小，焊速过快；因热量不够，使母材坡口或先焊的焊缝金属未得到充分熔化；选用的电流过大，使后半根焊条发红而造成熔化太快，在母材边缘还没有达到熔化时，焊条的熔化金属已覆盖上去；母材坡口或先焊的焊缝金属表面有厚锈、熔渣或脏物等未清除干净，焊接时未能将其熔化而盖上了熔化金属；焊件散热速度太快，或起焊处温度低，使母材的开始端未熔化，也能产生未熔合；因操作不当导致焊条角度不对或因磁偏吹，使电弧热偏向一方，电弧作用较弱之处即使覆盖上熔化金属也容易产生未熔合。

渗透检测通常无法发现层间未熔合，坡口未熔合延伸到表面时渗透检测才能发现。未熔合显示呈现为直线状或椭圆状的红色条状或黄绿色荧光亮条线，见图 8—13。

4. 未焊透

未焊透是指母材金属未被电弧熔化，焊接接头根部的母材金属之间未熔合在一起的缺陷。产生未焊透的部位也往往存在夹渣。未焊透能降低接头的机械性能，未焊透的缺口与尖角易产生应力集中，严重降低焊接接头的疲劳强度。

产生未焊透的原因是焊接电流太小，焊接速度太快，基体金属未得到充分熔化；坡口不正确，如坡口角度太小、钝边太大或间隙太小等。另外，当焊条角度太小或电弧偏吹，使电弧热能损失太大或偏向一方，电弧热作用较弱之处也容易产生未焊透。

渗透检测中，能发现的未焊透显示呈一条连续或断续的红色线条或黄绿色荧光亮线条，宽度一般较均匀，如图 8—14 所示。

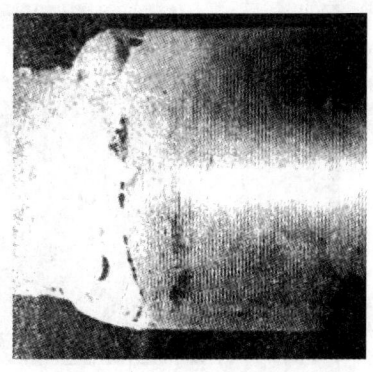
图8—13　45#钢管接头的未熔合

图8—14　8 mm不锈钢板焊接接头未熔合

5. 缩孔和疏松

铸件在凝固结晶过程中，收缩或补缩不足所形成的不连续的形状不规则的孔洞称为缩孔。当缩孔产生于铸件内部呈多孔性组织分布时，称为疏松。经抛光或机加工后，有的能露出表面。露出工件表面的疏松，渗透检测时，能够较容易地显示出来。根据疏松形态不同，渗透检测时的缺陷显示，有的呈密集点状，有的呈密集条状，有的呈聚集块状。每个点、条、块的显示又是由无数个靠得很近的小点显示连成一片而形成的。铸件的疏松显示如图8—15所示。

6. 冷隔

冷隔是铸件在浇铸时，由于浇铸温度太低，金属熔液在铸模中不能充分流动而在铸件表面形成的不熔合，呈现为紧密的、断续的或连续的线状表面缺陷。产生原因有浇注温度过低、浇注时间过长、金属液会合时已接近凝固点，以及浇注时金属流中断等。冷隔常出现在远离浇口的薄壁截面处、过渡区或其他部位。

渗透检测时，冷隔显示为连续的或断续的光滑红色线条或黄绿色荧光亮线条，如图8—16所示。

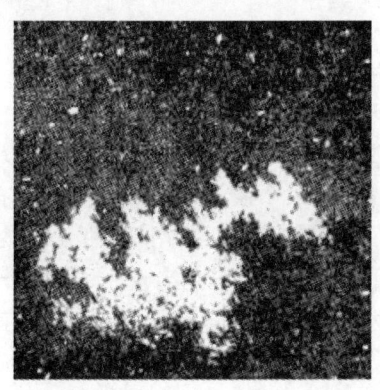
图8—15　疏松的荧光迹痕显示

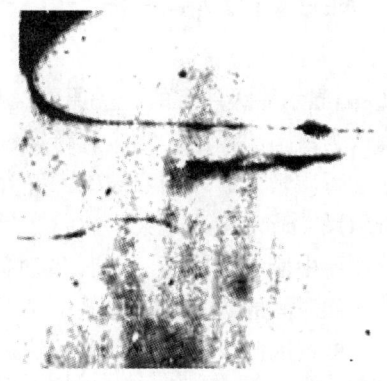
图8—16　铸件中冷隔的着色迹痕显示

7. 折叠

在锻造和轧制工件的过程中，由于模具太大、材料在模具中放置位置不正确、坯料太大等原因而产生的一部分金属重叠在工件表面上的缺陷，称为折叠。

折叠通常与工件表面结合紧密,渗透剂渗入比较困难。但只要是露出表面的,仍然可以发现,渗透检测缺陷显示呈连续或断续红色线条或黄绿色荧光亮线条。

8. 其他缺陷

焊接夹渣和铸造夹渣均为常见缺陷,缺陷形状多种多样,很不规则,夹渣露出表面时,渗透检测可以发现。

缝隙是滚、轧、拉制棒材时,由于金属表面存在局部凹陷,滚轧后产生的沿棒材纵长方向分布且长而直的缺陷。拉制丝材时也可能产生这种缺陷。渗透检测容易发现这种缺陷。

图 8—17 钢板分层显示(原材料)

图 8—17,图 8—18,图 8—19 所示为一些典型的缺陷显示。

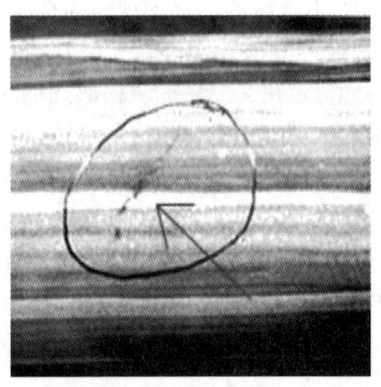 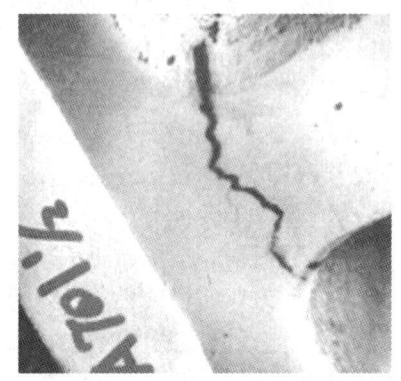

图 8—18 棒材上的裂纹显示　　　图 8—19 收缩裂纹显示

8.2.4 缺陷显示的评定

1. 缺陷显示等级评定的一般原则

对确认为缺陷的显示,均应进行定位、定量及定性等评定,然后再根据引用的标准或技术文件,进行质量分级,判定被检工件合格与否。应注意,由于渗透剂的扩展,渗透检测缺陷迹痕显示尺寸通常均远远大于缺陷实际尺寸。显像时间对缺陷评定的准确性有明显影响,这在定量评定中应特别注意。当显像时间太短时,缺陷显示甚至不会出现。而在湿式显像中,随着显像时间的延长,缺陷显示呈不断扩散、放射状;相邻缺陷的显示图形,可能就像一个缺陷一样。因此,随着显像时间的延长,不断地观察缺陷显示的形貌变化,才能够比较准确地评价缺陷大小和种类。因此,在进行缺陷显示的分类和等级评定时,按照渗透检测标准或技术说明书上所规定的渗透检测显像时间进行观察是十分必要的。

缺陷显示的等级评定均只针对由缺陷引起的显示进行,即只针对相关显示进行。当能够确认显示是由外界因素或操作不当等因素造成时,不必进行显示的记录和评定。对缺陷显示评定等级后,需按指定的质量验收等级验收,对被检工件作出合格与否的结论。对于明显超出质量验收标准的超标缺陷显示，可立即做出不合格的结论。对于那些尺寸接近质量验收标准的缺陷显示，需在适当的观察条件下（必要时借助放大镜）进一步仔细观察，测出缺陷显示的尺寸和确定缺陷的性质后，才能作出结论。发现超标缺陷而又允许打磨或补焊的工件，应在打磨后再次进行渗透检测，确认缺陷已经被消除后，然后进行补焊。补焊后还需要再次进行渗透检测，或采用其他无损检测方法进行确认。

2. 渗透检测质量验收标准

应当指出，渗透检测得到的缺陷显示图形，只给出了呈现在表面的二维平面形状和长度、宽度尺寸，既缺乏关于深度方向的尺寸、缺陷尖端形状等信息，也缺乏缺陷内部形状、缺陷性质等信息，难于按照缺陷对工件结构安全性、完整性的影响大小来进行等级分类。因此，渗透检测质量验收标准规定的质量等级分类，仅仅是针对工件表面上缺陷的形状和尺寸（长、宽）进行的，属于质量控制范畴。渗透检测质量验收标准，通常按以下方法制定：

①引用类似工件的现有质量验收标准，这些现有标准都是经过长时间的实际使用考核后，被证明是可靠的。

②按一定的工艺试生产一批工件，进行渗透检测，对渗透检测发现存在缺陷的工件进行破坏性试验，如强度试验、疲劳试验等，根据试验结果制定出合适的质量验收标准。

③根据经验或理论的应力分析，制定出质量验收标准；还可通过对存在典型类型缺陷的工件进行模拟实际工况的试验，然后制定出质量验收标准。

对于承压类特种设备工件，渗透检测标准、缺陷显示的质量验收标准通常由相关标准或技术规范给予规定。

3. 缺陷显示评定的一般要求

对能够确定为是由裂纹类缺陷（如裂纹、白点等）引起的缺陷显示，由于其严重影响工件结构的安全性、完整性，是最危险的缺陷类型，绝大多数渗透检测标准均对其不进行质量等级分类，而直接评定为不允许的缺陷显示。

对于小于人眼所能够观察的极限值尺寸的显示，难于进行定量测定和性质判断，一般可以忽略不计。

进行渗透检测缺陷显示的评定时，长度与宽度之比大于 3 的，一般按线性缺陷处理；长度与宽度之比小于或等于 3 的缺陷显示，一般按圆形缺陷评定、处理。圆形缺陷显示的直径一般是指其在任何方向上的最大尺寸。

对于线性缺陷显示的长轴方向与工件（轴类或管类）轴线或母线的夹角大于或等于 30°时，一般按横向缺陷进行评定、处理，其他按纵向缺陷进行评定、处理。

对于两条或两条以上线性缺陷显示迹痕，当在同一条直线上且间距较小时，应合并为一条缺陷显示进行评定、处理。

8.3　JB/T 4730.5—2005 关于渗透显示的分类和评定要求

JB/T 4730.5《承压设备无损检测　第 5 部分：渗透检测》是锅炉、压力容器、压力管道等承压类特种设备的渗透检测方法标准和质量验收标准。关于渗透显示的分类和评定有如下规定。

JB/T 4730.5《承压设备无损检测 第5部分：渗透检测》摘录：

6 渗透显示的分类和记录

6.1 显示分为相关显示、非相关显示和虚假显示。非相关显示和虚假显示不必记录和评定。

6.2 小于0.5 mm的显示不计，除确认显示是由外界因素或操作不当造成的之外，其他任何显示均应作为缺陷处理。

6.3 缺陷长轴方向与工件（轴类或管类）轴线或母线的夹角大于或等于30°时，按横向缺陷处理，其他按纵向缺陷处理。

6.4 长度与宽度之比大于3的缺陷显示，按线性缺陷处理；长度与宽度之比小于或等于3的缺陷显示，按圆形缺陷处理。

6.5 两条或两条以上线性显示在同一条直线上且间距不大于2 mm时，按一条显示处理，其长度为两条显示之和加间距。

7 质量分级

7.1 焊接接头和坡口的质量分级按表3进行。

表3　　　　　　　焊接接头和坡口的质量分级　　　　　　　mm

等级	线性缺陷	圆形缺陷（评定框尺寸 35 mm×100 mm）
Ⅰ	不允许	$d \leqslant 1.5$，且在评定框内少于或等于1个
Ⅱ	不允许	$d \leqslant 4.5$，且在评定框内少于或等于4个
Ⅲ	$L \leqslant 4$，不允许裂纹	$d \leqslant 8$，且在评定框内少于或等于6个
Ⅳ		大于Ⅲ级

注：L为线性缺陷长度，mm；d为圆形缺陷在任何方向上的最大尺寸，mm。

7.2 其他部件的质量分级评定见表4。

表4　　　　　　　其他部件的质量分级　　　　　　　mm

等级	线性缺陷	圆形缺陷（评定框尺寸：2 500 mm^2，其中一条矩形边的最大长度为150 mm）
Ⅰ	不允许	$d \leqslant 1.5$，且在评定框内少于或等于1个
Ⅱ	$L \leqslant 4$，不允许裂纹和横向缺陷	$d \leqslant 4.5$，且在评定框内少于或等于4个
Ⅲ	$L \leqslant 8$，不允许裂纹	$d \leqslant 8$，且在评定框内少于或等于6个
Ⅳ		大于Ⅲ级

注：L为线性缺陷长度，mm；d为圆形缺陷在任何方向上的最大尺寸，mm。

8.4 渗透检测记录和报告

8.4.1 缺陷的记录

非相关显示和虚假显示不必记录和评定。

对缺陷显示迹痕进行评定后，有时需要将发现的缺陷形貌记录下来。缺陷记录方式一般有如下几种：

1. 草图记录

画出工件草图，在草图上标注出缺陷的相应位置、形状和大小，并说明缺陷的性质。这是最常见的缺陷迹痕显示的记录方式。

2. 照相记录

在适当光照条件下，用照相机直接把缺陷拍照下来。着色渗透显示在白光下拍照，最好用数码照相机，这样记录的缺陷迹痕显示图像更真实、方便。荧光渗透检测显示须在紫外线灯下拍照，拍照时，镜头上要加黄色滤光片，且采用较长的曝光时间。可采用在白光下极短时间曝光以产生工件的外形，再在不变的曝光条件下，继续在紫外线下进行曝光，这样可得到在清楚的工件背景上的缺陷迹痕显示图像的荧光显示。

3. 可剥性塑料薄膜等方式记录

采用溶剂蒸发后会留下一层带有显示的可剥离薄膜层（或称可剥性塑料薄膜）的液体显像剂显像后，将其剥落下来，贴到玻璃板上保存起来。剥下的显像剂薄膜包含有缺陷迹痕显示图像。着色渗透检测时在白光下、荧光渗透检测时在紫外线灯下，可看见缺陷迹痕显示图像。

4. 录像记录

对于渗透检测过程和缺陷，也可以在适当的光照条件下，采用模拟或数字式录像机完整记录缺陷迹痕显示的形成过程和最终形貌。

8.4.2 渗透检测记录和报告

渗透检测时应作好检测原始记录，渗透检测完成后应在原始记录的基础上发出渗透检测报告。按照无损检测质量管理的一般要求，通常检测记录的信息量应不少于检测报告的信息量。渗透检测原始记录及报告应包括如下内容：

1. 受检工件状态

委托单位；被检工件：名称、编号、规格、形状、坡口形式、焊接方式和热处理状态；

2. 检测方法及条件

检测设备；渗透检测剂名称和牌号；检测规范：检测比例、检测灵敏度校验及试块名称、预清洗方法、渗透剂施加方法、乳化剂施加方法、去除方法、干燥方法、显像剂施加方法、观察方法和后清洗方法，渗透温度、渗透时间、乳化时间、水压及水温、干燥温度和时间、显像时间；

3. 检测结论

检测标准名称和质量验收标准名称；缺陷名称、大小及等级；检测结果；

4. 示意图

渗透检测部位、缺陷迹痕显示记录及工件草图（或示意图）；

5. 其他

检测和审核人员签字及其技术资格；检测日期等。

渗透检测

TGS Z7001—2004《压力容器定期检验规则》中规定的渗透检测报告格式如表 8—2 所示,可供参考。

表 8—2　　　　　　　　　　渗透检测报告

单位内编号/设备代码:　　　　　　　　　　　　　　　　　　　　报告编号:

渗透剂型号		表面状况		
清洗剂型号		环境温度		℃
显像剂型号		对比试块		
渗透时间	min	显像时间		min
检测标准		检测比例	%	mm

检测部位(区段)及缺陷位置示意图:

渗透检测结果评定表

区段编号	缺陷位置	缺陷尺寸(mm)	缺陷性质	评定	备注

检测结果:

检测:　　　　　　日期:　　　　　　审核:　　　　　　日期:

复习思考题

1. 渗透检测时,迹痕显示分为哪几类?其分别是怎样形成的?试举例说明。
2. 渗透检测时,缺陷迹痕显示分成哪几类?其各自是如何形成的?试举例说明。
3. 渗透检测时,常见缺陷分为哪几类?其各自是如何形成的?试举例说明。
4. 渗透检测时,缺陷显示迹痕有哪些记录方式?
5. 渗透检测时,原始记录及检测报告应包括哪些内容?
6. 焊接气孔分成哪几类?＊其是如何形成的?＊形成焊接气孔的工艺因素主要有哪些?渗透检测时,焊接气孔迹痕显示有何特点?

7. 什么叫热裂纹、冷裂纹？它们各有何特征？＊简述其产生原因。渗透检测时，热裂纹及冷裂纹迹痕显示各有何特征？

8. 什么叫未熔合？它分成几类？＊简述其产生原因。渗透检测时，未熔合迹痕显示有何特征？

9. 什么叫未焊透？＊简述其产生原因。渗透检测时，未焊透迹痕显示有何特征？

＊10. 简述铸造缺陷：裂纹、气孔、冷隔、疏松、夹渣等是如何形成的？渗透检测时，上述缺陷迹痕显示各有何特征？

＊11. 简述如下缺陷：折叠、磨削裂纹、疲劳裂纹、淬火裂纹等是如何形成的？渗透检测时，上述缺陷迹痕显示各有何特征？

＊12. 制定工件质量验收标准有哪几种方法？

第9章 质量控制与安全防护

9.1 质量控制的必要性

渗透检测是检查表面开口缺陷的一种无损检测方法，被大量用于工件、部件、产品或材料质量的检查。渗透检测本身的工作质量的可靠性，在一定程度上决定了产品的安全使用的可靠性，即渗透检测体系的可靠性是保证产品安全使用的重要条件之一。很显然，如果渗透检测体系本身不可靠，产品有缺陷甚至有危险缺陷，虽然经过渗透检测，也可能发现不了。这样，渗透检测工作本身就失去其意义，更为严重的是，产品的安全使用可靠性就无保障，就可能在使用过程中出现失效，甚至出现破坏。

渗透检测体系包括渗透检测人员、渗透检测设备和材料、渗透检测工艺方法和渗透检测检验环境主要五个方面，简称"人""机""料""法"和"环"。渗透检测的质量管理也主要就是对这五个方面进行控制管理。

9.1.1 渗透检测剂的性能校验

1. 渗透剂的性能校验

（1）外观检查　渗透剂外观应清彻透明，色泽鲜艳，无污物等。着色渗透剂在白光下观察应是红色。荧光渗透剂用紫外线灯照射时应发黄绿色或绿色荧光。着色荧光渗透剂在日光下观察应是红色、橙色或紫色，用紫外线灯照射时应发黄绿色、绿色或相应颜色荧光。

（2）润湿性能检查　可用脱脂棉球蘸少量渗透剂涂到清洁发亮的铝板表面，并涂抹成薄层，10 min 后观察，渗透剂膜层应不收缩，且应不形成小泡，所有渗透剂应很容易润湿铝板表面。

（3）渗透剂的含水量和容水量的测定　水洗型渗透剂用图9—1所示的水分测定器测量含水量。使用中含水量控制在2%（V/V）以下。在开口槽中使用的水洗型荧光渗透剂，含水量应不高于5%（V/V）。

测量方法如下：

取 100 ml 渗透剂和 100 ml 无水溶剂（如二甲苯）置于容量为

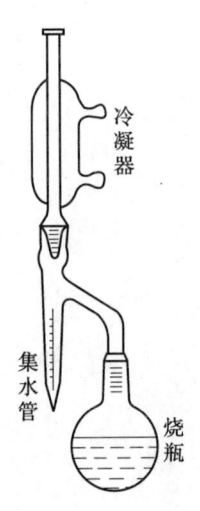

图9—1　水分测定器

500 ml 的圆底玻璃烧瓶中,摇动 5 min,使其均匀混合,用电炉、酒精灯或小火焰煤气灯加热烧瓶,并控制回流速度。使冷凝器的斜口每秒钟滴下 2～4 滴液体。这样

$$含水量 = \frac{集水管中水的体积（ml）}{100\ ml} \times 100\% \tag{9—1}$$

在开口槽中使用的水洗型渗透剂,需测量容水量,测量方法如下:

取 50 ml 渗透剂置于 100 ml 的量筒中,以 0.5 ml 的增量逐次往渗透剂中加水,每次加水后,用塞子塞住量筒,颠倒几次并观察渗透剂是否有混浊、凝胶、分层等现象。检查灵敏度是否下降。记录逐次加进水的量,当出现混浊、凝胶或检验灵敏度下降现象时为止。则:

$$容水量 = \frac{加入水总量（ml）}{50\ ml + 加入水总量（ml）} \times 100\% \tag{9—2}$$

允许容水量应不低于 5%（V/V）。

(4) 腐蚀性检验

1) 中温腐蚀性检验 用镁合金 MB-2、ZM-5、铝合金 LC-4、铬钼结构钢 30GrMoA 按 100 mm×10 mm×4 mm 的规格加工成试样,放入渗透剂中。试样一半浸入液体,一半留在液面之上,将渗透剂置于 (50±1)℃ 的恒温水槽中。3 h 后,将试样从渗透剂中取出。水洗型渗透剂直接用水冲洗、干燥。后乳化型渗透剂则用乳化剂乳化后,用水冲洗、干燥。最后目视观察试样两面,不应有失光、变色和腐蚀现象。

2) 钛合金热盐应力腐蚀性检验 用钛合金退火状态 TC-4 按图 9—2 的规格加工成试样,材料流线方向应平行于长度方向。试样表面要用粒度为 180 号的砂纸作精细的研磨,再依次用无水乙醇及乙醚洗涤,然后放在滤纸上晾干。此后,试样表面绝对不许用手接触。试样应在半径为 7 mm 的芯棒上弯成一个 65°±5° 的过渡角,见图 9—3。

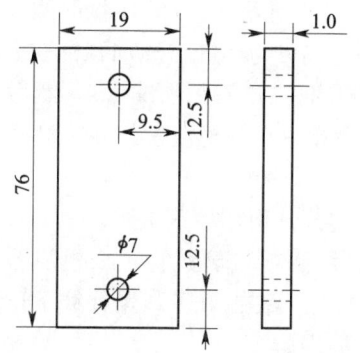
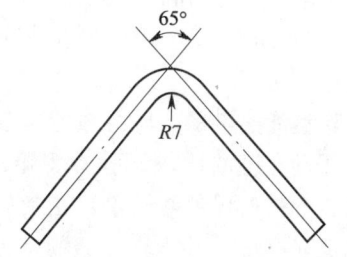

图 9—2 钛合金腐蚀试验试样尺寸示意图　　图 9—3 钛合金腐蚀试验试样弯曲示意图

对每种被检渗透剂应使用 4 个试样,加应力前试样应用溶剂擦拭或脱脂,并在 40%(V/V) HNO_3、3.5% (V/V) HF 的混合水溶液中轻度浸蚀。然后用直径 6 mm 的螺栓按图 9—4 给试样施加应力。一块试样用 3.5% (V/V) NaCl 溶液浸涂,一块试样不涂,剩下的两块用被检渗透剂浸涂。浸涂时应将加应力的试样以开口端向上浸在溶液中。将加应力的试样流滴 12 h 或直至干燥,然后将加应力的试样放在烘箱内并在 (538±4)℃ 的温度下持续 4.5 h。

结果解释如下:

渗透检测

　　a. 在加应力的情况下，观察试样是否有明显的裂纹。

　　b. 当用 3.5％NaCl 溶液浸涂的试样没有显示明显的裂纹时，取下螺栓，在（138±4）℃温度下 50％（V/V）NaOH 的水溶液中浸泡 30 min，随后冲洗涂层表面，在 40％（V/V）HNO_3、3.5％（V/V）HF 的水溶液中腐蚀试样 3～4 min，用 10 倍放大镜观察腐蚀面。

　　c. 对仍在夹具中的试样的看得见的部分进行观察，如果没有观察到裂纹，则应用类似 b 的方法清洗、腐蚀和检查，看是否符合要求。

　　d. 如果 NaCl 溶液浸涂的试样没有起凹坑或裂纹，或如果没有浸涂的试样有凹坑或裂纹，则试验是无效的，须重做。

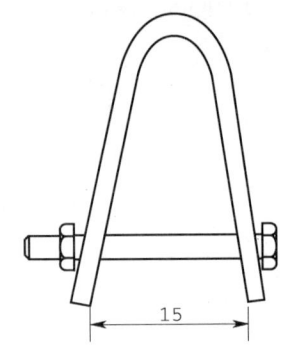

图 9—4　钛合金腐蚀试验试样受力示意图

　　e. 对用渗透剂浸涂的试样，用 10 倍放大镜目视检查，试样应无明显凹坑、腐蚀、裂纹或表面变色情况。

　　3）高温腐蚀性检查　用于本试验的材料应是高温铸造合金（例如镍钴合金），试样尺寸 12 mm×12 mm×2.5（>2.5）mm。试样表面用 600# 粒度的砂纸打磨以得到光滑均匀的光洁面。两块试样浸涂被检渗透剂，另外两块则不浸涂被检渗透剂。将试样放入烘箱，在（1 010±28）℃的条件下保温（100±5）h。从烘箱中取出试样并将其冷却至室温。截取、镶嵌和抛光每一试样断面，用 200 倍的显微镜观察断面的晶间腐蚀和氧化迹象，并把浸涂有被检渗透剂和未浸涂被检渗透剂的试样进行比较，浸涂有被检渗透剂的试样，不应有更多的腐蚀、氧化痕迹。

　　(5) 可去除性检查　用吹砂钢试片进行试验。将渗透剂涂于试片表面，或将试片浸于渗透剂中，时间 15 min，然后用压力约 0.4 MPa 的水冲洗，冲洗角 45°，水洗时间 30 s，再用热风干燥，在白光或紫外线下观察是否有余色或余光。也可与标准渗透剂和标准去除方法处理的试板相比较，看是否符合要求。如果是后乳化渗透剂，先用水预洗 5 s，然后用乳化剂乳化 5 s，再用水压约 0.4 MPa 的水冲洗 30 s，热风干燥后在白光或紫外线下观察。也可用上述比较法比较。

　　溶剂去除型渗透剂的去除性校验可参照上述方法进行，但用溶剂去除。

　　(6) 渗透剂亮度的比较试验　粗略的测定方法：用两根玻璃试管，一根装上标准渗透剂，另一根装上被检验的渗透剂，密封放置 4 h 以上，然后在白光下或紫外线下比较颜色的鲜艳程度或荧光亮度，并观察渗透剂是否有分层、沉淀现象。

　　一般渗透检测方法标准中规定了标准对比渗透剂的制备方法是：在每批新的渗透剂和乳化剂中称取 0.5 kg，分别装在密封的玻璃容器内，注明材料批号标志，避免阳光的照射，防止温度对它的影响，以此作为标准对比渗透剂。

　　荧光亮度的比较测定可用紫外线照度计进行，测定方法步骤如下：

　　用两张干净滤纸，分别用标准荧光渗透剂和待测量的荧光渗透剂浸湿并烘干。在紫外线下比较，如两者发光强度无明显差别，则说明待测量的荧光渗透剂发光强度合格。若有明显差别，再做进一步比较试验，具体方法如下：

　　先用二氯甲烷分别将标准荧光渗透剂和待测量的荧光渗透剂稀释到 10％的体积分数。

再将两张 80 mm×80 mm 的滤纸分别在以上两种稀释液中浸湿,并在 85℃ 以下的烘干装置中烘干。

将紫外线照度计置于紫外线下,移动照度计得最大值;再调节紫外线灯高度使照度计读数为 250 lx。

取出紫外线照度计中的荧光板,换上浸过荧光渗透剂的滤纸,分别记下两张滤纸的读数。

两者读数之差除以浸标准荧光渗透剂的滤纸读数所得的百分数,应不大于 25%。大于 25% 时,荧光渗透剂应更换。

着色渗透剂的色泽与着色染料性质、所溶解的染料量有关。颜色越深,着色渗透剂对光的吸收能力越强。着色渗透剂色泽可用测定消光值来衡量。测定时选择一种液体作为标准液,进行光电比色,读取各种着色液的比色值,即消光值。

(7) 灵敏度黑点试验 渗透剂的灵敏度试验用 A 型试块或 C 型试块进行。试块的一半用标准渗透剂,另一半用待测量的渗透剂,两者进行比较。荧光渗透剂还可用黑点试验法测定灵敏度。

黑点试验又叫新月试验。这种方法是测量荧光渗透剂扩展成多厚的薄膜时,在一定强度的黑光照射下,具有最大发光亮度的一种方法,这一厚度就是临界厚度。由于临界厚度以上的荧光亮度与临界厚度处相同,故常用临界厚度值来表示荧光渗透剂在黑光辐照下的发光强度。临界厚度愈小,发光强度就愈大。

黑点试验方法如下:

在一块平板(如玻璃板)上滴几滴荧光渗透剂,将一块曲率半径为 1 060 mm 的平凸透镜的凸面压在荧光渗透剂上,这时透镜与平板之间的荧光渗透剂呈薄膜状,见图 9—5。透镜与平板相接触的一点,荧光渗透剂的厚度为零。接触点附近的荧光渗透剂形成薄膜,离中心愈近,薄膜愈薄。

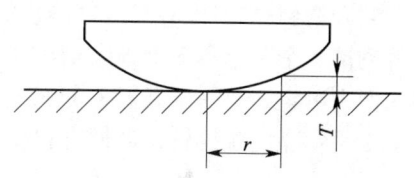

图 9—5 黑点试验示意图

在紫外线的照射下,临界厚度以上的薄膜能发出最大的荧光亮度。而在接触点处及临界厚度以下的极薄层荧光渗透剂不能发出荧光,而形成黑点。黑点愈小,说明临界厚度愈小。临界厚度用下式求得:

$$T = \frac{r^2}{2R} = \frac{d^2}{8R} \qquad (9-3)$$

式中 T——临界厚度,mm;

r——黑点半径,mm;

d——黑点直径,mm;

R——透镜曲率半径,即 1 060 mm。

从上式可知,黑点直径愈小,临界厚度愈小,说明荧光渗透剂的发光强度愈高。超亮的荧光渗透剂,其黑点直径可在 1 mm 以下,只有针尖那么大。

临界厚度愈小,说明荧光渗透剂扩展成薄膜时,在紫外线下被观察到的可能性愈大。从这个意义上讲,也可以说该荧光渗透剂的灵敏度高。因此,常用临界厚度或黑点直径来作为荧光渗透剂灵敏度的衡量尺度。黑点愈小,灵敏度愈高。

渗透检测

例：某荧光渗透剂的黑点试验时，测得黑点直径为 1.1 mm，求临界厚度值。

解：$T=d^2/8R=1.1^2/(8\times1.06\times10^3)=1.4\times10^{-4}$ mm。

答：临界厚度值为 1.4×10^{-4} mm。

（8）荧光渗透剂的黑光稳定性试验　黑光稳定性试验可跟在荧光渗透剂亮度比较试验后进行，用同样的试样和仪器。

将 10 张滤纸浸入到制备好的用于测试的荧光渗透剂中，取出干燥 5 min 后，把其中 5 张滤纸试样悬挂在无强光、强热和强大空气流的地方；其余 5 张滤纸试样应暴露在稳定均匀的（在所有 5 张试样滤纸上）800 μW/cm² 的黑光下 1 h。曝光后，根据适用条件，按荧光渗透剂亮度比较试验规定的方法测试。暴露于黑光下的滤纸试样平均荧光亮度与未暴露于黑光下的滤纸试样的平均荧光亮度相比较，最低合格值分别为：低灵敏度荧光渗透剂 50%；中灵敏度荧光渗透剂 50%；高及超高灵敏度荧光渗透剂 70%。也可用 A 型试块进行试验，即按常规操作方法将荧光渗透剂施加在试块相邻两面，试块的一面在黑光下照射 1 h，另一面用滤纸挡住，然后测定两面荧光亮度。

（9）渗透剂的热稳定性试验　渗透剂的热稳定性试验可跟在渗透剂亮度的比较试验后采用同样的试样和仪器进行。

将 10 张滤纸浸入到制备好的用于测试的渗透剂中，取出干燥 5 min 后，将其中 5 张滤纸试样悬挂在无强光、强热和强大空气流的地方；其他的 5 张滤纸试样放置于干净的金属板上，装入调到（121±2）℃空气静止的烘箱内 1 h。然后按渗透剂亮度比较试验规定的方法，交替测试 5 个装箱和 5 个未装箱试样的渗透剂的亮度。对于装箱试样，应在与金属板未接触的一面来测定。暴露于高温下的滤纸试样的平均渗透剂亮度与未暴露于高温下的滤纸试样的平均渗透剂亮度相比较，最低合格值分别为：低及中灵敏度渗透剂 60%；高及超高灵敏度渗透剂 80%。

（10）渗透剂的温度稳定性试验　温度稳定性试验是将不少于 1 L 的被检渗透剂材料装在密封玻璃瓶内进行两次完整周期的温度变化，每一周期指的是将试样从室温冷却到 -18℃，然后加温到 66℃，接着再冷却至室温。让试样在每一温度极值上保持至少 8 h。在温度循环完成后，让试样回到室温，然后用目视检验，渗透剂不应显示离析现象。

此外，水洗型渗透剂在经受该试验并回到室温时，容水量应不低于 5%。即在该水洗型渗透剂中加入 5%（V/V）的水，按照渗透剂容水量的试验方法试验，渗透剂不能产生凝胶、离析、混浊、凝聚或在渗透剂面上形成分层。

（11）槽液寿命试验　取 50 ml 被检渗透剂装入直径 150 mm 的耐热烧杯中，然后放入对流烘箱内，在（50±3）℃的温度下保温 7 h，到时间后取出试样并让其冷即到室温，目视检查试样，不应显示有离析、沉淀或形成泡沫。

（12）渗透剂的储藏稳定性试验　在 16~38℃ 的温度范围内，未使用过的密封装满的渗透剂，在仓库条件下存放 1 年，性能应满足各项技术指标。

（13）渗透剂的黏度测定　渗透剂的黏度应在（38±3）℃时，按照 GB 265—88《石油产品运动黏度测定法和动力黏度计算法》的规定进行测定，要求其黏度与标称值的差不超过其±10%。

（14）渗透剂的闪点测定　将在敞口的槽子或容器里使用的渗透剂，按 GB 261—83《石油产品闪点测定法（闭口杯法）》的规定进行测定。一般要求，水洗型渗透剂闭口闪点应大于 50℃；后乳化型渗透剂闭口闪点应为 60～70℃。

（15）持续停留时间试验　渗透剂在（20±5）℃温度条件下停留 4 h 后，进行可去除性检查应合格。

2. 乳化剂的性能校验

（1）外观检查　着色渗透检测剂系列的乳化剂和荧光渗透检测剂系列的乳化剂，与其相应的着色渗透剂和荧光渗透剂，两者的颜色应有明显的差别。

（2）乳化性能检查　取两块吹砂钢试片先浸入适当的后乳化渗透剂中，垂直悬挂滴落 3 min 后，用冷水以相同的清洗条件清洗掉多余的渗透剂。然后，一个试片浸入测量的乳化剂中，另一个浸入标准乳化剂中，时间为 30 s，取出后垂直滴落 3 min，再用冷水以相同的条件清洗，并用压缩空气吹干；在紫外线或日光下观察荧光背景或着色背景。如果相差悬殊，则应更换乳化剂。测量的乳化剂可以是使用中的乳化剂，也可以是新购置的乳化剂。

（3）亲油性乳化剂的允许含水量检查　在亲油性乳化剂中加入 5%（V/V）的水，搅拌均匀后观察乳化剂，不应产生凝胶、离析、混浊或形成分层。加入 5%（V/V）的乳化剂，当其与相应的渗透剂配用时，渗透剂不能产生凝胶、离析、混浊、凝聚或在渗透剂面上形成分层，并且，该相应的渗透剂的去除性能应符合要求。

（4）亲水性乳化剂的容水量测定　浓缩的亲水性乳化剂的允许容水量应不低于 5%（V/V）。

（5）温度稳定性检查　亲油性乳化剂和浓缩的亲水性乳化剂，其温度稳定性检查方法与渗透剂检查方法相同。乳化剂的组分不得离析。

（6）亲油性乳化剂的槽液寿命检查　亲油性乳化剂的槽液不应出现离析、沉淀或泡沫。

（7）亲水性乳化剂的浓度　亲水性乳化剂在进行各项试验检查时，应根据制造厂推荐的方法进行稀释。

3. 溶剂去除剂的性能校验

主要是外观检查、去除性能检查及储存稳定性检查等。

外观检查：溶剂去除剂应是无色透明的油状液体，不含沉淀物。

去除性能检查：取两块吹砂钢试片，在每块试片上各倒上大约 5 ml 溶剂去除型渗透剂（着色渗透剂或荧光渗透剂），渗透剂应倒在试片中心位置，并使其在试片上流淌均匀，然后以大约 60°的角度滴落 10 min。用清洁的不起毛的抹布擦去多余的渗透剂，然后用分别蘸有标准溶剂去除剂与受检溶剂去除剂的清洁的不起毛的抹布，分别擦试两块施涂有渗透剂的吹砂钢试片。在黑光或白光下观察荧光背景或着色背景，与标准溶剂去除剂相比，不应遗留更多残余渗透剂，也不应在试片上留下油状残余物。如果相差悬殊，受检溶剂去除剂则不能使用。

储存稳定性检查：在 15～38℃下储存 1 年后，进行去除性能检查，性能应不降低。

4. 显像剂的性能校验

（1）外观检查　用于着色渗透检测的显像剂应提供一个良好的对比背景。用于荧光渗透检测的显像剂，当其暴露在紫外线下时，不应比相应的标准显像剂呈现更多的荧光。

用铝合金淬火试块（A 型试块）检查时，显像剂显像能力要强，附着状态应良好。

（2）干粉显像剂的性能校验　干粉显像剂是一种颗粒极细且吸附性极强的白色粉末，不应有聚结颗粒和块状物。干粉显像剂常配合荧光渗透剂使用，因此，在紫外线下应不发荧光。

1）荧光污染与水污染检查　取一块吹砂钢试块，将其一半浸入蒸馏水中，快速地摆动

渗透检测

数次后置于干粉显像剂中,然后取出于室温下干燥,在 $1\,500\,\mu W/cm^2$ 的黑光灯下检查。与标准显像剂对比,不应有更多的荧光呈现。试块的两半部分对比,可检查显像剂的水污染情况。

2) 干粉显像剂的松散性(密度)检查(参见第13章实验五:干粉显像剂的摇实密度)

将一个清洁、干燥、刻度为 500 ml 的量筒准确地从 500 ml 刻度处切齐,称量量筒的质量,精确到 0.5 g。将量筒倾斜 30°角,并使显像剂粉末沿筒壁轻轻滑入量筒内,使其充满溢出。每添加一次,恢复量筒到垂直位置一次,使无空穴形成。严禁摆动或敲击量筒。用直尺刮去多余粉末。在筒口捆扎一张纸。让量筒从 25 mm 高处反复地自由落到一个厚度为 10 mm 且有一定硬度的橡胶板上,使粉末往下墩实。每落下一次后,将量筒转 90°。每落下 5 次后,读一次粉末所占有的体积,一直重复到体积不变为止。读下此时的体积刻度值。最后,除去捆扎的纸,称取量筒和盛装显像剂粉末的总质量。

显像剂的松装密度为净质量除以 500,应小于 $0.075\,g/cm^3$,即每升松散的显像剂的重量为 75 g 以下。显像剂的摇实密度为净质量除以装实后所得的体积,应不大于 $0.13\,g/cm^3$,即每升体积内,显像剂的质量不多于 130 g。

(3) 湿式显像剂的性能校验

1) 再悬浮性能检查(水悬浮显像剂、溶剂悬浮显像剂) 湿式悬浮显像剂应按照制造商的说明书进行配制并使其静置 24 h 后,轻轻地摆动,已经形成的沉淀应能很容易地再悬浮。

2) 适用性能检查(灵敏度检查) 水悬浮显像剂和水溶性显像剂按制造厂说明书中推荐的最大的浓度配制,溶剂悬浮显像剂按制造厂说明书配制。使用相应的渗透剂及相应的工艺参数,对标准裂纹试块进行渗透检测全过程操作。标准裂纹试块表面显像剂涂层应均匀一致,与标准显像剂相比,缺陷显示应符合要求。

3) 沉降速率(沉淀性)检查 溶剂悬浮显像剂:将显像剂搅拌到所有固体粉末呈悬浮状态,然后将 25 ml 溶剂悬浮显像剂注入 25 ml 量筒中,静置 15 min 后检查悬浮液的分层情况。此时,在全部混合液的表面下,沉淀物与无沉淀物的分界线距上表面距离应不超过 2 ml 的刻度。

水悬浮显像剂:按说明书配制,并放置 4 h。按上述试验方法试验,分界面至上表面距离应不超过 12.5 ml。

(4) 显像剂的可去除性检查

1) 试板:尺寸 40 mm×50 mm,材料 1Cr18Ni9,轧制表面,经汽油清洗并干燥。

2) 干粉显像剂:将被检显像剂粉末与标准显像剂粉末分别撒喷在两块试板上,静置 5 min,用 0.2 MPa 的自来水喷洗 1 min,空气干燥,目视检查,所有显像剂应与相应的标准显像剂同样容易彻底去除。

3) 湿式显像剂:试验方法基本同上述试验方法,试板可倾斜 45°角,放在温度为 (150±3)℃ 的环流烘箱内干燥 1~2 min,然后静置、水喷洗、干燥、目视检查。

9.1.2 渗透检测剂系统灵敏度鉴定

灵敏度鉴定,就是用当前使用的渗透检测剂系统,按规定工艺对标准试块进行处理,将检测结果（人工缺陷显示的点数、亮度或颜色深度等）与未使用过的合格渗透检测剂系统的检测结果相比较，以评定当前渗透检测剂系统的灵敏度。

1. 低灵敏度渗透检测剂系统鉴定

使用 A 型试块鉴定。将被检渗透检测剂施加到 A 型试块的半个表面上，将标准渗透检测剂施加到 A 型试块的另外半个表面上。试验参数按表 9—1 的规定。按照渗透检测的标准操作程序，处理 3 块 A 型试块。被检渗透检测剂在 A 型试块上所显示出的痕迹，其数量和亮度应等于或超过相应标准渗透检测剂所显示的痕迹。

表 9—1 低灵敏度渗透检测剂系统试验参数

试验参数 渗透检测剂	渗透时间 (min)	乳化时间 (min)	显像时间 (min)
水洗型	10	—	5
后乳化型	10	荧光：2；着色：0.5	5
溶剂去除型	10	—	5

2. 中、高和超高灵敏度渗透检测剂系统鉴定

使用 C 型试块鉴定。将被检渗透检测剂施加到 C 型试块的半个表面上，将相应标准渗透检测剂施加到 C 型试块的另半个表面上。按表 9—2 规定的试验参数处理 3 块 C 型试块。被检渗透检测剂在 C 型试块上所显示出的痕迹，其数量和亮度应等于或超过相应标准检测剂所显示的痕迹。

3. 渗透检测剂系统检测表面孔穴灵敏度鉴定

渗透检测除了检测表面裂纹外，也常用于检测各种表面孔穴。利用陶器试块，即可鉴定渗透检测剂系统检测表面孔穴的灵敏度。鉴定时，在试块两面分别施加被检渗透检测剂和相应标准渗透检测剂。如果是鉴定低灵敏度渗透检测剂，其停留时间按表 9—1 的规定，按照渗透检测标准操作程序处理试块。如果是鉴定中、高和超高灵敏度渗透检测剂，其试验参数按表 9—2 的规定。最后检查被检渗透检测剂系统在陶器试块所显示的点状痕迹，其亮度和数量应等于或超过相应标准渗透检测剂所显示的点状痕迹。

表 9—2 中、高和超高灵敏度渗透检测剂系统试验参数

渗透检测剂工序	水洗型	后乳化型（亲油）	后乳化型（亲水）	溶剂去除型
施加渗透剂	5 min	5 min	5 min	5 min
预水洗	—	—	水压 0.2 MPa， 水温 (20±5)℃，1 min	
乳化	—	2 min	按制造厂浓度，2 min	
水洗	水压 0.2 MPa， 水温 (20±5)℃，5 min	根据要求	水压 0.1 MPa， 水温 (20±5)℃，2 min	
溶剂擦拭	—	—	—	根据要求
干燥和显像	干燥：轻微气流吹干 30 min，温度 (20±5)℃。显像：15 min。			

渗透检测

JB/T 4730.5—2005 中规定，校验渗透检测剂系统灵敏度应使用 B 型试块。因此，为比对检测结果，应同时使用两块 B 型试块以替代上文中的一块 A（或 C）型试块。

9.1.3 渗透检测剂的质量控制

渗透检测材料的质量，是渗透检测成败的关键，因此，必须严格控制渗透检测剂的质量，确保其性能可靠，方能保证渗透检测工作的可靠性。

1. 新购进的渗透检测剂的质量控制项目

渗透检测剂系统，必须采用同一家厂商提供的、同族组的产品，不同族组的产品不能混用。未经有关部门的鉴定、验收或批准的产品不准采用。当配制成分或制作方法的改变超出正常的允许值时应重新鉴定。

（1）渗透检测剂性能鉴定

1）渗透检测剂所用材料例如煤油、染料、氧化镁粉等的性能鉴定项目：毒性、腐蚀性、闪点、黏度、储存稳定性、氯、氟及硫含量、与液氧（LOX）或高压气态氧（GOX）的相容性。

2）渗透剂性能鉴定项目：表面润湿、持续停留时间、颜色、荧光特性（黑光下颜色、亮度的稳定性）、允许容水量、温度稳定性、槽液寿命、可去除性。

3）乳化剂性能鉴定项目：颜色、渗透剂污染、允许含水量、槽液寿命、温度稳定性、浓度。

4）显像剂性能鉴定项目：干粉显像剂的松散性、荧光污染及水污染；湿显像剂的再悬浮性、沉淀性和适用性；可去除性、对比性。

5）溶剂去除剂性能鉴定项目：清洗性（残余渗透剂、油状残余物）。

（2）渗透检测剂性能抽查　工厂使用部门对每批渗透检测剂的性能，应在入厂时进行抽查，合格者方可使用。并抽取 1 kg 合格的渗透检测剂作为校验使用过程中渗透检测剂的标准样品。

1）渗透剂性能抽查项目：闪点、黏度、荧光亮度、可去除性、含水量、灵敏度（C 型试块）。

2）乳化剂性能抽查项目：含水量。

3）显像剂性能抽查项目：干粉显像剂的松散度；湿显像剂的再悬浮性、沉淀性；可去除性。

2. 渗透检测剂在使用过程中的校验

本节所述使用过程中渗透检测材料的校验，其周期是以每工作班全负荷工作为基础确定的。实际渗透检测过程中，有时工作量不大，可以根据实际工作量，降低校验频次，延长校验周期。但每次工作之前必须校验。

（1）渗透剂的校验

1）渗透剂的亮度比较校验：校验周期为 3 个月，被测渗透剂的亮度下降到同批标准样品的 85% 以下时，不准使用。

2）渗透剂的含水量测定：校验周期为 3 个月，不符合要求时不准使用。

3) 渗透剂的腐蚀性能校验：校验周期为 6 个月，不符合要求不准使用。

4) 渗透剂的可去除性校验：每天检查渗透剂，如发现有明显的沉淀或可去除性能下降，应进行可去除性校验。每天进行渗透检测系统灵敏度测定，如不符合要求，则不准使用。

5) 渗透剂的灵敏度校验：每个工作班均使用 B 型标准试块作渗透剂的灵敏度校验，若低于同批材料的标准样品，则不准使用。每 6 个月使用 C 型标准试块作渗透剂的灵敏度校验，若低于同批材料的标准样品，则不准使用。

(2) 乳化剂的校验　乳化剂的校验项目、周期及质量评定方法如下所述：

1) 乳化剂的外观检查：每天检查乳化剂的外观，如果发现有明显沉淀及黏度增大而引起乳化能力下降时，则不准使用。

2) 乳化剂的乳化能力和可去除性检查校验：校验周期为 1 个月，如果发现乳化能力下降或清洗性能不良，则不准使用。

3) 乳化剂的黑光检查：校验周期为 1 周，在黑光灯下观察乳化剂，如果发现乳化剂中有荧光渗透剂污染（或着色渗透剂污染）而影响使用时，则不准使用。

(3) 显像剂的校验

显像剂的校验项目、周期及质量评定方法如下所述：

1) 干式显像剂的外观检查：每个工作班均需进行一次外观检查，如发现明显的荧光及凝聚现象，则不准使用。

2) 干式显像剂的松散度校验：校验周期为 1 个月，如不符合要求，则不准使用。

3) 湿式显像剂的荧光渗透剂（或着色渗透剂）污染或浓度校验：校验周期为 1 个月，在黑光灯（或日光）下如发现有明显的荧光渗透剂（或着色渗透剂）污染或浓度不符合要求，则不准使用。

4) 溶剂悬浮或水悬浮湿式显像剂的再悬浮校验：校验周期为 1 个月，如不符合要求，则不准使用。

5) 溶剂悬浮或水悬浮湿式显像剂的沉淀性（沉降速率）校验：校验周期为 1 个月，如不符合要求，则不准使用。

6) 干式显像剂与湿式显像剂的显像灵敏度校验：校验周期为 1 周，使用 A 型标准试块进行试验，如发现显像能力下降或失去附着力，则不准使用。

9.1.4　渗透检测设备、仪器和试块的质量控制

1. 渗透检测工艺设备的质量控制

(1) 渗透检测工艺设备的基本要求　应根据受检件的尺寸、规格、数量及形状等，制成各种类型的工艺设备，如渗透剂槽、乳化剂槽、去除剂槽、恒温热风循环烘箱或干燥装置、显像剂槽或喷粉柜等。

水洗槽应配备水喷枪清洗工具，并可调节水压及流量，可附加配备一定温度的水加热装置。

渗透剂槽、乳化剂槽应配置泵和喷浇液体的喷嘴，以便喷浇液体或更换槽液。显像剂槽内应加设电动搅拌器。

(2) 渗透检测工艺设备的校验　渗透检测工艺设备，如预清洗槽、水洗槽和显像剂槽每

半年维修一次。对空气管路的清洁度、槽液的水平面、设备清洁度应每个工作班检查一次。

2. 黑光灯的质量控制

(1) 黑光灯的基本要求

黑光灯的紫外线波长范围为 320~400 nm，峰值为 365 nm，距黑光灯滤光片 380 mm 处的紫外线辐照度应不低于 1 000 $\mu W/cm^2$。

水槽上方设置的吊挂式防爆黑光灯的紫外线辐照度应不低于 800 $\mu W/cm^2$。

检查深孔和工件内壁的缺陷，应配备深孔内壁黑光检查仪及笔式黑光灯。

黑光灯电源电压波动超过±10%时，应配备稳压器。

(2) 黑光灯的校验

黑光灯的紫外线辐照强度应每周检查一次。

紫外线灯辐照强度用紫外线辐照计或紫外线照度计测量，测量方法如下：

开启紫外线灯 20 min 后，将紫外线辐照计置于紫外线灯下，调节紫外线辐照计到黑光灯灯泡的距离为 380 mm，读出紫外线辐照计上的读数，读数值应大于 1 000 $\mu W/cm^2$。

如果用紫外线照度计测量，则照度计与灯泡相距 460 mm，其读数值应不低于 70 lx。

实际使用紫外线灯时，要测量紫外线辐照的有效区，其测量方法如下：

首先，将紫外线灯置于平时检验时的高度位置，开启灯预热 20 min；然后，将紫外线强度检测仪置于紫外线灯下，水平移动，使检测仪读数达最大位置时为止。

在工作台上读数最大点位置画互相垂直的两条直线，见图 9—6。再将紫外线强度检测仪置于交点处，沿每条直线按 150 mm 的间隔点依次检测，并记下读数，直到测得读数为 1 000 $\mu W/cm^2$ 读数点为止。记下这些点，将这些点连接成圆形。这个圆内区域就是紫外线灯辐照有效区。工件检验应在上述有效区范围内进行。

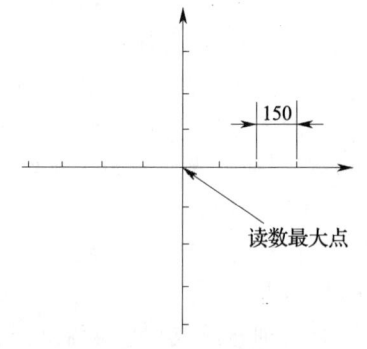

图 9—6　紫外线灯辐射有效区的测量

紫外线灯使用较长时间后，输出功率将降低，如果降低 25%以上，紫外线灯则应更换。可使用紫外线照度计进行测量，方法如下：

将新紫外线灯打开 20 min 后，在暗室里将紫外线照度计置于紫外线灯一定的距离处，记下读数；紫外线灯使用一段时间之后，对同一紫外线灯在同一距离测得第二个读数。比较两次读数，如果输出功率降低 25%以上，则需更换紫外线灯。

3. 紫外线辐照计的质量控制

(1) 紫外线辐照计的基本要求

紫外线辐照计用以测量紫外线辐照强度，波长范围为 320~400 nm，峰值应为 365 nm。

(2) 紫外线辐照计的校验

紫外线辐照计应每年由计量部门校验一次。

4. 荧光亮度计的质量控制

(1) 荧光亮度计的基本要求

荧光亮度计用于测定和比较荧光渗透剂的荧光亮度，波长范围为 430~600 nm，峰值为 500~520 nm。

(2) 荧光亮度计的校验

荧光亮度计应每年由计量部门校验一次。

5. 白光照度计的质量控制

(1) 照度计的基本要求

白光照度计用于测量白光照度,照度范围应为 0～1 600 lx 或 0～6 450 lx。

(2) 白光照度计的校验

白光照度计应每年由计量部门校验一次。

6. 紫外线辐照计校正仪的质量控制

紫外线辐照计校正仪用于定期校正紫外线辐照计。紫外线辐照计校正仪应定期由计量部门检查其工作性能。

7. 渗透检测用标准试块的质量控制

A、B、C 型标准试块适用于不同的情况,应根据用途的不同选用合适的试块。标准试块的制造厂家应经上级业务主管部门的认可并经鉴定合格。

荧光渗透检测使用的标准试块不得用于着色渗透检测,反之亦然,不允许两者混用。

试块使用之后,要按所附说明书的规定进行彻底清洗,不应残留任何渗透检测剂的迹痕。清洗后,将试块放入装有丙酮和无水酒精的混合液体(体积混合比为 1∶1)的密闭容器中保存,或用其他有效方法保存。

当发现试块有堵塞或灵敏度与原先比较有下降时,必须及时更换。

9.1.5 渗透检测工艺操作的质量控制

渗透检测工艺操作系统包括如下几部分内容:表面准备和预清洗、渗透、去除、干燥、显像、观察及评定、后清洗等。渗透检测工艺操作系统质量控制的总体要求是:每个工作班开始之前或渗透检测工艺操作条件发生变化时,用 B 型标准试块校验工艺操作系统的灵敏度,缺陷显示迹痕显示的形貌、数量、亮度及颜色深度,应与试块显示的复制品(或照片)进行对比,合格后方可进行渗透检测检验工作。试块是要反复使用的,因此,每次使用后要彻底清洗,以保证去除缺陷中的荧光渗透剂或着色渗透剂的残余。渗透检测过程中,严格执行渗透检测工艺规程。

1. 表面清理和预清洗的质量控制

所有表面准备方法不得损伤工件表面,不得堵塞表面开口缺陷。

清洗材料及清洗方法不得影响渗透检测剂的性能,且不腐蚀或损坏被检工件。

工件表面及缺陷内的油脂、铁锈等污物去除之后,工件必须进行干燥,以便排除缺陷内的有机溶剂及水分。

2. 渗透操作的质量控制

在渗透时间内,渗透剂必须将被检部位全部润湿覆盖。

工件及渗透剂的温度应保持在 15～50℃之间。

渗透时间应根据渗透剂的种类、被检工件材质及用途、缺陷的性质及细微程度来确定,应确保规定的渗透时间。

3. 施加乳化剂的质量控制

乳化剂要与渗透剂同族组,施加方法要适当,要确保被检表面能均匀乳化。

乳化时间取决于乳化剂的乳化能力、浓度、工件表面状态和缺陷类型等因素,要严格控制乳化时间,必须防止"过乳化"。

4. 去除表面渗透剂的质量控制

(1)水洗型和后乳化型渗透剂的去除　工件经充分渗透或乳化以后,清洗去除时,必须边清洗边观察。清洗荧光渗透剂时,在黑光灯下观察。清洗着色渗透剂时,在适当白光光照下观察。以免清洗不足或清洗过度。

(2)溶剂去除型渗透剂的去除　先用不起毛和有吸附能力的布擦去大部分渗透剂,再用不起毛、清洁、干燥、沾有有机溶剂的布擦去剩余在表面上的渗透剂。不允许直接用有机溶剂对工件喷洗。

5. 干燥操作的质量控制

用清洁、干燥和经过过滤的压缩空气吹去工件表面的水分,其压力不超过 0.15 MPa (1.5 kg/cm^2),喷嘴与工件相距不小于 30cm。

用温度不超过 80℃的热空气循环烘箱干燥工件。干燥时间随工件尺寸、形状及材料而定。干燥的时间应尽量短。

6. 显像操作的质量控制

施加在工件表面上的干粉显像剂,分布要均匀,显像剂层要薄。

悬浮湿式显像剂使用前要充分搅拌均匀,使显像剂粉末保持悬浮分散状态。

用喷涂法施加显像剂时,喷涂装置应与被检表面保持一定的距离(约 200～300 mm),使显像剂在到达工件表面时,几乎是干的。避免过近而造成淌流或局部显像剂覆盖层过厚。

显像时间应根据渗透检测方法及缺陷的性质确定,应不少于 7 min。

7. 观察及评定操作的质量控制

(1)荧光渗透检测检验操作　黑光灯启动 10～15 min 后方可开始工作。被检部位上的紫外线辐照强度应不低于 1 000 μW/cm^2。可选用合适的红色眼镜。不可佩戴光敏眼镜。

检测人员进入暗室后,眼睛至少要有 3 min 的黑暗适应时间。可佩戴防紫外线的无色镜。

(2)着色渗透检验操作　必须在自然光或白光照度不少于 500 lx 的灯光下检验,并应无其他反射光。

8. 后清洗操作的质量控制

工件检验完毕,应清洗残余的渗透剂和显像剂。如果残余渗透剂和显像剂对工件随后的处理或使用有影响,例如产生腐蚀时,则清洗需更彻底。清洗后的工件应该干燥处理或进行防腐蚀处理。

9. 工件标识的质量控制

如果工件表面出现缺陷迹痕显示,可根据需要分别用照片、示意草图或复印等方法记录缺陷迹痕显示位置及形貌。

渗透检测合格的工件,按设计或工艺制造部门规定的标印方法和标印位置作出"合格"标记。不合格的工件,必须做出"不合格"的明显标记。合格工件与不合格工件应严格隔离放置。

10. 渗透检测环境条件的控制

渗透检测场地的面积大小，应根据被检工件的形状、尺寸、数量及相应形式的渗透检测生产线而定。渗透检测场地应有足够的活动空间，应设有排水沟，应有水磨石地面。

渗透检测场地内应设置抽排风装置、压缩空气管路及暖气设施。渗透检测场地内温度应不低于15℃，相对湿度应不超过50%。

静电喷涂场地墙壁应采用瓷砖砌成，地面应保持15°~20°的倾斜，以便排放污水。

荧光渗透剂废水及其他污水处理后，应符合环境保护要求。

9.2 渗透检测安全防护

9.2.1 防火安全

渗透检测所使用的渗透检测剂，除干粉显像剂、乳化剂以及金属喷罐内使用的氟利昂气体是不燃性物质外，其他大部分是可燃性有机溶剂。因此，在使用这些可燃性渗透检测剂时，一定要和使用普通油类或有机溶剂一样，应采取必要的防火措施。

1. 储存渗透检测剂注意事项

储装渗透检测剂的容器应加盖密封。

储存地点应尽量挑选冷暗处，并且避免烟火、热风、阳光直射等。

压力喷罐严禁在高温处存放，因为在高温时，罐内的压力将增大，有发生爆炸的危险。

2. 压力喷罐制品的防火

压力喷罐内充填渗透检测剂的同时，还要充填丙烷气或氟利昂等高压液化气。渗透检测剂本身是一种可燃性物质，充填丙烷气后，着火可能性更大。所以，操作压力喷罐制品时，必须充分注意防火。

3. 灭火器的设置

使用可燃性渗透检测剂时，不仅必须充分注意防火，而且为了防止万一，还应该在操作现场及渗透检测剂储存处设置灭火器。表9—3列出了渗透检测剂着火时可供使用的灭火器。

表9—3　　　　　　　　　　　　灭火器种类

种　类	主　要　成　分
泡沫灭火器	硫酸铝、重碳酸钠
碳酸气灭火器	二氧化碳（液体）
粉末灭火器	重碳酸钠
强化液灭火器	水、钾盐
ABC灭火器	磷酸铵

4. 防火安全措施

①操作现场应做到文明整洁，并有切实可行的防火措施。

②操作现场应备有专人管理的灭火器。

③除使用的渗透检测剂外,操作现场应尽量避免大量储藏渗透检测剂。

④盛装渗透检测剂的容器应加盖密封。对于清洗剂和显像剂等挥发性大的物质,使用后必须密封保管。

⑤避免阳光直射盛装渗透检测剂的容器,特别是对压力喷罐更要注意。

⑥避免在火焰附近以及在高温环境下操作,特别是压力喷罐。如果环境温度超过50℃,应特别引起注意。操作现场禁止明火存在。

⑦当环境温度较低时,压力喷罐内压力将降低,喷雾将减弱且不均匀。此时,可将其放入30℃以下的温水中,待加热之后再使用。但绝不允许将压力喷罐直接放在火焰附近,从而达到加温的目的。

9.2.2 卫生安全

渗透检测中使用的多种有机溶剂。有些有机溶剂,例如三氯乙烯等对人体有毒。因此,如果将它们的蒸气或雾状气体大量吸入体内,可能会引起人体的中毒。渗透检测中,毒性试剂造成人体的中毒,以慢性中毒最多,且多属累积性毒性。另外,渗透检测剂如果沾在皮肤上,有可能引起斑疹。有些试剂,例如胶棉液,本身基本无毒,但遇明火燃烧,则可生成剧毒的氢氰酸和过氧化氮气体。因此,采取积极的卫生安全防护措施是十分必要的。

荧光渗透检测时,应限制操作人员暴露在强紫外线辐射之中,防止眼球处于黑光中导致眼球荧光效应,特别要防止黑光灯滤光片或屏蔽罩破裂,短波紫外线直接照射操作人员,使操作人员可能患角膜炎等眼病。

1. 大气中有害物质的允许浓度

苯和苯衍生物大多有一定毒性,其中以苯和硝基苯的毒性最大。苯的其他衍生物,例如甲苯、二甲苯等也都有一定毒性,但比苯、硝基苯的毒性为小。

四氯化碳、三氯乙烯、二氯乙烷、甲醇等试剂都有较强毒性。还有一些化学试剂,例如丙酮、松节油、乙醚等,对人有刺激作用或麻醉作用,系低毒性溶剂。

除化学试剂外,染料和显像剂微粒的粉尘在空气中超过一定浓度,人们吸入后也可能引起上呼吸道黏膜的炎症,例如鼻炎、咽炎、支气管炎等,长期吸入会造成硅肺。

化学物质的毒性评价指标有许多种,通常用的是最高允许浓度。最高允许浓度是指操作者在该浓度下长期进行生产劳动,不会引起急性或慢性职业性危害的一个限值。它是衡量生产环境污染程度的卫生标准,也是评价卫生技术措施的依据。毒物浓度的表示方法:我国用标准状况下每立方米空气中含有毒物的毫克数(mg/m³)来表示,英美等国家对气体和蒸气采用在25℃、760 mm汞柱大气压下、100万份体积的空气中毒物所占的份数,即百万分之几(ppm)来表示。两种单位可通过下列公式换算:

$$1 \text{ ppm} = \frac{\text{mg}}{\text{m}^3} \times \frac{24.45}{\text{某毒物的相对分子质量}} \quad (9—4)$$

$$\frac{\text{mg}}{\text{m}^3} = 1 \text{ ppm} \times \frac{\text{某毒物的相对分子质量}}{24.45} \quad (9—5)$$

式中数值24.45为换算系数,原因是我国表示毒物浓度的单位是指标准状况下,而英美等国是指 25℃、760 mm 汞柱状况下,它不是标准状况。如果两方表示毒物浓度的单位均指标准状况,则此换算系数应为 22.4。

大气中有害物质的允许浓度见表 9—4。

表 9—4　　　　　　　　　　大气中有害物质的允许浓度

序号	名称	mg/m³	ppm	序号	名称	mg/m³	ppm
1	苯	80 (40)	25	15	松节油	560 (300)	100
2	甲苯	750 (100)	200	16	三氯乙烯	520 (50)	100
3	二甲苯	870 (100)	200	17	环己烷	1 400	400
4	硝基苯	5	1	18	甲基溶纤剂	80	25
5	氯苯	350 (50)	75	19	煤油	(300)	
6	甲醇	260 (50)	200	20	胶棉液	(200)	
7	乙醇	1 900	1 000	21	水杨酸甲酯	(30)	
8	丙酮	360 (400)	200	22	苏丹红粉尘	(2)	
9	乙醚	1 200 (500)	400	23	氧化钛粉尘	(2)	
10	乙二胺	30	10	24	烛红粉尘	(2)	
11	苯酯	19	5	25	平平加蒸气	(10)	
12	氯仿	240	50	26	环氧乙烷	(5)	
13	四氯化碳	65 (25)	10	27	苯甲酸甲酯	(60)	
14	汽油	2 000 (350)	500				

注:表中括弧内的数值为军间工作场所空气中有害物质的允许浓度。

2. 有毒化学品对人体危害的途径

有毒化学品对人体的毒害大致有三种途径:

①经呼吸道进入人体,在肺泡中进行交换,渗入血液而进入全身,引起人体机能失调和障碍。该类毒物一般以气态、烟雾、粉尘状态污染操作场所的空气而危害人体。

②经消化道进入人体,由肠胃吸收而运至全身。这类中毒一般是因误食毒物或因毒物污染饮食器具而造成。

③经人体皮肤渗透进入人体。这种中毒是由于接触某些渗透力极强的化学品后才能引起的。

3. 卫生安全防护措施

①在不影响渗透检测灵敏度,满足工件技术要求前提下,尽可能采用低毒配方来代替有毒和高毒的配方。

②采用先进技术,改进渗透检测工艺和完善渗透检测设备,特别是增设必要的通风装置,降低毒物在操作场所空气中的浓度。

渗透检测

③严格遵守操作规程，正确使用个人防护用品，例如口罩、防毒面具、橡皮手套、防护服和涂敷皮肤的防护膏等。现介绍两种常用皮肤防护膏的配方如下：

配方1：　　　　硬脂酸　　　　　　12.0%
　　　　　　　　氧化锌　　　　　　3.0%
　　　　　　　　植物（或动物）油　85.0%
配方2：　　　　白蜂蜡　　　　　　26.0%
　　　　　　　　液状石蜡　　　　　57.5%
　　　　　　　　硼砂　　　　　　　1.5%
　　　　　　　　水　　　　　　　　15.0%

在上述配方内加入硼酸（4%）或安息香酸（5%），可中和碱性刺激。加入碳酸氢钠（4%）或氧化镁（3%）可中和酸性刺激。

④当紫外线通过三氯乙烯时，会产生有害光气。在除油过程中，注意不要让三氯乙烯滞留在工件的盲孔里或其他凹陷之处。

⑤波长在 320 nm 以下的短波紫外线对人眼有害，所以严禁使用不带滤波片或滤波片破裂的紫外线灯。

⑥操作现场严禁吸烟，一是防火安全所必须，二是防止吸入有毒气体。

⑦用三氯乙烯蒸气除油时，要经常向槽内添加三氯乙烯溶液，防止加热器露出液面，否则会引起过热，产生剧毒气体。

⑧显像粉会使皮肤干燥，刺激人的气管，所以，操作者应带橡皮手套，工作现场应有抽风装置。

⑨工作前，操作者手上应涂防护油，最好戴上防护手套并系好围裙，可避免皮肤与渗透检测剂直接接触而污染，并防止皮肤干燥或开裂，甚至引起皮炎。

⑩人员预检和定期体检也是重要的防护措施。预检是对新参加渗透检测的工作人员进行体检，以便及早发现不宜从事这项工作的某些健康问题。这种问题有哮喘、血液病、肝和肾的实质性疾病及精神病等。定期体检可以早期发现毒物对人体危害致病情况，早期治疗，并采取必要的预防措施。

4. 强紫外线辐射的卫生安全防护

荧光渗透检测中使用的黑光是高压黑光汞灯的光辐射中滤出的强紫外线。众所周知，紫外线会产生物理、化学及生理效应。紫外线产生的各种生理效应明显与波长有关，较短的紫外线（波长小于 320 nm）是有害的。而用于荧光渗透检测的长波紫外线（波长 320~450 nm）不太会引起晒黑或其他严重后果，例如，刺伤眼睛或引起癌症。

但是，眼球处于黑光中会导致眼球荧光效应，眼睛会被辐射刺伤，使视力变得模糊，还会产生其他不舒适感。若长期暴露在黑光下，该刺激会引起头痛，极端情况下甚至会引起恶心。然而，一般情况下，是无害的，且这种现象不是长期效应。

眼球荧光是可以避免的。主要途径是防止眼球直接接触黑光，或者将这种直接接触降低到最低限度，也可戴紫外线防护镜，这种眼镜不允许紫外线通过，只允许可见黄绿色光通过。

如果黑光灯滤光片或屏蔽罩破裂，那些小于 320 nm 波长的短波紫外线就可能泄漏出来。此时，与这些短波紫外线辐射接触的操作人员眼睛就有可能患光角膜炎及结膜炎。这种疾病类似雪盲症，开始时感到眼睛中有"沙粒"，对光过敏及流泪，可能发展到暂时性失明。这种症状通常在接触短波紫外线辐射 6~12 h 后开始出现，并延续到 6~24 h，一般 48 h 后又会消失。这种症状无累积效应。因此，黑光灯滤光片或屏蔽罩一旦破裂，灯就不得投入使用。

复习思考题

1. 简述如下渗透剂质量检查项目的方法原理及主要试验步骤：润湿性能、可去除性检查、亮度比较试验。

2. 简述如下渗透剂质量检查项目的方法原理：容水量和含水量测定、腐蚀性能检查（中温腐蚀、高温腐蚀、钛合金热盐应力腐蚀）、灵敏度黑点试验、黑光稳定性试验、热稳定性试验、温度稳定性试验、储藏稳定性试验、槽液寿命试验、黏度测定、闪点测定、持续停留时间试验。

3. 简述应如何进行渗透剂外观检查。

4. 简述应如何进行乳化剂的外观检查和乳化性能检查。

5. 简述如下乳化剂质量检查项目的方法原理：亲油性乳化剂的允许含水量测定、亲水性乳化剂的容水量测定、温度稳定性检查、亲油性乳化剂的槽液寿命检查。

6. 简述溶剂去除剂质量检查（外观检查、去除性能检查、储存稳定性检查）的方法原理。

7. 显像剂的外观质量检查应如何进行？

8. 简述干式显像剂质量检查（荧光污染与水污染检查、松散性检查）的方法原理。

9. 简述湿式显像剂质量检查（再悬浮性能检查、适用性能检查、沉降速率检查）的方法原理。

10. 简述显像剂可去除性检查的方法原理。

11. 简述渗透检测剂材料性能鉴定的主要内容。

12. 简述渗透检测剂材料性能抽查的主要内容。

13. 低灵敏度渗透检测剂系统的灵敏度鉴定试验应如何进行？

14. 中、高和超高灵敏度渗透检测剂系统的灵敏度鉴定试验应如何进行？

15. 渗透检测剂系统的表面孔穴检测灵敏度的鉴定试验应如何进行？

16. 什么叫渗透检测体系？如何确保渗透检测体系的可靠性？

17. 渗透检测质量检查用试块（试片）常用哪几种？简述其用途及优缺点。

18. 简述渗透检测用材料的质量控制中所包括的主要内容。

19. 简述渗透检测用设备仪器的质量控制中所包括的主要内容。

20. 简述渗透检测用试块的质量控制中所包括的主要内容。

21. 简述渗透检测工艺操作系统的质量控制中所包括的主要内容。

22. 储存渗透检测剂场地应注意哪些事项？

23. 常用于渗透检测剂的灭火器有哪几种？它们各自的主要成分是什么？

渗透检测

24. 防火安全应采取哪些措施？
25. 什么叫最高允许浓度？毒物浓度有哪几种表示方法？各是如何表示的？
26. 有毒化学药品通过哪三条途径进入人体？
27. 为保证卫生安全应采取哪些主要措施？

第10章 渗透检测应用

渗透检测在承压设备中应用较广。检测对象多种多样，而且材质也各不相同。针对不同工件选择适当的渗透检测方法，可获得较高的检测灵敏度，保证产品的质量。本章主要介绍渗透检测在焊接件、铸件、锻件、非金属工件和承压设备中的应用。

10.1 焊接件的渗透检测

焊接技术在机械、石油、化工、冶金、铁道、造船和宇航等领域已普遍采用，承压设备结构也主要采用焊接方法连接。焊缝中常见缺陷有气孔、夹渣、未焊透、未熔合和裂纹等，这些缺陷露出表面时可采用渗透检测方法。任何缺陷对焊缝都有不同程度的危害，为了保证焊接件的质量和安全运行，必须对焊接件进行无损检测。特种设备安全技术规范要求对承压设备焊缝进行表面检测，采用渗透检测方法的对象主要有两大类：一为承压设备的角焊缝，例如压力容器C、D类焊接接头（如图10—1所示）；二为非铁磁性材料，如铝合金、钛合金和奥氏体不锈钢等；如图10—2、图10—3、图10—4、图10—5、图10—6、图10—7所示。

值得注意的是，因携带和使用方便，对承压设备现场检测和大工件的局部检测，多使用压力喷罐施加渗透检测剂，则对钛合金或奥氏体钢焊缝进行渗透检测时，应注意如下问题：

目前喷罐内大多使用氟利昂（即二氟二氯甲烷F-12）气雾剂，如果喷罐内含有一定水分，氟利昂就会溶解到渗透检测剂中形成卤酸，腐蚀钛合金和奥氏体钢焊缝；另外，氟利昂

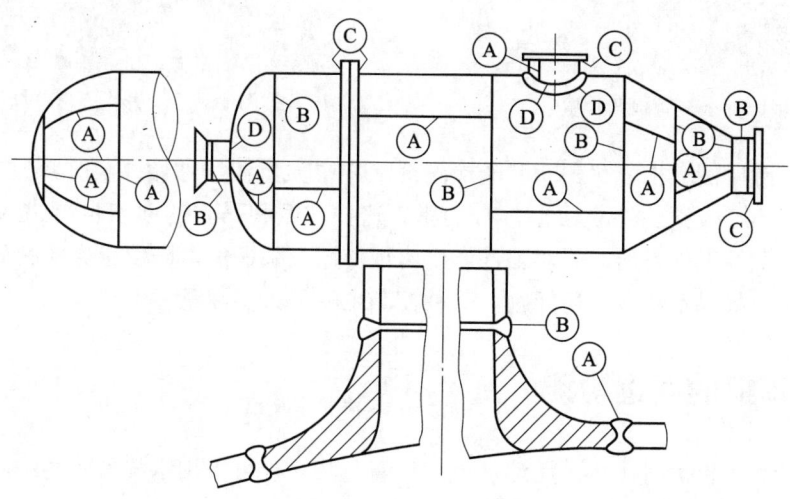

图10—1 压力容器C类、D类焊接接头示意图

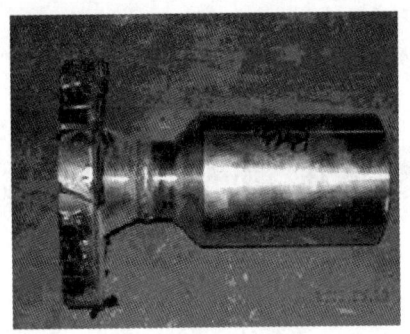

图10—2 不锈钢法兰接管对接焊缝

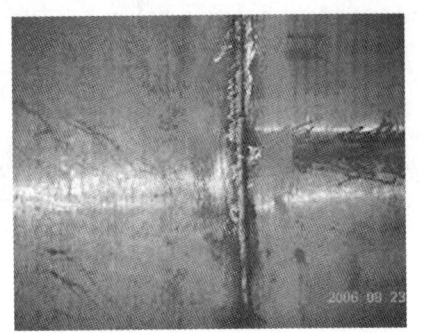

图10—3 不锈钢容器对接焊缝

图10—4 不锈钢带极堆焊表面

图10—5 不锈钢堆焊表面

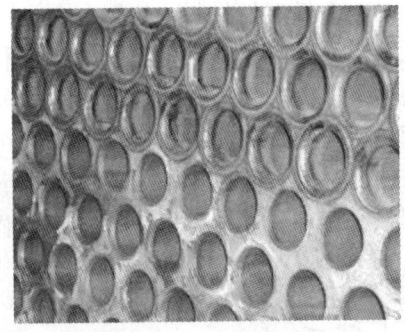

图10—6 管板角焊缝

图10—7 法兰接管角焊缝

能与油脂以任意比例互相溶解,而渗透检测剂配方中大量使用油脂(例如煤油、松节油等)及乳化剂等物质,被检工件表面也常有油脂,这样,氟利昂中的卤素也能进入渗透检测剂中,同时进入被检工件表面,能对工件产生腐蚀作用。很显然,即使渗透检测剂中控制了卤族元素的含量,如果不注意上述问题,这种控制也将失去实际意义。

10.1.1 焊缝的渗透检测

焊缝进行渗透检测时,多采用溶剂去除型着色法,也可采用水洗型荧光法。在灵敏度等级符合要求时,也可采用水洗型着色法。

10.1.2 坡口的渗透检测

坡口常见缺陷是分层和裂纹。前者是轧制缺陷，分层平行于钢板表面，一般分布在板厚中心附近。裂纹有两种，一种是沿分层端部开裂的裂纹，方向大多平行于板面；另一种是火焰切割裂纹，无一定方向。

由于坡口的表面比较光滑（如图10—8所示），可采用溶剂去除型着色法对其进行渗透检测，可得到较高的灵敏度。因坡口面一般比较窄，所以检测操作时可采用刷涂法施加检测剂，以减少检测剂的浪费和环境污染。

10.1.3 焊接过程中的渗透检测

焊接过程中有时需进行清根和层间检测，对于焊缝清根可采用电弧气刨法和砂轮打磨法。两种方法都有局部过热的情况，电弧气刨法还有增碳产生裂纹的可能。所以，渗透检测时应注意这些部位。因清根面比较光滑，可采用溶剂去除型着色法进行检测。

某些焊接性能差的钢种和厚钢板要求每焊一层检测一次（如图10—9所示），发现缺陷及时处理，保证焊缝的质量。层间检测时可采用溶剂去除型着色法，如果灵敏度满足要求，也可采用水洗型着色法，操作时一定注意不规则的部位，不能漏掉缺陷也不能误判缺陷，造成不必要的返修。

图10—8　不锈钢坡口面

图10—9　半槽焊缝

焊缝清根经渗透检测后，应进行后清洗。多层焊焊缝，每层焊缝经渗透检测后的清洗尤为重要，必须处理干净，否则，残留在焊缝上的渗透检测剂会影响随后进行的焊接，可能会产生严重缺陷。

焊缝的表面准备，多借助于机械方法，对焊缝及热影响区表面进行清理，以去除焊渣、飞溅、焊药和氧化物等污染物。为此，可以采用砂轮机打磨、铁刷刷和压缩空气吹等手段。对焊缝表面进行清理时，特别要注意不要让金属屑粉末堵塞表面开口缺陷，尤其是用砂轮打磨时更应注意。在污染物基本清除后，应用清洗液（例如丙酮或香蕉水）清洗焊缝表面的油污，最后用压缩空气吹干。

施加渗透剂时，常用刷涂法。刷涂时，用蘸有渗透剂的刷子在焊缝及热影响区上反复涂刷3~4次，每次间隔3~5min。也可采用喷涂法，操作方法与刷涂法相同。对于小型工件，也可采用浸涂法，工件表面温度应控制在 10～50℃时，渗透时间应大于等于 10 min。

渗透一定时间后，先用干净不脱毛的布擦去焊缝及热影响区表面多余的渗透剂，然后再用蘸有去除剂不脱毛的布擦拭。擦拭时，应注意沿一个方向擦拭，不得往复擦拭，以免互相污染。在保证去除效果的前提下，应尽量缩短去除剂与检测面的接触时间，以免产生过清洗。清洗后的检测面可采用自然干燥或压缩空气吹干。

焊缝显像以喷涂法为最好，利用压缩空气或压力喷罐将溶剂悬浮显像剂均匀喷洒于检测面上，可用电吹风或压缩空气加速显像剂的干燥和显像剂薄膜的形成。显像 3～5 min 后，可用肉眼或借助放大镜观察所显示的图像，为发现细微缺陷，可间隔几分钟观察一次，重复观察 2～3 次。焊缝引弧处和熄弧处易产生细微的火口裂纹，以及对于表面成形不好，易出现缺陷的部位，应特别注意观察。对于细小缺陷的检测可将显像时间适当延长。

10.2 铸件的渗透检测

10.2.1 铸件渗透检测的特点

铸件（见实例：图 10—10 至图 10—12）是由熔融金属浇铸入铸模，经冷却而形成的形状符合需要的结构件。铸件中常发现的主要缺陷是气孔、夹杂物、缩孔、疏松、冷隔、裂纹和白点。前几种缺陷易产生于浇冒口及其下部截面最大部位和最后凝固的部位；而冷却速度过快、几何形状复杂、截面变化大的铸件易产生收缩裂纹；白点易产生于某些合金铸件中。只有当这些缺陷露出金属表面时，渗透检测才可以检出。铸件表面粗糙，形状复杂，给渗透检测的清理和去除工序带来困难。为了克服这些困难，并保证足够的灵敏度，常采用水洗型荧光渗透检测方法。随着铸造技术的发展和铸造水平的提高，有些铸件表面状态也很光滑，对重要铸件，如涡轮叶片、航空部件和汽车等部件，其表面经机加工比较光滑，可采用后乳化型渗透检测方法检测，以获得更高灵敏度。

图 10—10 锅炉铸管

图 10—11 铸造缸体

图 10—12 锅炉再热蒸汽管

10.2.2 铸件渗透检测程序

1. 预处理

因为铸件表面比较粗糙,可采用机械方法对铸件表面进行修整,如采用砂轮打磨、锉刀修磨,也可采用喷砂方法。然后用有机溶剂或水进行预清洗,以去除表面油污、灰尘和金属污物。经清洗干净的铸件应进行干燥处理,用有机溶剂清洗的铸件可采用自然干燥方法干燥;采用水清洗的铸件可采用烘烤的方法进行干燥,以去除工件表面和残留在缺陷内的水分。烘烤干燥温度一般为80℃左右,烘干后,应让铸件冷却至30℃左右,方可施加渗透剂。否则工件温度过高,会使渗透剂强烈挥发后干在铸件表面和变质,妨碍清洗及渗透剂的再使用,并降低检测灵敏度。

2. 渗透

可采用喷涂法、刷涂法和浇涂法,渗透剂的施加方法可视具体情况而定。对于小型工件也可采用浸涂法,浸涂后的工件应滴落渗透剂。

3. 去除

铸件表面比较粗糙时,可采用水洗型渗透检测方法。水洗型渗透剂中含有乳化剂,可用水直接清洗,使表面多余的渗透剂形成小液滴分散于水中冲走。水洗法清洗时,用淋浴状水直接冲洗经过渗透的铸件。冲洗时,水射束与被检面的夹角以30°为宜,水温为10~40℃,冲洗装置喷嘴处的水压应不超过0.34 MPa,喷嘴与工件表面的距离约为300 mm。也可采用干净不脱毛的布蘸水擦洗。

如果铸件表面比较光滑或经机加工,可采用溶剂去除型渗透检测方法。先用干净不脱毛的布将铸件表面多余的渗透剂擦去,然后用溶剂擦除,用干净不脱毛的布蘸去除剂(清洗剂或丙酮),擦拭铸件表面。在保证去除干净的前提下,应尽量缩短去除剂与铸件表面的接触时间。

为控制清洗质量,对荧光渗透检测而言,可将铸件置于紫外线光源下进行清洗,及时观察工件表面多余荧光渗透剂残留情况。

4. 干燥

清洗完毕后,擦去铸件表面的水分或去除剂,或用压缩空气吹干,必要时,可放入热空气循环箱中烘干,但应避免过分干燥和温度过高。

5. 显像

铸件表面比较粗糙,铸件经干燥后,可用喷洒方式施加干粉显像剂。应使显像剂呈雾状均匀覆盖在被检工件表面上,显像时间一般为7~60 min。显像结束后,轻轻敲打工件可使多余的显像剂掉落。干粉显像剂具有足够的灵敏度,且分辨力较高,另外,它不像其他湿式显像剂那样,会从铸件的孔隙中回渗出大量渗透剂而造成缺陷显示图像失真。

表面光滑的铸件也可采用溶剂悬浮显像剂显像,用压缩空气或压力喷罐将溶剂悬浮显像剂均匀喷洒于铸件表面,显像剂层不能过厚。为缩短显像时间,可采用电吹风或压缩空气加速显像剂的干燥和显像剂薄膜的形成。

6. 检验

荧光渗透检测时，可将显像后的铸件放在暗室或暗幕中进行观察。观察时，暗室或暗处的白光照度应小于 20 lx。距光源约 380 mm 处的工件表面的黑光照度应不小于 1 000 $\mu W/cm^2$。观察中，还应随时对缺陷做出标记和记录。对于缺陷有怀疑时，可采用放大镜等其他方法进一步辨明。

着色渗透检测时，可在白光下进行观察，白光照度应不小于 1 000 lx。如果光照条件差，白光照度也不得低于 500 lx。

7. 对检测过程严格按工艺卡做好原始记录，并按标准、规范和技术文件，出具检测报告。

10.3 锻件的渗透检测

10.3.1 锻件渗透检测的特点

锻件（见实例：图 10—13 至图 10—16）是由可锻金属经锻压、挤压、热轧、冷轧和爆炸成形等方法得到的。锻件晶粒很细，且有方向性。锻件经锻造加工形变后，原缺陷形态和性质均会发生变化。例如夹杂、气孔等体积性缺陷会变得平展细长，可能形成发纹，铸坯的中心小孔，可能形成夹层，表面折皱可能形成折叠或裂纹等，锻件中常见缺陷有缩孔、疏松、夹杂、分层、折叠和裂纹等，而且这些缺陷具有方向性，其方向一般与压延方向垂直而与金属流线方向平行。

图 10—13　锻造不锈钢轴

图 10—14　锻件

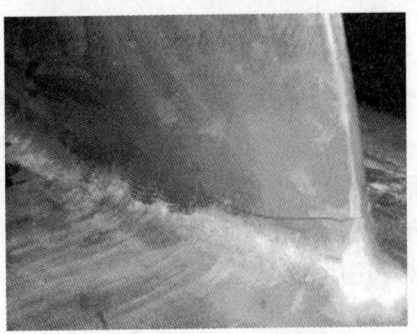

图 10—15　锻造叶片缺陷试件

图 10—16　锻件

与铸件相比,锻件表面较为光洁,去除表面多余渗透剂较易操作;锻件承载能力更高,缺陷更紧密细小。渗透检测时,要求使用较高灵敏度的后乳化荧光渗透剂,渗透时间也较长;特别是一些重要部件,要求使用超高灵敏度的后乳化型荧光渗透剂,如发动机工件和航空航天用锻造部件。

10.3.2 锻件渗透检测程序

1. 预处理

锻件渗透检测前一般进行机械加工,所以锻件表面较为光洁。锻件表面预清洗可采用清洗剂和蘸有酒精或丙酮的布擦洗。如果油污较多,可采用三氯乙烯蒸气清洗。如果锻件表面氧化皮较多,则可采用机械方法清理,如砂轮打磨、抛光或超声清洗,也可采用酸洗或碱洗等化学方法清洗。高强度钢酸洗时,应注意防止发生氢脆现象,酸洗后应立即进行去氢处理。

2. 干燥

可采用自然干燥也可采用加热干燥,加热干燥是将清理干净的锻件放入干燥箱内进行干燥,以清洗掉锻件表面或缺陷残留的清洗液。干燥温度为 80℃左右,烘干后的锻件应冷却到 30℃左右,方可进行渗透检测。因为温度过高,会使渗透剂强烈挥发后干在工件表面或缺陷内,从而影响锻件的清洗和渗透剂的再使用,并会降低渗透检测灵敏度。

3. 渗透

可采用喷罐直接将渗透剂喷洒在锻件表面即可。在渗透时间内,保证锻件表面完全被渗透剂覆盖并处于润湿状态。锻件温度在 10~50℃范围内时,渗透时间应大于等于 10 min。锻件体积小数量多时,可浸入渗透剂槽中浸涂。

4. 去除

如果采用溶剂去除型着色法,可先用干净不脱毛的布或纸擦去锻件表面多余的渗透剂,然后用溶剂擦除,用干净不脱毛的布蘸清洗剂或丙酮等有机溶剂,沿一个方向擦拭锻件表面,不能往复擦拭。在保证去除干净的前提下,应尽量少用有机溶剂,以防止过清洗。

如果采用后乳化型渗透检测法,应在施加乳化剂前对锻件表面的多余渗透剂进行预水洗,尽可能去除掉锻件表面多余的渗透剂。

乳化剂可采用浸涂、浇涂施加到锻件表面,亲水型乳化剂可采用喷涂法施加。不能采用刷涂法施加乳化剂,因为它在锻件表面上不均匀,使检测面上乳化剂的乳化效果不同,影响检测灵敏度。乳化时间和乳化剂的浓度应按生产厂家推荐的进行。使用亲水型乳化剂时,待被检测工件表面多余渗透剂充分乳化,然后再用水清洗。乳化过程中,应缓慢搅拌乳化剂。使用亲油型乳化剂时,乳化剂不能在锻件上搅动。乳化结束后,应立即浸入水中或用水喷洗停止乳化,再用水喷洗。

水洗过程中,水射束与被检面的夹角以 30°为宜,水温为 10~40℃,冲洗装置喷嘴处的水压应不超过 0.34 MPa,喷嘴与工件表面的距离约为 300 mm。

5. 干燥

溶剂清洗时可采用自然干燥,水洗时,可用干净不脱毛的布擦干,也可采用热空气吹干，必要时还可放在烘箱中烘干，干燥时间应尽量短，只要表面水分充分干燥即可，防止过干燥。

6. 显像

小型锻件可采用浸埋法施加干粉显像剂，还可将锻件置于喷粉柜中喷粉。溶剂悬浮显像剂可采用喷罐直接喷到锻件表面。喷嘴与被检表面距离应为 300～400 mm，喷涂方向与被检面夹角应为 30°～40°，喷洒显像剂时应保证显像剂层薄而均匀。

7. 检验

荧光渗透检测时，可将显像后的锻件放在暗室或暗幕中进行观察。观察时，暗室或暗处的白光照度应小于 20 lx。距光源约 380 mm 处的工件表面的黑光照度应不小于 $1\,000\,\mu W/cm^2$。观察中，还应随时对缺陷做出标记和记录。对于缺陷有怀疑时，可采用放大镜等其他方法进一步辨明。

着色渗透检测时，可在白光下进行观察。白光照度应不小于 1 000 lx。如果条件所限，白光照度应不得低于 500 lx。

8. 对检测过程严格按工艺卡做好原始记录，并按标准、规范和技术文件，出具检测报告。

10.4 非金属工件的渗透检测

非金属工件的检测，包括塑料、陶瓷、玻璃及建筑材料中的装饰宝石等的检测，主要是检测表面裂纹。非金属工件的渗透检测，由于所用的检测灵敏度较低，故采用水洗型着色法渗透检测即可。渗透时间可较短。如用荧光法检测玻璃制品，可采用自显像。使用着色法检测塑料工件时，如采用溶剂悬浮显像剂显像，则悬浮溶剂最好选用醇类溶剂。不能采用含氯化物的有机溶剂。

对于有一定压力、温度并且体积较大的塑料设备，常采用外包玻璃钢的办法进行加强，玻璃钢是一层一层紧包在塑料外面的，施工过程中，常用渗透检测方法检测针孔、气泡和微裂纹等缺陷。

非金属工件，特别是塑料或装饰宝石等，渗透检测前，应通过试验确定渗透检测材料是否会浸蚀被检工件。

关于多孔形材料或工件的渗透检测，简述如下：

陶瓷类制品的渗透检测，注意是否上釉。上釉者为瓷类制品，可使用常规渗透检测方法进行检测。未上釉者为陶类制品，需要使用过滤性微粒渗透检测剂进行检测。

石墨类制品的检测，注意是否经过浸铜等特殊工艺处理。经过浸铜等特殊工艺处理后，石墨类制品中的细微孔洞被填充，可以使用常规渗透检测方法。未经过浸铜等特殊工艺处理，石墨类制品中的细微孔洞未填充，需要使用过滤性微粒渗透检测剂进行检测。粉末冶金类制品的检测，注意区分究竟是松孔类制品，还是致密类制品。致密类制品，可以使用常规渗透检测方法进行渗透。松孔类制品，需要使用过滤性微粒渗透检测剂进行检测。

10.5 在用承压设备与维修件渗透检测

对在用承压设备进行渗透检测，或对在用承压设备维修件渗透检测时，应该注意的是：如果制造时采用的材料是高强度钢以及对裂纹（包括冷裂纹、热裂纹、再热裂纹）敏感的材料；或是长期工作在腐蚀介质环境下，有可能发生应力腐蚀裂纹的场合，其内壁宜采用荧光渗透检测方法进行检测；或结合后乳化渗透检测法选择更高灵敏度的方法对在用承压设备进行渗透检测。检测现场环境应符合相关标准的要求。

对于航空航天部件，例如涡轮发动机主轴、叶片和高压螺栓等关键件，其维护或维修中所需要的检测，应以荧光渗透检测方法，或结合后乳化渗透检测法等更高灵敏度的方法进行。

在用承压设备渗透检测的目的主要是检查疲劳裂纹和应力腐蚀裂纹。因此，检测前要充分了解工件在使用中的受力状态、应力集中部位，以及可能产生裂纹的部位。对于疲劳裂纹的检测，渗透时间应长一些，可超过 0.5 h。而检测应力腐蚀裂纹或晶间腐蚀裂纹时，渗透时间更长。有时，为检测紧闭的裂纹，可采用加载法。

对在用承压设备检测而言，表面处理很重要。对于油污，小工件可采用蒸气除油法去除表面油污，大工件可采用溶剂清洗剂或丙酮等有机溶剂去除。表面有油漆和密封剂的工件一定要彻底去除，可采用化学腐蚀法去除漆层；也可采用酸洗或碱洗，采用酸洗后，应把工件烘干，以去除工件表面的氢，防止氢脆现象的发生。装配的部件要拆开，螺栓和其他连接件要拆除，才能进行渗透检测。

复习思考题

1. 焊缝渗透检测如何选择渗透检测方法，应注意哪些事项？
2. 铸件渗透检测应注意哪些问题？
3. 使用后乳化型荧光法对锻件进行渗透检测时，应注意哪些问题？
4. 对非金属工件进行渗透检测时，应注意哪些事项？
5. 在用承压设备渗透检测有哪些特点？
6. 使用压力喷罐对钛合金或奥氏体钢件进行渗透检测时，应注意哪些事项？

第 11 章 特种设备渗透检测通用工艺规程和工艺卡

11.1 特种设备渗透检测通用工艺规程

渗透检测通用工艺规程指用于指导渗透检测工程技术人员和实际操作人员进行渗透检测工作，处理检测结果，进行质量评定并做出合格与否的结论，从而完成渗透检测任务的技术文件。

渗透检测通用工艺规程应根据相关法规、安全技术规范、技术标准、有关的技术文件，例如对于特种设备行业，可依照包含 JB/T4730.5—2005 在内的要求，并针对本单位的产品（或检测对象）的结构特点和检测能力进行编制。渗透检测通用工艺规程应涵盖本单位（制造、安装或检验检测单位）产品（或检测对象）的检测范围。

渗透检测通用工艺规程，一般以文字说明为主。它应具有一定的覆盖性、通用性和可选择性。它至少应包括以下内容：

①适用范围：指明该通用工艺规程适用于哪类工件或哪组工件，哪种产品的焊缝及焊缝类型等。

②引用标准、法规：技术文件引用的法规、安全技术规范和技术标准等。

③检测人员资格：对检测人员的资格、视力等要求。

④检测设备、器材和材料：渗透检测用的检测设备的选择、试块名称、渗透检测剂名称和牌号等。

⑤检测表面准备：对被检工件表面的准备方法及要求等。

⑥检测时机：指不同材料的被检工件渗透检测的工序安排、时间安排等。

⑦检测工艺和检测技术：指明进行渗透检测时可选择的渗透检测方法，渗透检测剂的施加方法、清洗或去除方法、干燥方法、观察方式，渗透、乳化及显像的时间和温度控制，清洗用水压、水温及水流量控制，干燥的温度和时间的要求以及后清洗的要求等。

⑧检测结果的评定和质量分级：指明检测结果评定所依据的技术标准、安全技术规范和验收合格级别等。

⑨检测记录、报告和资料存档：规定检测记录、报告内容及格式要求，资料、档案管理要求，安全管理规定等。

⑩编制（级别）、审核（级别）和批准人，制定日期等。

渗透检测通用工艺规程的编制、审核及批准应符合相关法规、安全技术规范或技术标准的规定。

11.2 特种设备渗透检测工艺卡

特种设备渗透检测工艺卡是针对特种设备某一具体产品或产品上的某一部件，依据渗透检测通用工艺规程、和被检工件的技术要求为依据而专门制定的有关检测技术细节和具体参数条件。它一般应包括以下基本内容：

①工艺卡编号：一般为年号加流水顺序号。
②产品部分：产品名称，产品编号，制造、安装或检验编号，特种设备类别，规格尺寸，材料牌号，热处理状态及表面状态。
③检测设备、器材和材料：检测用仪器设备名称、型号、试块名称、检测附件、检测材料。
④检测工艺参数：检测方法、检测部分、检测比例。
⑤检测技术要求：执行标准、验收级别。
⑥检测部位示意图：包括检测部位、缺陷部位、缺陷分布等。
⑦编制人（级别）和审核人（级别）。
⑧制定日期。

实施渗透检测的人员应按特种设备渗透检测工艺卡进行操作。

特种设备渗透检测工艺卡的编制、审核应符合相关法规、安全技术规范或技术标准的规定。

"特种设备渗透检测工艺卡"格式可参考表 11—1 所示。

表 11—1　　　　　特种设备渗透检测工艺卡　　　　　编号：

产品/工件名称		规格尺寸		热处理状态		检测时机	
被检表面要求		材料牌号		检测部位		检测比例	
检测方法		检测温度		标准试块		检测方法标准	
观察方式		渗透剂型号		乳化剂型号		清洗剂型号	
显像剂型号		渗透时间		干燥时间		显像时间	
乳化时间		检测设备		黑光辐照度		可见光照度	
渗透剂施加方法		乳化剂施加方法		去除方法		显像剂施加方法	
水洗温度		水压		验收标准		合格级别	

渗透检测

续表

渗透检测质量评级要求			
示意草图			
工序号	工序名称	操作要求及主要工艺参数	
1	预清洗		
2	渗透		
3	去除		
4	干燥		
5	显像		
6	观察及评定		
备注			
编制人及资格		审核人及资格	
日期		日期	

特种设备渗透检测工艺卡的填写内容

工艺卡编号 如 2005—123456。

产品或工件名称 如压力管道、中压分离器、锻件。

规格尺寸 如 $\phi 2\,000$ mm×6 989 mm×33 mm+3 mm。

热处理状态 如（600±20）℃消除应力退火，900℃正火。

检测时机 一般焊缝可为"焊接完工后"；对有延迟裂纹倾向的材料，应为"焊后至少 24 h 后"；对《GB 12337 钢制球形储罐》的焊缝，应为"焊后至少 36 h 后"；对紧固件和锻件，应为"最终热处理后"；其他工件可根据工序安排。

被检表面要求 根据表面处理要求填写。如果被检工件表面漆层厚，可填写"除去漆层，露出金属光泽""清除油污"等。

材料牌号 被检工件的材料，如 1Cr18Ni9Ti、镍基合金。

检测部位 被检工件上应实施检测的位置。

检测比例 根据技术文件的要求填写具体的检测百分比。

检测方法 所用的渗透检测方法。选用渗透检测方法时，首先应满足检测缺陷类型和灵敏度的要求。在此基础上，可根据被检工件表面粗糙度、检测批量大小和检测现场的水源、电源等条件来决定。

渗透检测方法及其代号见表 11—2。

第11章 特种设备渗透检测通用工艺规程和工艺卡

表 11—2　　　　　　　　　　　　渗透检测方法分类

渗透剂		渗透剂的去除		显像剂	
分类	名　　称	方法	名　　称	分类	名　　称
Ⅰ Ⅱ Ⅲ	荧光渗透检测 着色渗透检测 荧光、着色渗透检测	A B C D	水洗型渗透检测 亲油型后乳化渗透检测 溶剂去除型渗透检测 亲水型后乳化渗透检测	a b c d e	干粉显像剂 水溶解显像剂 水悬浮显像剂 溶剂悬浮显像剂 自显像

注：渗透检测方法代号示例：ⅡC-d 为溶剂去除型着色渗透检测（溶剂悬浮显像剂）。

检测温度　检测时要求的温度范围。

标准试块　根据用途和检测条件选用铝合金试块（A 型对比试块）或镀铬试块（B 型试块）。

检测方法标准　对于承压设备 JB/T 4730.5—2005。

观察方式　使用荧光渗透剂检测时，为"黑光下（灯），目视"。
　　　　　　使用着色渗透剂检测时，为"白光下（灯），目视"。

渗透剂、乳化剂、清洗剂、显像剂型号　所使用的渗透检测剂种类和型号。

渗透、干燥、显像、乳化时间　根据工艺要求确定具体的时间。具体时间可根据法规、安全技术规范或技术标准的规定、渗透检测剂的使用说明书来确定或通过专门试验来确定。

检测设备　根据工件尺寸、形状等选择合适的设备，如填写"固定式""便携式喷罐""黑光灯"。

黑光辐照度　使用荧光渗透剂检测时，在暗室或暗处"可见光照度应不大于 20 lx"，"距黑光灯滤光片 38 cm 的工件表面的辐照度大于或等于 1 000 $\mu W/cm^2$"。

可见光照度　使用着色渗透剂检测时"工件被检面处白光照度应大于或等于 1 000 lx；条件所限时也"不得低于 500 lx"。

渗透剂施加方法　一般为"喷涂""刷涂""浇涂""浸涂"等方法中的一种或几种组合。

乳化剂施加方法　一般为"喷涂""浇涂""浸涂"等方法中的一种或几种组合。

多余渗透剂的去除方法　一般为"擦洗""喷洗"等方法中的一种或几种组合。

显像剂施加方法　一般为"喷涂""刷涂""浇涂""浸涂"等方法中的一种或几种组合。

水洗温度　采用水清洗时所用水的温度范围。

水压　采用水清洗时所用水的压力要求。

验收标准　对承压设备，为 JB/T 4730.5—2005。

合格级别　共分Ⅰ、Ⅱ、Ⅲ、Ⅳ四个级别，根据特种设备产品法规或安全技术规范要求的合格验收级别填写，如"Ⅱ级"。

渗透检测质量评级要求　指满足合格级别条件下的质量要求：
①对于焊接接头可填写"不允许存在任何裂纹"。

渗透检测

如对于Ⅰ级焊接接头和坡口可增加"不允许线性缺陷显示""圆形缺陷显示（评定框尺寸为 35 mm×100 mm）长径 $d \leqslant 1.5$ mm，且在评定框内少于或等于 1 个"。

②其他部件可填写"不允许存在任何裂纹和白点"，紧固件和轴类工件填写"不允许任何横向缺陷显示"。

如对于Ⅱ级其他部件可填写"线性缺陷显示长度 $L \leqslant 4$ mm"，"圆形缺陷显示（评定框尺寸为 2 500 mm^2，其中一条矩形边的最大长度为 150 mm）长径 $d \leqslant 4.5$ mm，且在评定框内少于或等于 4 个"。

编制和审核 人员资质应符合相关法规标准或技术文件的规定。

特种设备渗透检测操作要求及主要工艺参数的填写内容

特种设备渗透检测操作要求及主要工艺参数主要是围绕渗透检测操作的六个基本步骤更详细具体的阐述，以便指导实际操作，详见表11—3、表11—4、表11—5中的内容。

11.3 特种设备渗透检测工艺卡编制举例

每项产品或工件一般只编写一份"特种设备渗透检测工艺卡"。

这里仅举几个编制工艺卡的示例。因为有许多检测方法和设备及材料可供选择，所以可组合编制多种形式工艺卡。这里提供的工艺卡示例，不是唯一形式，也不一定是最佳的，仅供参考。

例1 压力管道

某工厂在建工业压力管道，如图 11—1 所示，规格为 $\phi 108 \times 5$ mm，材质为 1Cr18Ni9Ti，总长 100 m，共 20 个对接焊缝接头。焊接方法为：氩弧焊打底，电弧焊多层多道焊。焊后外表面进行酸洗、钝化处理，整体进行水压试验。图样要求：对接焊缝外表面 20% 渗透检测抽查，按 JB/T 4730.5—2005 标准，Ⅰ级合格。自选条件，优化编制压力管道对接焊缝渗透检测工艺卡，见表11—3。

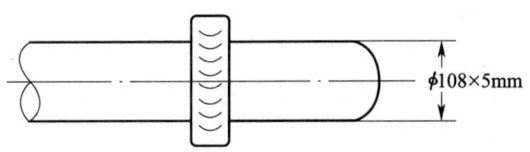

图 11—1 压力管道结构示意图

表 11—3　　　　特种设备渗透检测工艺卡　　　　编号：2006—223456

设备名称	压力管道	规格尺寸	$\phi 108 \times$ 5 mm	热处理状态	/	检测时机	外观质量检查合格后
被检表面要求	打磨	材料牌号	1Cr18Ni9Ti	检测部位	对接焊缝	检测比例	20%
检测方法	ⅡC-d	检验温度	10~50℃	标准试块	B型	检测方法标准	JB/T 4730.5—2005
观察方式	白光下，目视	渗透剂型号	DPT-5	乳化剂型号	/	去除剂型号	DPT-5
显像剂型号	DPT-5	渗透时间	≥10 min	干燥时间	自然干燥	显像时间	≥7 min

续表

乳化时间	/	检测设备	携带式喷罐	黑光辐照度	/	可见光照度	≥1 000 lx
渗透剂施加方法	喷涂	乳化剂施加方法	/	去除方法	擦洗	显像剂施加方法	喷涂
水洗温度	/	水压	/	验收标准	JB/T 4730.5—2005	合格级别	Ⅰ级
渗透检测质量评级要求	\multicolumn{7}{l	}{1. 不允许存在任何裂纹； 2. 不允许线性缺陷显示，圆形缺陷显示（评定框尺寸 35 mm×100 mm）长径 $d \leqslant 1.5$ mm，且在评定框内少于或等于1个。}
示意草图	\multicolumn{7}{l	}{φ108×5mm}

序号	工序名称	操作要求及主要工艺参数
1	表面准备	用不锈钢丝盘磨光机打磨去除焊缝及两侧各 25 mm 范围内焊渣、飞溅及焊缝表面不平，酸洗、钝化处理被检面
2	预清洗	用清洗剂将被检面洗擦干净
3	干燥	自然干燥
4	渗透	喷涂施加渗透剂，使之覆盖整个被检表面，在整个渗透时间内始终保持润湿，渗透时间应不少于 10 min
5	去除	先用干燥、洁净不脱毛的布或纸依次擦拭，直至大部分多余渗透剂被去除后，再用蘸有清洗剂的干净不脱毛布或纸进行擦拭，直至将被检面上多余的渗透剂全部擦净。但应注意，擦拭时应按一个方向进行，不得往复擦拭，不得用清洗剂直接在被检面上冲洗
6	干燥	自然干燥，时间应尽量短
7	显像	喷涂法施加，喷嘴离被检面距离为 300～400 mm，喷涂方向与被检面夹角为 30°～40°，使用前应充分将喷罐摇动使显像剂均匀，不可在同一地点反复多次施加。显像时间不应少于 7 min
8	观察	显像剂施加后 7～60 min 内进行观察，被检面处白光照度应≥1 000 lx，必要时可用 5～10 倍放大镜进行观察
9	复验	应将被检面彻底清洗，重新进行渗透等检测操作各步骤。检测灵敏度不符合要求、操作方法有误或技术条件改变时、合同各方有争议或认为有必要时进行
10	后清洗	用湿布擦除被检面显像剂或用水冲洗
11	评定与验收	根据缺陷显示尺寸及性质按 JB/T 4730.5—2005 进行等级评定，Ⅰ级合格
12	报告	出具报告内容至少包括 JB/T 4730.5—2005 规定的内容
备注	\multicolumn{2}{l	}{1. 渗透检测剂中的氯、氟元素的含量的质量比不得超过1% 2. 渗透检测实施前、检测操作方法有误或条件发生变化时，用B型试块按工艺进行校验}

编制人及资格		审核人及资格	
日期		日期	

渗透检测

例 2 中压分离器

某在用中压分离器，结构如图 11—2 所示，规格为 ϕ 2 000mm×6 989 mm×33 mm＋3 mm，接管为 ϕ 800 mm。筒体基层材质为 16MnR；内表面主要为自动堆焊层，材料为 E347L（不锈钢）；有部分手工堆焊层。设计压力为 3.2 MPa，工作压力为 2.6 MPa；工作介质为烃和 H_2，介质中 H_2S 含量较高；工作温度为 220℃。容积为 14 m^3。容器类别为 Ⅱ 类。本次开罐定期检验要求对内表面堆焊层进行 100% 渗透检测，标准执行 JB/T 4730.5—2005《承压设备无损检测》，Ⅱ 级合格。自选条件，优化编制内表面堆焊层渗透检测工艺卡，见表 11—4。

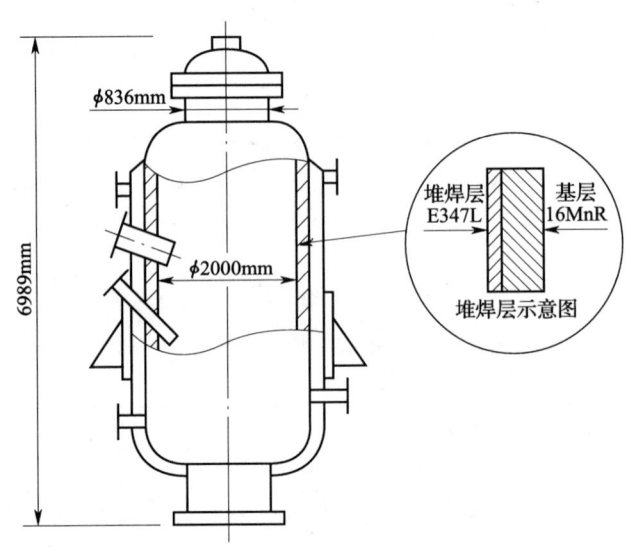

图 11—2 中压分离器结构示意图

表 11—4　　特种设备渗透检测工艺卡　　编号：2007—323456

设备名称	中压分离器	规格尺寸	ϕ 2 000 mm× 6 989 mm× 33 mm＋3 mm	热处理状态	/	检测时机	外观质量检查合格后
被检表面要求	不锈钢丝盘磨光机打磨	材料牌号	16MnR+E347L	检测部位	内表面堆焊层	检测比例	100%
检测方法	Ⅰ A—d	检测温度	10~50℃	标准试块	B 型	检测方法标准	JB/T 4730.5—2005
观察方式	黑光灯下，目视	渗透剂型号	ZB—2	乳化剂型号	/	清洗剂型号	水
显像剂型号	DPT—5	渗透时间	≥10 min	干燥时间	5~10 min	显像时间	≥7 min
乳化时间	/	检测设备	黑光灯	黑光辐照度	≥1 000 $\mu W/cm^2$	可见光照度	≤20 lx
渗透剂施加方法	喷涂	乳化剂施加方法	/	去除方法	喷（水）洗	显像剂施加方法	喷涂

续表

水洗温度	20~30℃	水压	0.2~0.3 MPa	验收标准	JB/T 4730.5—2005	合格级别	Ⅱ
渗透检测质量评级要求	1. 不允许存在任何裂纹； 2. 不允许线性缺陷显示，圆形缺陷显示（评定框尺寸 35 mm×100 mm）长径 $d \leqslant 4.5$ mm，且在评定框内少于或等于 4 个。						
示意草图	堆焊层 E347L　基层 16MnR 堆焊层示意图						

序号	工序名称	操作要求及主要工艺参数
1	表面准备	用不锈钢丝盘磨光机打磨去除污物
2	预清洗	被检表面冲洗干净，重点去除油污等
3	干燥	热风吹干，被检面的温度不得大于 50℃
4	渗透	喷涂施加渗透剂，使之覆盖整个被检表面，在整个渗透时间内始终保持润湿，渗透时间应不少于 10 min
5	去除	用水喷法去除。冲洗时，水射束与被检面的夹角以 30°为宜，水温为 10~40℃，如无特殊规定，冲洗装置喷嘴处的水压应不超过 0.34 MPa。黑光灯照射下边观察边去除，防止欠洗或过清洗
6	干燥	热风进行干燥。干燥时，被检面的温度不得大于 50℃，干燥时间 5~10 min
7	显像	喷涂法施加，喷嘴离被检面距离为 300~400 mm，喷涂方向与被检面夹角为 30°~40°，使用前应充分将喷罐摇动使显像剂均匀，不可在同一地点反复多次施加。显像时间应不少于 7 min
8	观察	显像剂施加后 7~60 min 内进行观察，距黑光灯滤光片 38 cm 的工件表面的紫外线辐照度大于或等于 1 000 $\mu W/cm^2$，暗处白光照度应不大于 20 lx，必要时可用 5~10 倍放大镜进行观察。进入暗区，至少经过 3 min 的黑暗适应，不能戴对检测有影响的眼镜
9	复验	应将被检面彻底清洗，重新进行渗透等检测操作各步骤。检测灵敏度不符合要求、操作方法有误或技术条件改变时、合同各方有争议或认为有必要时进行
10	后清洗	将被检面的渗透检测剂用水冲洗干净
11	评定与验收	根据缺陷显示尺寸及性质按 JB/T 4730.5—2005 进行等级评定，Ⅱ级合格
12	报告	出具报告内容至少包括 JB/T 4730.5—2005 规定的内容
备注	1. 渗透检测剂中的氯、氟元素的含量的质量比不得超过 1% 2. 渗透检测实施前、检测操作方法有误或条件发生变化时，用 B 型试块按工艺进行校验 3. 容器内检测时，注意通风、用电安全、防火、防尘	

编制人及资格		审核人及资格	
日期		日期	

渗透检测

例3 锻件

一批镍基合金锻件，结构如图11—3所示，规格ϕ14 mm×3 mm，表面光滑，图样设计要求进行100%表面渗透检测，执行标准JB/T 4730.5—2005，检测灵敏度等级为2级，Ⅰ级合格。自选条件，优化编制锻件渗透检测工艺卡，见表11—5。

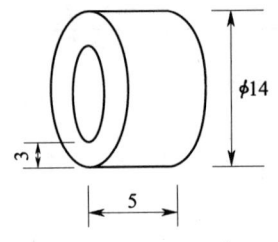

图11—3 锻件结构示意图

表11—5 特种设备渗透检测工艺卡　　编号：2007－423456

工件名称	锻件	规格尺寸	φ14 mm×3 mm	热处理状态	/	检测时机	锻造后
被检表面要求	锻造表面	材料牌号	镍基合金	检测部位	所有表面	检测比例	100%
检测方法	ⅠD－a	检测温度	10～50℃	标准试块	B型	检测方法标准	JB/T 4730.5—2005
观察方式	黑光灯下，目视	渗透剂型号	985P12	乳化剂型号	9PR12	清洗剂型号	水
显像剂型号	氧化镁粉	渗透时间	≥10 min	干燥时间	5～10 min	显像时间	≥7 min
乳化时间	≤2 min	检测设备	黑光灯	黑光辐照度	≥1 000 μW/cm²	可见光照度	≤20 lx
渗透剂施加方法	浸涂	乳化剂施加方法	浸涂	去除方法	喷（水）洗	显像剂施加方法	喷粉（箱）
水洗温度	20～30℃	水压	0.2～0.3 MPa	验收标准	JB/T 4730.5—2005	合格级别	Ⅰ级
渗透检测质量评级要求	\multicolumn{7}{l}{1. 不允许存在任何裂纹和白点 2. 不允许线性缺陷显示，圆形缺陷显示（评定框尺寸 35 mm×100 mm）长径 d≤1.5mm，且在评定框内少于或等于1个}						
示意草图	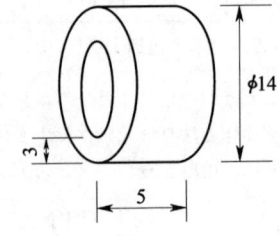						

续表

序号	工序名称	操作要求及主要工艺参数
1	表面准备	喷砂去除氧化皮
2	预清洗	用温水清洗剂将被检面冲洗擦干净
3	干燥	将工件放于干燥箱内进行干燥,干燥时间为 5 min,被检面温度不得高于 50℃
4	渗透	采用槽式浸涂,整个工件浸入槽中,使渗透剂将其全部覆盖,渗透时间应不少于 10 min
5	滴落	逐个将工件从渗透剂中提起,滴落 1 min。滴落过程适当翻动工件
6	预水洗	用水喷法去除被检面多余渗透剂,水压控制在 0.2 MPa 左右。预水洗过程中注意转动工件
7	乳化、滴落	采用槽式浸涂乳化。亲水型乳化剂,乳化时间应不大于 2 min(含滴落时间)
8	最终水洗	用水喷法去除。冲洗时,水射束与被检面的夹角以 30°为宜,水温为 10～40℃,如无特殊规定,冲洗装置喷嘴处的水压应不超过 0.34 MPa。冲洗时,在黑光灯照射下监控清洗效果
9	干燥	在热空气循环烘干装置中进行,被检表面温度不得大于 50℃。干燥时间为 5～10 min
10	显像	在喷粉箱中进行显像,显像时间应不少于 7 min
11	观察	显像剂施加后 7～60 min 内进行观察,距黑光灯滤光片 38 cm 的工件表面的辐照度大于或等于 1000 $\mu W/cm^2$,暗处白光照度应不大于 20 lx 必要时可用 5～10 倍放大镜进行观察。进入暗区,至少经过 3 min 的黑暗适应,不能戴对检测有影响的眼镜
12	复验	应将被检面彻底清洗,重新进行渗透等检测操作各步骤。检测灵敏度不符合要求、操作方法有误或技术条件改变时、合同各方有争议或认为有必要时进行
13	后清洗	在水—洗涤剂槽中进行后清洗,将被检面的渗透检测用水洗净,清洗后应进行干燥处理
14	评定与验收	根据缺陷显示尺寸及性质按 JB/T 4730.5—2005 进行等级评定,Ⅰ级合格
15	报告	出具报告内容至少包括 JB/T 4730.5—2005 规定的内容
备注	\multicolumn{2}{l}{1. 渗透检测剂中硫元素的含量的质量比不得超过 1% 2. 渗透检测实施前、检测操作方法有误或条件发生变化时,用 B 型试块按工艺进行校验}

编制人及资格		审核人及资格	
日期		日期	

第12章 国内外渗透检测标准对比分析

在渗透检测全过程中，需要对材料、设备和工艺等一些重要的但又是可测量控制的变量进行控制；并且提出合格或不合格的界限，这就是渗透检测技术标准。

根据标准内容不同，渗透检测技术标准有很多类别，举例如下：

工艺方法标准、材料标准、设备标准、工件标准、术语标准、试块标准、质量控制标准、质量验收标准等。

有的渗透检测技术标准是专用标准。例如：AMS 2644《渗透检测材料》是美国宇航材料规范标准；HB 7681《渗透检验用材料》是我国航空材料标准等。

有的渗透检测技术标准则包含多个内容。例如：JB/T 4730.5—2005《承压设备无损检测》是由国家发展和改革委员会2005年7月26日发布、2005年11月1日实施的锅炉压力容器行业标准；内容包括射线检测、超声检测、磁粉检测、渗透检测等；主要参照ASME《锅炉压力容器规范》第Ⅴ卷和JIS标准的有关要求，并结合我国的实际情况编写而成。ASTM E 1417《渗透检测的标准方法》是美国材料及试验协会标准，内容包括渗透检测的工艺方法、质量控制等。GJB 2367《渗透检测方法》是我国国防科技工业军事标准，内容包含渗透检测的工艺方法、质量控制等。

12.1 国内渗透检测标准

我国渗透检测技术标准，尚未建成体系，简单介绍如下：

12.1.1 渗透检测综合性标准

1. GJB 2367—2005《渗透检验》

该标准为军工系统用工部件及材料和渗透检测通用标准，包括了渗透检测工艺方法及质量控制等内容，全面规范了渗透检测技术与技术管理。

该标准主要参照 ASTM E 1417—1999《液体渗透检验的标准实施规程》进行编写；有关渗透检测材料的试验方法，引用了 HB 7681—2000《渗透检验用材料》相关内容；同时，还吸收了 ASTM E 165—2002《液体渗透检验的标准试验方法》的合理部分。

该标准除包括其他行业标准规定的渗透检测方法及质量控制等内容外，增加了对检验机构进行鉴定和认证的要求；增加了以保护环境为目的，选择渗透检测材料和渗透检测工艺的原则，强调了渗透检测生产线中，设置污水处理设备；还增加了对热塑性材料制品进行渗透检测使用高温条件的限制。

2. JB/T 4730.5—2005《承压设备无损检测 第 5 部分 渗透检测》

该标准是一个渗透检测综合性标准，它包括渗透检测剂材料、对比试块、渗透检测方法、操作、缺陷分类及等级评定等内容。它是承压设备在制造、安装及使用过程中，执行渗透检测时的主要标准。

随着核电设备制造技术及承压设备制造技术的迅速发展，镍基合金、奥氏体、钛及钛合金等新型材料被大量使用。对该型材料进行渗透检测时，要求严格控制氯、氟、硫的含量。该标准规定了相关的测定方法。

当渗透检测不可能在（10～50℃）标准温度范围内进行时，则要求对较低或较高温度时的渗透检测方法作出鉴定，该标准提出了鉴定方法。

12.1.2 渗透检测材料标准

HB 7681《渗透检验用材料》是以 MIL-I-25135《渗透检验材料》为蓝本，针对国内生产渗透检验材料而制定的。国内生产渗透检验材料厂家很多，质量水平不一。但是，军工部门用渗透检验材料必须保证产品质量。在对外加工服务中，强调与国际接轨，要求符合国际公认的标准。

该标准详细规定了渗透检验材料各项性能指标及鉴定方法，与 AMS 2644《渗透检验材料》相当。

12.1.3 渗透检测设备标准

GB 5097—85《黑光源的间接评定方法》是一个关于设备的标准，它规定了用间接比较方式评定黑光源强度时的测试装置和操作方法，它适用于检查黑光源的强度，并可在荧光磁粉检测和荧光渗透检测时，检查被检物表面上黑光强度以及荧光渗透剂荧光性能的变化。

12.1.4 渗透检测试块标准

JB/T 9213—1999《无损检测 渗透检测 A 型对比试块》规定了 A 型对比试块的材质、型式、尺寸、标记、包装和储存要求，A 型对比试块加工方法，以及试块上裂纹尺寸要求及检验要求等。

该试块可用于渗透检测剂的性能测试与检测灵敏度比较。

12.1.5 渗透检测质量验收标准

1. GB 9443—88《铸钢件渗透检测及缺陷显示迹痕的评级方法》

GB 9443—88《铸钢件渗透检测及缺陷显示迹痕的评级方法》是一个综合性技术标准，

渗透检测

包括渗透检测材料标准、渗透检测设备标准和渗透检测工艺方法标准，并且规定依据缺陷痕迹显示大小和分布，将缺陷显示迹痕分为七个等级，当线状缺陷和点状缺陷确认为是裂纹时，应定为不合格。

2. GB 3290—85《民用船舶铜合金螺旋桨着色渗透检测方法及评级》

GB 3290—85《民用船舶铜合金螺旋桨着色检测方法及评级》是一个综合性技术标准，该标准不同于一般渗透检测标准之处是该标准中含有质量验收标准内容：例如该标准规定了螺旋桨表面不允许存在线状或串列状显示迹痕，该标准还规定了单个圆形显示迹痕允许存在的程度等。

渗透检测质量验收标准是由设计部门制定，由渗透检测人员执行。设计部门制定渗透检测质量验收标准的依据是：产品例如压力容器的工作状况，工件的受力情况（静载荷、动载荷、交变载荷）、重要程度（该工件的损伤是否危及整个产品的使用性能及人身安全）、材料和工艺特点（例如铝合金铸件易出现针孔缺陷、镁合金铸件易出现显微疏松缺陷、锻造加工易出现折叠缺陷、铸造易出现冷隔缺陷等，渗透检测只能发现表面开口缺陷……）等。渗透检测质量验收标准通常在产品例如压力容器资料、工件图样或有关技术文件注明。

3. 我国渗透检测常用技术标准

（1）渗透检测工艺方法标准

国防科技工业军事标准：GJB 2367《渗透检测方法》

特种设备行业标准：JB/T 4730.5《承压设备无损检测　渗透检测》；

航空工业标准：HB/Z 61《荧光检验说明书》；

航天工业标准：QJ 1268《着色渗透检测方法》；

核工业标准：EJ 186《着色检测标准》；

机械工业标准：JB/T 9218《渗透检测方法》；

民用航空标准：MH/T 3002.1《航空器无损检测　渗透检测》。

（2）渗透检测材料标准

航空工业标准：HB 7681《渗透检验用材料》；

机械工业标准：JB/T 7523《渗透检测用材料技术要求》；

（3）渗透检测设备标准

国家标准：GB 5097《黑光源的间接评定方法》

国家标准：BG/T 16673《无损检测用黑光源（UV-A）辐射的测量》

机械工业标准：JB/T 6264《荧光亮度计》

（4）渗透检测工件标准

国家标准：GB/T 9443《铸钢件　渗透检测及缺陷显示迹痕的评级方法》

航空工业标准：JQ2286《铸件　荧光渗透检验方法》

机械工业标准：JB/T 6062《焊缝　渗透检验方法和缺陷迹痕的评级》

船舶工业标准：CB 3802《船体焊缝表面质量检验方法》

（5）渗透检测术语标准

国家标准：GB/T 12604.3《无损检测术语——渗透检测》

机械工业标准：JB 3111.4《无损检测术语　渗透检测》

（6）渗透检测试块标准

国家标准：GB/T 18851《无损检测　渗透检测　标准试块》

机械工业标准：JB/T 6064《渗透检测用镀铬试块技术条件》

（7）渗透检测质量验收标准

国家标准：GB/T 9443《铸钢件　渗透检测及缺陷显示迹痕的评级方法》

机械工业标准：JB/T 6062《焊缝　渗透检验方法和缺陷迹痕的评级》

12.2　国外渗透检测标准

国外，特别是美国，渗透检测技术标准已经建成体系。国际标准化组织标准中也有很多渗透检测技术标准（ISO）。现以国际标准化组织标准及美国标准为例，简单介绍如下：

12.2.1　渗透检测工艺方法标准

现以美国机械工程师协会标准（ASME）、美国材料及试验协会标准（ASTM）、美国军用标准（MIL）为例，介绍如下：

ASME规范Ⅴ卷第六章《液体渗透检测》

ASTM E 1417《渗透检测的标准方法》

ASTM E 1208《亲油性后乳化荧光渗透检测的试验方法》

ASTM E 1209《可水洗性荧光渗透检测的试验方法》

ASTM E 1210《亲水性后乳化荧光渗透检测的试验方法》

ASTM E 1219《溶剂去除性荧光渗透检测的试验方法》

ASTM E 1220《溶剂去除性着色渗透检测的试验方法》

ASTM E 1418《可水洗性着色渗透检测的试验方法》

ASTM E 165《渗透检测的标准推荐操作方法》

MIL-STD-6866《渗透检验方法》

MIL-HDBK-728/3《液体渗透检验》

12.2.2　渗透检测材料标准

现以美国宇航材料规范（AMS）、美国军用标准（MIL）为例，介绍如下：

AMS 2644《渗透检验材料》

QPL-AMS 2644《渗透检验材料目录　产品质量符合AMS 2644》

AMS 2645 K《荧光渗透检验材料》

AMS 2646 D《着色渗透检验材料》

AMS 3155 C《溶剂去除型油基荧光渗透剂》

AMS 3156 C《可水洗型油基荧光渗透剂》

AMS 3157 C《溶剂去除型强荧光油基荧光渗透剂》

AMS 3158 B《水基荧光渗透剂》
MIL-I-25135《渗透检验材料》
QPL-25135《渗透检验材料目录 产品质量符合 MIL-I-25135》

12.2.3 渗透检测设备标准

现以美国材料及试验协会标准（ASTM）、美国军用标准（MIL）为例，介绍如下：
ASTM E 1135《比较荧光渗透剂亮度的试验方法》
ASTM G 41《测定暴露于热盐压力下金属的裂纹敏感度》
ASTM D 93《Pensky-Martens 闭口杯法测闪点》
ASTM D 95《蒸馏法测石油产品及沥青材料中的水分》
ASTM D 445《透明及不透明液体的运动黏度（动力黏度的计算）》
MIL-F-38762《荧光渗透检验设备》

12.2.4 渗透检测工件标准

现以国际标准化组织标准（ISO）、美国材料及试验协会标准（ASTM）为例，介绍如下：
ISO 3879《焊接接头的液体渗透检验》
ISO 4987《钢铸件——渗透检验》
ISO 9916《铝合金和镁合金铸件——液体渗透检验》
ISO 12095《受压无缝钢管和焊制钢管渗透检验》
ISO 4386/3《普通轴承 金属多层普通轴承 第三部分：渗透无损检验》
ASTM A 462《钢锻件的渗透检验方法》
ASTM B 137《铝合金阳极化镀层的着色试验方法》
ASTM F 97《用着色渗透法确定电子器件密封性的推荐方法》
ASTM F 601《外科用金属插入物荧光渗透检查标准实施方法》

12.2.5 渗透检测术语标准

现以美国材料及试验协会标准（ASTM）为例，介绍如下：
ASTM E270《液体渗透检验术语定义》
ASTM E1316-04/F《无损检测术语——液体渗透检验》

12.2.6 渗透检测试块标准

现以国际标准化组织标准（ISO）为例，介绍如下：
ISO 3452.3—1998《无损检测 渗透检测 第三部分：标准试块》，具体见第5章。

12.2.7 渗透检测质量验收标准

现以美国材料及试验协会标准（ASTM）、美国军用标准（MIL）为例，介绍如下：
ASTM A903/A903M《磁粉和渗透检验时钢铸件表面验收规范》
MIL-STD-1907《材料、工件、焊接件液体渗透检验和磁粉检验的完善性要求》

12.2.8 渗透检测其他标准

ASTM E 433《用于液体渗透检验的参考照片》
ASTM D 129《石油产品含硫量的标准试验方法（通用密封弹法）》
ASTM D 808《石油产品含氯量的标准试验方法（密封弹法）》
ASTM D 1226《确定总含硫量的灯泡法》
ASTM D 1317《烃氧基钠试验法》
ASTM D 1552《硫杂质的测定法》
下面介绍几个比较典型的国外渗透检测标准。

1. 美国标准

(1) 美国军用材料标准：MIL-I-25135《渗透检验材料》

该标准在国际技术交流和贸易竞争中常被引用，具有相当程度的国际性，反映了美国航空质量及渗透检测的科学技术水平。

该标准在质量保证要求中，规定了荧光渗透剂的性能、颜色、稳定性及使用寿命等；规定了乳化剂的乳化能力、容水量、颜色、乳化时间及使用寿命等；规定了物理性能例如黏度、闪点、毒性、腐蚀性及储存寿命等。为了保证渗透检测剂材料的可靠性，对合格鉴定试验及验收试验作了更详细和更严格的规定，包括取样方案、试验设备、实验条件、实验灵敏度、标准件及检查、校验、鉴定方法、拒收、重复试验等。

(2) 美国军用工艺标准：MIL-I-6866《渗透检验法》

该标准叙述了渗透检验的范围，渗透检测剂的分类等；列出了渗透检测的工艺步骤：预清洗、渗透剂施加方法、渗透时间、清洗或去除、干燥、显像及检验等。该标准叙述的渗透检测工艺方法非常详细，例如对不同的工件，标准中列出了不同的清洗方法、渗透时间和显像剂等，并以表格的形式列出；又例如该标准规定可水洗型着色渗透剂使用在要求最低灵敏度的情况下，后乳化型荧光渗透剂用于检查开口宽而浅的缺陷及应力腐蚀、晶界腐蚀缺陷。

该标准与美国军用材料标准 MIL-I-25135 配套使用。该标准规定：按 MIL-I-25135 标准鉴定合格的材料方可用于渗透检测。

(3) 美国军用规范：MIL-F-38762《荧光渗透检验装置》

该规范规定了三种不同规格尺寸的设备，并且规定该三种设备均带有加温加压装置。

(4) 美国材料与试验协会标准：ASTME165《液体渗透检验的标准推荐操作法》

该标准非常详细地叙述了渗透检测操作程序，渗透检测方法的分类及渗透检测材料的类型。例如该标准叙述了九种工件清洗方法：洗涤剂清洗、溶剂清洗、汽油清洗、碱洗、超声清洗、油漆清洗、机械清理、酸腐蚀及陶瓷的燃烧清理，叙述了它们各自的适用范围及优缺点。又例如在进行水洗型荧光渗透检测法去除表面多余荧光渗透剂时，该标准规定使用粗水柱喷法清洗，水压应恒定，且不超过 0.35 MPa，水温 16～43℃，水洗最佳时间是以没有干扰背景存在为标志，要根据荧光渗透剂本身的清洗特性、工件的表面状态、清洗用水的压力和温度等因素，通过实验确定。该标准还规定去除操作在黑光灯下进行，以便对表面多余荧光渗透剂是否充分去除进行监控。

(5) 美国材料与试验协会标准：ASTME433《液体渗透检验的标准参考照片》

该标准提供了两种类型（Ⅰ型：各个缺陷指示尺寸相差不大，任何一个都不比另一个大 3 倍。Ⅱ型：缺陷指示尺寸相差较大，任何一个比另一个至少大 3 倍）四个类别（单个缺陷指示、不排列的多个缺陷指示、排成列的多个缺陷指示、表面相交处的缺陷指示）的典型缺陷指示参考照片。这些参考照片，拟于查询单、合同、定货材料规格或适当的规范中作规定时用，买卖双方一致同意按此划分严重程度时也可以用。

2. 德国标准：

DIN54152《第 1 部分，渗透检测实施方法》；《第 2 部分：渗透检测剂的检验》

该标准第 1 部分是在两个国际文献（Ⅰ. 国际标准化组织 ISO 出版，ISO3879《焊接件——渗透检测法应用范围》；Ⅱ. 国际标准化组织 ISO 制定的国际标准草案 ISO/DIS3452《无损检测——渗透检测——基本原理》）的基础上起草编制的，与国际标准相比，该标准第一部分，可以普遍使用，当然也适用于焊接件。

该标准第 2 部分来源于国际化标准组织 ISO 制定的国际标准草案 ISO/DIS3453《无损检测——渗透检测——检验方法》，该标准第 2 部分所介绍的详细的检验制度和试剂的监控方法已经超出国际标准草案所表达的内容。

德国渗透检测技术标准直接与国际标准接轨，有助于国际技术交流和商业贸易竞争。

3. 日本标准：

JISZ2343《液体渗透检测方法及缺陷指示等级分类》

该标准叙述了试验方法（含方法分类、试验顺序、操作、观察检验）、试验装置、渗透检测剂（含检查维护）、对比试块及缺陷指示的等级分类等。该标准将渗透检测发现的缺陷指示分为三种：裂纹显示迹痕、线状显示迹痕和圆形状显示迹痕。线状显示和圆形状显示迹痕又分为若干种；每种又分为若干级。因此，渗透检测方法执行该标准记录检测结果时，内容比较多，它有利于受检件的质量评定。

复习思考题

1. 简述 JB/T 4730.5—2005 的适用范围及主要内容。

*2. 简述国外标准 MIL-I-25135、MIL-I-6866、ASTME165、ASTME433、DIN54152 第一、二部分、JISZ2343 的类别（材料、设备、工艺方法、质量分级验收）及特点。

第13章 渗透检测实验

实验一 溶剂去除型着色渗透剂性能比较

一、实验目的

掌握不同渗透剂性能比较方法。

二、实验内容

比较标准的与使用中的溶剂去除型着色渗透剂的性能。

三、实验器具及渗透检测剂

1. 白光光源。
2. 铝合金淬火试块（A型试块）。
3. 标准的与使用中的溶剂去除型着色渗透剂。
4. 与溶剂去除型着色渗透剂同族组的标准去除剂及标准显像剂。

四、实验步骤

1. 用去除剂预清洗试块，并随后干燥。
2. 将标准的溶剂去除型着色渗透剂刷涂于A型试块的半面上，将使用中的溶剂去除型着色渗透剂刷涂于A型试块的另半面上。
3. 然后使用标准处理方法，按下列处理程序（见图13—1）进行处理。
4. 观察比较标准着色渗透剂与使用中的着色渗透剂缺陷显示状态，从而确定使用中的着色渗透剂可否继续使用。

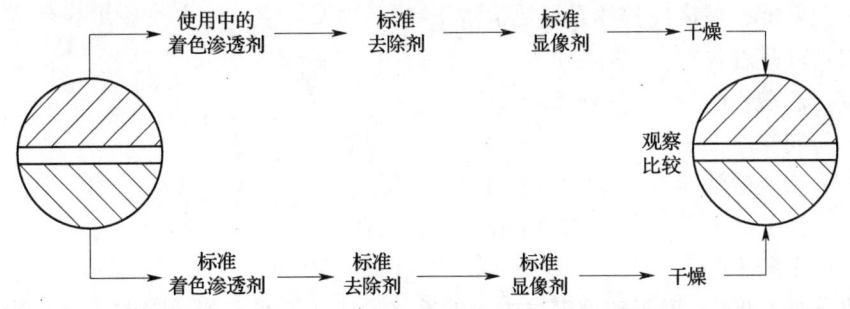

图13—1 溶剂去除型着色渗透剂性能比较的试验程序

五、说明

1. 两种不同牌号的渗透检测剂其性能比较试验也可参照上述试验方法。可将不同牌号的两种着色渗透剂分别刷涂于试块的两个半面上,然后分别使用各自的去除剂及显像剂,按各自的标准方法处理,最后观察比较。

2. 研究分析渗透、乳化、去除及显像操作工序是否得当,也可参照上述试验方法。例如进行旨在研究分析乳化去除操作工序是否合适的试验时,首先要在相同的条件下,将渗透剂刷涂在 A 型试块的两个半面上,然后,在完全相同的条件下进行乳化去除以外的各项操作。即只是在乳化去除操作工序时,改变 A 型试块的两个半面上的乳化去除时间、水压、水温等试验条件,最后观察比较。

3. 也可使用黄铜板镀镍铬裂纹试块(C 型试块)进行上述试验。

实验二 后乳化型着色渗透剂的配制

一、实验目的
掌握一般渗透剂的配制方法。

二、实验内容
配制后乳化型着色渗透剂。

三、实验器具及试剂
1. 白光光源。
2. 不锈钢镀铬辐射状裂纹试块(B 型试块)。
3. 化学试剂:

苏丹红Ⅳ　　　8 g;　　　乙酸乙酯　　　50 ml;
航空煤油　　　600 ml;　　松节油　　　　50 ml;
变压器油　　　200 ml;　　丁酸丁酯　　　100 ml。

4. 玻璃容器:容积 1 500 ml。
5. 玻璃搅拌棒:长 200 mm。
6. 天平:称量 500 g。
7. 量筒:容量 500 ml。

四、实验步骤
1. 将玻璃容器、玻璃搅拌棒及量筒清洗干净。
2. 称取:苏丹红Ⅳ　　　8 g。
3. 量取:乙酸乙酯　　　50 ml;
　　　　航空煤油　　　600 ml;
　　　　变压器油　　　200 ml;
　　　　松节油　　　　50 ml;
　　　　丁酸丁酯　　　100 ml。

4. 先将苏丹红Ⅳ 8 g 置于玻璃容器中,然后将 50 ml 乙酸乙酯缓缓倒入,一边倒入一边搅拌,让苏丹红Ⅳ浸透在乙酸乙酯中,并搅拌均匀。

5. 按如下顺序逐次倒入:
航空煤油、松节油、变压器油、丁酸丁酯。每加进一种溶剂,都需搅拌均匀。

6. 一直搅拌至苏丹红Ⅳ完全溶解,并且各种溶剂均匀混合。至此,后乳化型着色渗透剂基本配制完毕。

7. 用B型试块检查新配制的后乳化型着色渗透剂的灵敏度。除施加的着色渗透剂渗透使用新配制的后乳化型着色渗透剂外,其他乳化剂,去除剂及显像剂均用同族组的标准渗透检测剂,按标准操作方法处理,观察B型试块辐射状裂纹显示情况,并将辐射状裂纹显示与原保存的复制品对照,观察对比确定新配制的着色渗透剂可否使用。

五、说明

1. 配制的后乳化型着色渗透剂中应无沉淀结块物,如果发现有沉淀结块物可用水浴法适当提高温度。但以不超过40℃为宜。

2. 配制过程中,乙酸乙酯倒入苏丹红Ⅳ中时,防止出现结块物是关键。

3. 本实验的后乳化型着色渗透剂配方中,苏丹红Ⅳ是着色染料,乙酸乙酯是渗透溶剂,航空煤油及松节油是溶剂、渗透剂,变压器油是增长剂,丁酸丁酯是助溶剂。

实验三　溶剂悬浮湿式显像剂的配制

一、实验目的
掌握一般显像剂的配制方法
二、实验内容
配制溶剂悬浮湿式显像剂。
三、实验器具及试剂
1. 白光光源。
2. 不锈钢镀铬辐射状裂纹试块(B型试块)。
3. 化学试剂:

二氧化钛　　　　10 g;　　　丙酮　　　　400 ml;
乙醇　　　　　　150 ml;　　胶棉液　　　450 ml。

4. 玻璃容器:容积1 500 ml。
5. 玻璃搅拌棒:长200 mm。
6. 天平:称量500 g。
7. 量筒:容量500 ml。

四、实验步骤

1. 将玻璃容器、玻璃搅拌棒、量筒清洗干净。
2. 称取:二氧化钛50 g。
3. 量取:丙酮400 ml、乙醇150 ml、胶棉液450 ml。
4. 先将二氧化钛50 g置于玻璃容器中,然后将丙酮缓缓倒入二氧化钛中。一边倒入一边搅拌,让二氧化钛浸透在丙酮中,搅拌均匀。
5. 按顺序依次倒入乙醇、胶棉液。每加一种溶剂,都须搅拌均匀。
6. 一直搅拌至二氧化钛完全溶解,并且各种溶剂均匀混合。此时溶剂悬浮湿式显像剂基本配制完毕。

7. 用 B 型试块，检查新配制的溶剂悬浮湿式显像剂的性能。除显像剂外，其他着色渗透剂、去除剂均用同族组的标准渗透检测剂，按标准操作方法处理。观察 B 型试块辐射状裂纹显示情况，并将辐射状裂纹显示与原保存的复制品对照。观察对比确定新配制的溶剂悬浮湿式显像剂可否使用。

五、说明

1. 配制的溶剂悬浮湿式显像剂不应有结块物。经轻微搅拌，沉淀物即可在溶剂中分散并悬浮起来。

2. 在本实验的溶剂悬浮湿式显像剂配方中，二氧化钛是吸附剂，丙酮是溶剂，乙醇是稀释剂，胶棉液是限制剂。

实验四　荧光渗透剂紫外线稳定性试验

一、实验目的
掌握荧光渗透剂紫外线照射稳定性的试验方法。

二、实验内容
测定后乳化型荧光渗透剂在紫外线照射下的稳定性。

三、实验器具及渗透检测剂
1. 后乳化型荧光渗透剂：HA-1 型　500 ml。
2. 紫外线光源。
3. 定性滤纸：10 张。
4. 紫外线辐照计：J221 型（或 ZQJ-1 型）1 个。
5. 广口玻璃容器：容量 500 ml。
6. 定时钟：1 个。
7. 试样夹子：10 个。
8. 试样架：10 个。

四、实验步骤

1. 开启紫外线光源，用 J221 型紫外线辐照计（或 ZQJ-1 型）检测紫外线强度，使其为 $(860\pm40)\ \mu W/cm^2$。

2. 将荧光渗透剂 500 ml 置于广口玻璃容器中。

3. 将 10 张定性滤纸浸入到荧光渗透剂中，取出用试样夹子夹好，干燥 5 min。

4. 将 5 个挂有滤纸试样的夹子悬挂在无强光、强热和强气流的地方。其余 5 个试样曝露在紫外线下，5 个试样应受到均匀照射。曝光时间 1 h。

5. 曝光后，使用紫外线辐照计交替测试 5 个未曝露和 5 个曝露的试样。以未曝露试样的辐照强度值作为 100%，与曝露试样的照度值作比较，确定是否符合要求。注：85% 以上合格。

五、说明

1. 交替测试是为了补偿仪器读数的漂移。

2. 在曝露的试样上测试时，一定要在曝露于紫外线的一面上进行测量。

3. 5 个试样的照度值应取平均值。

实验五　干粉显像剂的摇实密度

一、实验目的
掌握干粉显像剂的摇实密度的测定方法。

二、实验内容
测定干粉显像剂的摇实密度。

三、实验器具及试剂

1. 量筒：容量 500 ml。
2. 天平：称量 1 000 g。
3. 直尺：1 把。
4. 白纸：200 mm×200 mm。
5. 细线：长 300 mm。
6. 自制圆环三角架，见图 13—2。
   用细铁棒焊接而成，细铁棒直径约为 ϕ5 mm。
7. 橡皮：厚 10 mm，大小为 200 mm×200 mm。

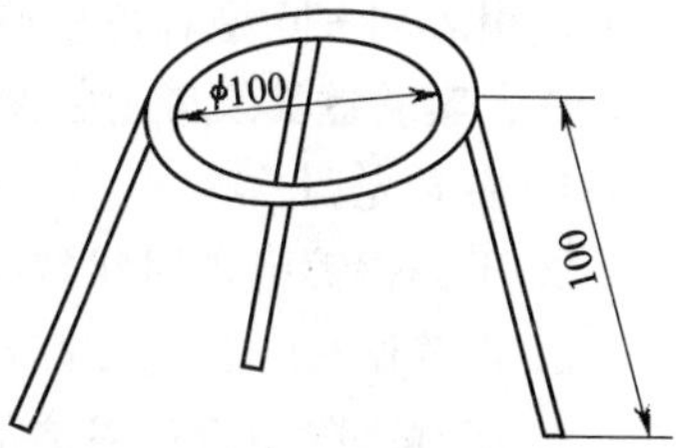

图 13—2　圆环三角架示意图

四、实验步骤

1. 将一个清洁、干净，刻度为 500 ml 的量筒从 500 ml 标线处准确地切齐，然后称取质量，记为 X_1，精确到 0.5 g。
2. 将量筒倾斜 30°角，并使干粉显像剂粉末沿筒壁轻轻滑入量筒内。然后逐渐扩大角度，逐渐添加粉末，使其充满溢出。添加粉末时，防止空穴形成，同时严禁摇动或敲击量筒。见图 13—3。用直尺刮去多余显像剂粉末，并在筒口捆扎一张纸。
3. 将量筒插入到圆环三角架的圆环内，并且一块放置到橡皮板上。见图 13—4。

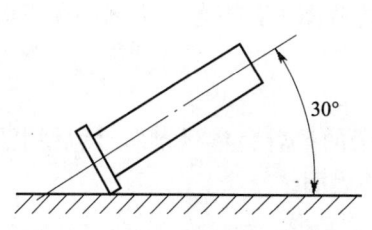

图 13—3　充装显像剂粉末示意图

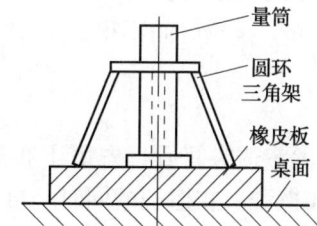

图 13—4　量筒、圆环三角架、橡皮板相对位置示意图

4. 使量筒从圆环内提高到 25 mm 垂直行程，然后将其自由落到橡皮板上。此动作反复多次，每落下一次，将量筒转 1/4 圈。一直重复到体积保持不变时为止。
5. 除去捆扎的纸张，称取盛装有显像剂粉末的量筒的质量记为 X_2；同时测量显像剂粉末所占的体积。
6. 将显像剂的净质量（等于 X_2-X_1）除以显像剂粉末所占的体积就是干粉显像剂的摇实密度。

五、说明

将显像剂的净质量（等于 X_2-X_1）除以 500 ml，就是干粉显像剂的松装密度。

实验六 焊缝着色渗透检测试验

一、实验目的
掌握焊缝的着色渗透检测试验方法。

二、实验内容
使用溶剂去除型着色渗透剂对焊缝进行着色渗透检测。

三、实验器具及渗透检测剂
1. 白光光源。
2. 不锈钢镀铬辐射状裂纹试块（B 型试块）。
3. 焊缝试板：长约 200 mm。
4. 溶剂去除型着色渗透剂及同族组的去除剂及显像剂。
5. 铁刷、砂纸、锉刀、凿子等钳工工具。
6. 丙酮或香蕉水。

四、试验步骤
1. 清理焊缝试板

使用铁刷、锉刀、砂纸、凿子等工具，清理焊缝试板的焊缝与热影响区。去除焊缝及热影响区表面飞溅、焊渣、铁锈等杂物。

2. 预清洗

使用丙酮或香蕉水擦拭受检表面，即擦拭焊缝试板表面及 B 型试块表面。以去除油污及污垢。然后使用去除剂将受检表面洗净，并随后干燥。

3. 渗透

将着色渗透剂刷涂或喷涂于受检表面，喷涂时，喷嘴距受检表面 20~30 mm 为宜，渗透温度 15~50℃，渗透时间不得少于 10 min。在整个渗透时间内，着色渗透剂必须润湿全部受检表面。

4. 去除

达到规定的渗透时间后，先用干布擦去受检表面多余的"着色渗透剂"，然后用沾有"去除剂"的布擦洗。在擦洗的同时，再用干净布擦干受检表面。

5. 显像

将显像剂刷涂或喷涂于受检表面，显像剂层应薄而均匀，厚度为 0.05~0.07 mm 为宜。喷涂时，喷嘴距受检表面不要太近，一般 300~400 mm 左右为宜，喷洒方向与受检面夹角为 30°~40°。

6. 检查

显像时间结束后，即可在白光下进行检查。先检查 B 型试块表面，观察辐射状裂纹显示是否符合要求。如果显示符合要求，即可说明整个渗透检测系统及操作符合要求。此时，方可检查焊缝试板表面。观察红色图像。必要时，用 5~10 倍放大镜观察。

7. 记录

记录下列诸项：受检试块名称及编号、受检部位、渗透检测剂（含着色渗透剂、去除剂及显像剂）名称牌号；操作主要工艺参数（含渗透时间、显像时间等）；缺陷类别，数量，大小；检测日期。

8. 质量评定

根据有关技术文件对所发现缺陷作出合格与否的结论。

五、说明

1. 本试验步骤依据 JB/T 4730—2005《承压设备无损检测》。

2. 本试验步骤仅适用于溶剂去除型着色渗透检测系统。有关其他渗透检测系统的试验应参照有关技术标准执行。

附录

附录一 渗透检验方法（GJB 2367—2005）

1 范围

1.1 主题内容

本标准规定了非多孔性固体材料（金属和非金属）及其制件渗透检验的基本要求。

1.2 适用范围

本标准适用于材料和零件（半成品、成品及使用过的零件）表面开口不连续性的检验。

1.3 分类

1.3.1 渗透检验按所用渗透剂含染料的类别分为：

Ⅰ类——荧光渗透检验；

Ⅱ类——着色渗透检验；

Ⅲ类——荧光着色（两用）渗透检验。

1.3.2 渗透检验按渗透剂去除方法分为：

A法——水洗法渗透检验；

B法——亲油性后乳化法渗透检验；

C法——溶剂去除法渗透检验；

D法——亲水性后乳化法渗透检验。

1.3.3 渗透检验显像的类型分为：

a型——干粉显像；

b型——水溶性湿显像；

c型——水悬浮性湿显像；

d型——非水湿显像；

e型——特殊显像；

f型——自显像。

1.3.4 渗透检验灵敏度等级分为：

1级——低灵敏度；

2级——中灵敏度；

3级——高灵敏度；

4级——超高灵敏度。

2 引用文件

GB 260 《石油产品水分测定》

GB 9445 《无损检验人员技术资格鉴定通则》

GB/T 12604.3 《无损检测术语 渗透检测》

GJB 466　　《理化检验质量控制规范》
GJB 593.4　《无损检测质量控制规范　渗透检验》
ZB H24 002　《渗透检测用 A 型灵敏度对比试块》
JB/T 6064　《渗透检测用镀铬试块技术条件》

3　定义

本标准采用的术语均按 GB/T 12604.3 规定。

4　一般要求

4.1　检验要求

合同、订单或其他文件规定按本标准进行检验时，应同时给出被检工件的质量验收标准。除非另有规定，渗透检验不采用抽样检查。

4.2　检验人员

渗透检验人员应按其行业无损检测人员技术资格鉴定标准或按 GB 9445 进行技术资格鉴定，取得技术资格证书，并从事与其资格等级相适应的工作。

4.3　检验场所

渗透检验所需的厂房、暗室、喷涂间和污水处理间等应符合 GJB 593.4 第 3 章的规定。

4.4　设备、仪器和标准试块

4.4.1　工艺设备

渗透检验所需的预处理装置、渗透槽、乳化槽、干燥箱、显像装置和喷涂装置等工艺设备，其结构和布置应协调，有利于操作和控制，其技术要求和维护管理应符合 GJB 593.4 第 4.6 和 4.10 条的规定。

4.4.2　仪器

渗透检验所用的黑光灯、辐照度计、照度计和荧光亮度计等仪器的技术要求、使用和管理应符合 GJB 593.4 第 4.1~4.4 及 4.10 条的规定。

4.4.3　标准试块

渗透检验用的标准试块有 A 型（铝合金淬火试块）、B 型（不锈钢镀铬试块）和 C 型（黄铜板镀镍、铬试块）三种，其规格和技术要求应符合 ZB H24 002 和 JB/T 6064 的规定，使用和管理应符合 GJB 593.4 第 4.11 条的规定。

4.5　检验材料

渗透检验所用的渗透剂、乳化剂、去除剂、显像剂及预、后处理剂等材料，应经主管部门鉴定认可。材料的鉴定、采购、保管、使用、校验等技术要求应符合 GJB 593.4 和 GJB 466 的规定。

4.6　检验工艺卡

要求进行渗透检验的每种（或每类）零件，应根据其材料、状态、批量、尺寸、形状、检验部位、检验灵敏度要求以及预定使用环境等因素，选择合理的检验方法和材料，编写专用（或通用）的检验工艺卡。工艺卡应由渗透检验Ⅲ级技术资格人员审核，并由主管部门批准。渗透检验应按工艺卡进行。工艺卡至少应包括下列内容：

a. 零件图号、名称、材料和状态；

b. 预处理方法（如果该工序由其他单位承担实施，则其工艺文件也应参考本工艺卡制定）；

c. 渗透剂、去除剂（或乳化剂）、显像剂等材料的类型和牌号；

d. 各步骤的实施方法及采用的温度、压力、时间等工艺参数；

e. 检验部位（一般用示意图表示）和验收标准；

f. 后处理方法；

g. 标志部位和方法。

4.7 工序安排

渗透检验工序一般应安排在焊接、热处理、校形、磨削、机械加工等工序完成之后，吹砂、喷丸、抛光、阳极化、涂层和电镀等工序之前。

4.7.1 铸件、焊接件和热处理件，允许用吹砂的方法去除表面氧化皮，再进行渗透检验。但精密铸造的关键件吹砂后一般先进行浸蚀，然后再进行渗透检验。

4.7.2 机械加工后的铝、镁、钛、奥氏体钢等关键件，一般应先进行酸或碱浸蚀，再进行渗透检验。

4.7.3 使用过的零件，应去除表面积碳、氧化层及涂层后再进行渗透检验。

4.8 材料和工艺限制

渗透检验的灵敏度等级、使用材料和工艺方法的选择应遵循下列原则：

a. 着色检验（Ⅱ类），不宜采用干粉显像（a型）和水溶性湿显像（b型）；

b. 航空、航天产品零件的成品验收检验不宜采用着色检验（Ⅱ类）；

c. 涡轮发动机关键零件维修检验时仅允许采用亲水性后乳化荧光渗透检验（Ⅰ类D法），灵敏度为3、4级；

d. 当自显像渗透剂系统能满足检验灵敏度要求，且工艺得到主管部门批准时，可以不使用显像剂显像。但任何使用过的零件渗透检验时，都必须使用显像剂显像；

e. 不允许用灵敏度较低的渗透剂代替灵敏度较高的渗透剂；

f. 塑料、橡胶零件，镍、钛合金零件，预定使用环境特殊的零件（如液氧储箱）渗透检验时，还应注意与渗透剂的相容性。

4.9 安全防护

4.9.1 渗透检验的场所、材料存储处，应严禁烟火，并有良好的通风条件。

4.9.2 渗透检验所用的各种材料，应按其生产厂家推荐的方法使用。

4.9.3 渗透检验人员，应穿着工作服，必要时戴耐油防护手套。荧光渗透检验人员，应戴防紫外线眼镜。

5 详细要求

5.1 预处理

5.1.1 预处理要求

零件待检表面应清洁、干燥。妨碍渗透剂进入不连续性内，影响染料性能或产生不良本底的零件表面附着物，如油污、油脂、涂层、腐蚀产物、氧化皮、金属污物、焊剂、化学残留物等均应去除。

局部进行渗透检验的零件,预处理的范围应从检验区域向周围扩展 25 mm 左右。

预处理后的零件应充分干燥。采用碱洗、酸洗或浸蚀工艺时,零件在中和处理后应充分水洗,然后干燥。易产生氢脆的零件,酸洗和酸浸蚀后还应进行除氢处理。

5.1.2 预处理方法

应根据零件的材料、预期功能、加工方法和表面附着物的种类等因素,选用合理、有效的预处理方法,常用的处理方法有:

a. 溶剂清洗:适用去除油污、油脂、蜡等污物。包括三氯乙烯蒸气除油和超声波溶剂清洗等方法;

b. 化学清洗:适用于去除涂层、氧化皮、积炭层和其他溶剂清洗法不能去除的附着物;

c. 机械清理:适用于去除溶剂、化学清洗法都不能去除的表面附着物;

d. 浸蚀:使用过的零件,由于加工或预处理使表面状态降低渗透效果的零件,均应进行浸蚀。应正确制定和严格控制浸蚀工艺,不致损伤零件。高精度的孔、面和配合面不应进行浸蚀。

5.2 渗透

5.2.1 施加渗透剂的方法有浸涂、喷涂、刷涂和流涂。可根据零件尺寸、形状、批量和所用渗透剂的特点选用合适的方法施加渗透剂。

5.2.2 零件受检表面应被渗透剂覆盖,在渗透时间内一直保持润湿状态。不允许接触渗透剂的零件表面应预先屏蔽保护好。

5.2.3 零件、渗透剂的温度以 15~40℃ 为宜。渗透时间不少于 10 min。温度在 5~15℃ 范围内,也可以进行渗透处理,但渗透时间应相应地延长。

5.3 去除

渗透结束后,应根据渗透剂的类型采取相应的方法去除零件表面的渗透剂。

5.3.1 水洗法工艺

水洗渗透剂可直接采用手工水喷洗、自动水喷洗或手工水擦洗的方法去除。1、2 级灵敏度的渗透系统,也可采用在搅动的水中进行浸洗的方法去除。

5.3.1.1 手工水喷洗

水温 10~40℃,水压不大于 0.27 MPa,喷嘴与零件表面的间距不小于 30 cm。1、2 级灵敏度的渗透系统可以采用空气水喷嘴进行手工喷洗,但施加的空气压力应不大于 0.17 MPa。

水洗应在适当的黑光(对Ⅰ、Ⅲ类)或白光(对Ⅱ、Ⅲ类)下进行检查,尽量缩短水洗时间,以零件表面形成合适的本底为宜,避免过洗。过洗的零件,应充分干燥,从预处理开始按工艺重新处理。

零件水洗后,可通过移动或转动使其表面上的水流滴干净。然后用吸水的材料吸干或用清洁、干燥的压缩空气吹干,压力应不大于 0.17 MPa。

5.3.1.2 自动水喷洗

自动水喷洗系统的水洗参数应满足 5.3.1.1 条的要求。

5.3.1.3 手工水擦洗

先用清洁不起毛的棉织品擦去多余的渗透剂。再用以水润湿的棉织品（水不能饱和）擦净残余的渗透剂。最后，用清洁的、干燥的棉织品擦干。也可以在大气中自然干燥。

擦洗应在适当的黑光（对Ⅰ、Ⅲ类）或白光（对Ⅱ、Ⅲ类）下进行检查，既擦净又不过洗。过洗的零件，应干燥，按工艺重新进行渗透和水洗。

5.3.2 亲油性后乳化法工艺

亲油性后乳化渗透剂，渗透结束后，先进行乳化，然后进行水洗。

5.3.2.1 乳化

亲油性乳化剂可采用浸涂或流涂的方法施加，不宜采用喷涂或刷涂的方法施加。在施加乳化剂的过程中，不应翻动零件或搅动零件表面上的乳化剂。荧光渗透检验乳化时间应不大于 3 min，着色渗透检验乳化时间应不大于 0.5 min。

5.3.2.2 水洗

零件乳化结束后，应立即用浸入水中或水喷洗的方法停止乳化，再用水喷洗，去除渗透剂和乳化剂的混合物。水喷洗应按 5.3.1 条的规定进行。

5.3.3 溶剂去除法工艺

溶剂去除型渗透剂，渗透结束后，应当使用其配套的溶剂擦洗去除。首先用清洁不起毛的棉织品擦去多余的渗透剂，然后用以去除剂润湿的棉织品擦去残留的渗透剂，最后用清洁、干燥、不起毛的棉织品擦干，吸干，也可以自然干燥。润湿的棉织品去除剂不能饱和，不允许用浸、喷、流或刷涂方法施加去除剂。如发现渗透剂去除过量，应将零件从预处理开始，按工艺重新处理。

5.3.4 亲水性后乳化法工艺

亲水性后乳化渗透剂，渗透结束后，应先进行预水洗，再进行乳化，最后用水清洗干净。

5.3.4.1 预水洗

预水洗应按 5.3.1 条的规定进行，去除零件表面大部分渗透剂。

5.3.4.2 乳化

亲水性乳化剂可采用浸涂、流涂、喷涂等方式施加。乳化时间应尽量短，以能充分乳化渗透剂为宜，一般不超过 2 min。采用浸涂方法施加乳化剂时，乳化剂应按生产厂家推荐的浓度配制，一般不超过 35% (V/V)。浸涂时应适当搅动乳化剂溶液。采用喷涂方式施加乳化剂时，乳化剂的浓度应不超过 5% (V/V)。

5.3.4.3 后水洗

按 5.3.1 的规定进行后水洗。过量的本底，应通过补涂乳化剂和进一步清洗的方法，达到满意的清洗结果。如果发现过乳化或过洗，则应从预处理开始，按工艺将零件进行重新处理。

5.4 干燥

5.4.1 干燥工序的安排应遵循以下原则：

a. 干粉显像（a 型）和非水湿显像（d 型）时，施加显像剂之前，零件应进行干燥；

b. 水溶性湿显像（b 型）和水悬浮性湿显像（c 型）时，施加显像剂之后，零件应进行干燥。需要时，施加显像剂之前，也可进行一次干燥；

c. 自显像（f型）时，目视检查之前，零件应进行干燥。

5.4.2 干燥宜采用热空气循环控温干燥箱（以下简称干燥箱）的方式，也可以采用吹热风或冷风的方式，还可以暴露于室温大气中自然干燥。干燥时间不应过长，以零件表面刚干燥为宜。

采用干燥箱进行零件干燥时，干燥箱的温度不应超过70℃。零件入箱前，应通过流滴、吸附或吹风的方法去除表面的积水或积液。

5.4.3 用压缩空气吹去零件表面积水或积液时，或者用压缩空气直接吹干零件时，压缩空气应干燥、清洁，压力不大于0.17 MPa，喷嘴与零件表面的间距应不小于30 cm。

5.4.4 用溶剂去除法去除多余渗透剂的零件，宜在室温下自然干燥。

5.5 显像

无论采用下列哪种显像方式，均应在规定的显像时间内，检查完所有的零件。未检查完零件，应从预处理开始，按工艺重新处理。

5.5.1 干粉显像

施加干粉显像剂之前，零件应进行干燥。干粉显像剂可采用喷粉柜（箱）喷粉、手工撒粉或埋粉等方法施加。零件待检表面上的显像粉应薄而均匀。过多的显像粉可用轻抖、轻敲的方法去除，也可用清洁、干燥的压缩空气轻轻吹去。

干粉显像时间为10～240 min。

5.5.2 非水湿显像

5.5.2.1 施加非水湿显像剂之前，零件应进行干燥。非水湿显像剂宜采用喷涂的方法施加。悬浮性显像剂，喷涂过程中应不断地搅动显像剂。

5.5.2.2 荧光渗透检验，显像剂应薄而均匀地覆盖零件的待检表面，否则应当从预处理开始，按工艺重新处理。

5.5.2.3 着色渗透检验，显像剂应涂成薄且均匀的白色涂层，能为显示提供适当的颜色对比。

5.5.2.4 施加非水湿显像剂后，零件宜在室温下的大气中，自然干燥。显像时间为10～60 min（从显像剂干燥后开始计算）。

5.5.3 水溶性和水悬浮性湿显像

5.5.3.1 水溶性和水悬浮性湿显像剂，可以直接施加到清洗干净的零件待检表面上，可用喷涂、流涂或浸涂的方法施加显像剂。显像剂的浓度应适当，不应呈黏稠状。

5.5.3.2 零件施加水溶性和水悬浮性显像剂后，应按5.4条规定的工艺，在干燥箱中干燥，或者在室温下自然干燥，显像时间为10～120 min（从显像剂干燥时开始计算）。

5.5.3.3 水溶性湿显像，不宜用于着色渗透检验和水洗型荧光渗透检验，水悬浮性湿显像，不宜用于荧光渗透检验。

5.5.4 自显像

经鉴定符合GJB 593.4要求，并由主管部门认可的荧光自显像渗透剂，可以不用显像剂显像。去除多余渗透剂，干燥后，可直接检查。显像时间为10～120 min（从零件表面干燥时开始计算）。

5.6 检查

5.6.1 荧光渗透检验时，检验人员应有 2~5 min 的暗场适应时间，应戴防紫外线眼镜（非有色的或变色的眼镜）。黑光灯在零件待检面上的辐照度应不低于 1 000 $\mu W/cm^2$，环境白光照度应不大于 20 lx。着色渗透检验时，零件待检面上的白光照度应不低于 1 000 lx。

5.6.2 对观察到的所有显示均应作出解释。对有疑问不能作出明确解释的显示，应擦去显像剂直接观察或重新显像、检查。必要且允许时，可从预处理开始，重新处理。

5.6.3 对无显示，或仅有假显示和非相关显示的零件应准于验收。对有相关显示的零件，应按验收标准进行评定，验收或拒收。

5.7 后处理

零件检验后应进行清理，去除对后续工序和零件使用有影响的残留物。一般可用吹气或水洗的方法去除显像剂和渗透剂残留物。对于需要重复渗透检验或对于使用环境有特殊要求的零件，应当用溶剂清洗。

5.8 记录

所有渗透检验的结果均应记录。记录应按有关规定存档，供追溯查阅。记录一般包括下列内容：

a. 申请（或委托）单位和日期；
b. 零件名称、图样号、材料、状态、炉批号和数量；
c. 工艺卡号或工艺参数；
d. 显示的记录和处理（显示记录一般用文字或示意图，必要时可进行照相或复膜）；
e. 依据的验收标准和检验结论；
f. 操作、检查和审核人员签名（或盖章）；
g. 日期。

5.9 标志

5.9.1 标志要求

凡按本标准规定方法进行渗透检验，符合验收标准的零件，均应制作标志。标志部位、方法不应损伤零件或影响其预期功能。标志部位应由图样或其他设计文件规定。标志应明显，不能被后续工序去掉。标志一般应靠近零件号和检验人员代号。

5.9.2 标志方法

可采用压印、蚀刻、涂色或其他方法制作标志。应优先采用压印法。不允许采用压印法时采用蚀刻法。不允许压印、蚀刻时可采用涂色法。当零件由于其结构、精度或功能原因，不允许采用压印、蚀刻和涂色法时，或者由于后续工序可能去掉标志时，可采用跟踪记录卡、挂标签和装袋等方法进行标志。

5.9.3 标志符号

当百分之百进行渗透检验时，验收的每个零件应压印、蚀刻字母 P，或者涂褐红色。

抽样进行渗透检验时，验收批的每个零件应压印、蚀刻椭圆包围 P 字母的符号，或者涂黄色。

5.10 检验报告

检验报告一般包括下列内容：

a. 申请（或委托）单位和日期；

b. 零件名称、图样号、材料、状态、炉批号和数量；

c. 本标准编号和验收标准；

d. 检验结论；

e. 操作、检验和审核人员签名（或盖章）；

f. 报告日期。

5.11 质量保证措施

5.11.1 渗透检验系统的设备、材料应通过定期检定和校验进行质量控制，确保其性能可靠。除本标准专门规定外，设备和材料检定、校验的周期和方法应符合GJB 593.4的有关要求。校验周期是根据每天一个工作班工作量饱满的情况作出的规定，对于工作量不足的情况，允许适当延长校验周期，但只允许延长到下次渗透检验工作开始之前。

5.11.2 检验场所

固定的荧光渗透系统，暗室每周应检查一次，环境白光照度应不大于20 lx，且无荧光污染和反射干扰。着色渗透系统检查场所工作台的白光照度每周应检查一次，照度应不低于1 000 lx。

5.11.3 设备和仪表

5.11.3.1 设备的温度、压力显示装置和控制器每班应检查一次，并应按归口单位的有关规定定期检定。

5.11.3.2 紫外辐照计、白光照度计和荧光亮度计每年至少应检定一次，量值传递可追溯到国家计量部门。

5.11.3.3 黑光灯每周应检查一次输出功率，新更换灯泡时也应检查。距灯泡（或滤光片）表面38 cm处，辐照度应不低于1 000 $\mu W/cm^2$。自显像荧光渗透检验用黑光灯，距灯泡（或滤光片）16 cm处，辐照度应不低于3 000 $\mu W/cm^2$。每天应检查一次黑光灯的反射镜和滤光片的完好性和清洁性，发现损坏和弄污时，应更换或处理。

5.11.4 材料

凡用于渗透检验的材料均应按规定的周期进行校验，当发现材料的颜色、气味、黏度和去除性异常时，也应及时进行校验。校验合格，方可继续使用。

5.11.4.1 渗透剂

使用中的渗透剂应进行亮度、含水量、去除性和灵敏度的校验。校验不符合要求时，应按标准更换渗透剂，或者进行调整。各项校验要求如下：

a. 使用中荧光和两用渗透剂的荧光亮度，至少每季度应校验一次。按GJB 593.4附录B6的方法进行校验，其亮度值不得低于未使用过的渗透剂标样亮度的90%。

b. 使用中水洗型渗透剂的含水量，至少每月应校验一次，其方法按GB 260。含水量不得大于5%（V/V）。

c. 使用中水洗型渗透剂的去除性，至少每月应校验一次，其方法按GJB 593.4附录B5。去除性不得明显低于未用过的渗透剂标样。

d. 使用中渗透剂的灵敏度，至少每月应校验一次。以使用的渗透剂与未使用过的去除剂（或乳化剂）和显像剂组成渗透系统，按规定工艺对五点（B型）标准试块进行检验。各

渗透检测

灵敏度等级的渗透剂所显示的人工缺陷点数应不少于表1规定。

表1　　　　　　　　　　　灵敏度等级与显示点数

灵敏度等级	显示点数
1级—低灵敏度	2
2级—中灵敏度	3
3级—高灵敏度	4
4级—超高灵敏度	5

5.11.4.2　乳化剂

使用中的乳化剂应进行去除性、含水量和浓度的校验。校验不符合要求时，应按标准更换乳化剂，或者进行调整。各项校验的要求如下：

a. 使用中乳化剂的去除性每周应校验一次。以未使用过的乳化剂和未使用过的渗透剂作为标准系统，与使用中的乳化剂和未使用过的渗透剂系统相比较。使用中的乳化剂去除性不得明显低于标准系统。

b. 使用中的亲油性乳化剂，其含水量每月应检定一次。按GB 260规定的方法进行检定，含水量不得大于5%（V/V）。

c. 使用中的亲水性乳化剂溶液，每月应当用折射仪或按GB 260规定的方法，对其浓度检定一次，与未使用过的乳化剂溶液相比较，浓度变化不应大于3%。

5.11.4.3　显像剂

使用中的显像剂应按下面的规定进行定期校验，性能不符合要求时，应更换显像剂或进行调整。

a. 干粉显像剂每天应检查一次松散性，结块的显像剂不符合要求。对于反复使用的显像剂，每天还应检查其荧光污染程度。在一平板上撒上一薄层显像粉，在黑光灯下观察，在直径10 cm圆面积内，亮斑数不得多于十个。

b. 水溶性和水悬浮性显像剂的润湿性和荧光性每天应检查一次。在显像剂中浸涂一块8 cm×25 cm的铝板，取出干燥后，显像剂涂层应均匀全面覆盖铝板。在黑光下观察不得有荧光。

c. 水溶性和水悬浮性湿显像剂的浓度每周应当用比重计检定一次，其浓度应符合供货单位推荐的浓度值。

5.11.5　系统性能

渗透检验系统的性能每天应校验一次。按本标准规定的工艺对人工缺陷标准试块进行检验，将检验结果，人工缺陷显示的点数、亮度（或颜色深度）与事先采用新系统获得的显示照片（或其他记录）相比较。一致时，表明系统性能稳定，可进行零件的渗透检验。

附录二 承压设备无损检测 第5部分
渗透检测（JB/T 4730.5—2005）

1 范围

JB/T 4730 的本部分规定了承压设备的液体渗透检测方法以及质量分级。

本部分适用于非多孔性金属材料或非金属材料制承压设备在制造、安装及使用中产生的表面开口缺陷的检测。

2 规范性引用文件

下列文件中的条款通过 JB/T 4730 的本部分的引用而成为本部分的条款。凡是注日期的引用文件，其随后所有的修改单（不包括勘误的内容）或修订版均不适用于本部分，然而，鼓励根据本部分达成协议的各方研究是否可使用这些文件的最新版本。凡是不注日期的引用文件，其最新版本适用于本部分。

GB/T 5097	黑光源的间接评定方法
GB/T 5616	常规无损探伤应用导则
GB 11533—1989	标准对数视力表
GB/T 12604.3	无损检测术语 渗透检测
GB/T 16673	无损检测用黑光源（UV-A）辐射的测量
JB/T 4730.1	承压设备无损检测 第1部分：通用要求
JB/T 6064—1992	渗透探伤用镀铬试块 技术条件
JB/T 9213—1999	无损检测 渗透检查 A 型对比试块
JB/T 9216	控制渗透探伤材料质量的方法

3 一般要求

渗透检测的一般要求除应符合 JB/T 4730.1 的有关规定外，还应符合下列规定。

3.1 渗透检测人员

渗透检测人员的未经矫正或经矫正的近（距）视力和远（距）视力应不低于5.0（小数记录值为1.0），测试方法应符合 GB 11533 的规定。并1年检查1次，不得有色盲。

3.2 渗透检测剂

渗透检测剂包括渗透剂、乳化剂、清洗剂和显像剂。

3.2.1 渗透剂的质量控制要求

3.2.1.1 在每一批新的合格散装渗透剂中应取出 500 ml 贮藏在玻璃容器中保存起来，作为校验基准。

3.2.1.2 渗透剂应装在密封容器中，放在温度为 10~50℃ 的暗处保存，并应避免阳光照射。各种渗透剂的相对密度应根据制造厂说明书的规定采用相对密度计进行校验，并应保持相对密度不变。

3.2.1.3 散装渗透剂的浓度应根据制造厂说明书规定进行校验。校验方法是将 10 ml 待校验的渗透剂和基准渗透剂分别注入到盛有 90 ml 无色煤油或其他惰性溶剂的量筒中,搅拌均匀,然后将两种试剂分别放在比色计纳式试管中进行颜色浓度的比较。如果被校验的渗透剂与基准渗透剂的颜色浓度差超过 20% 时,就应作为不合格。

3.2.1.4 对正在使用的渗透剂进行外观检验,如发现有明显的混浊或沉淀物、变色或难以清洗,则应予以报废。

3.2.1.5 被检渗透剂与基准渗透剂利用试块进行性能对比试验,当被检渗透剂显示缺陷的能力低于基准渗透剂时,应予报废。

3.2.1.6 荧光渗透剂的荧光效率不得低于 75%。试验方法按 GB/T 5097—1985 附录 A 中的有关规定执行。

3.2.2 显像剂的质量控制要求

3.2.2.1 对干式显像剂应经常进行检查,如发现粉末凝聚、显著的残留荧光或性能低下时要废弃。

3.2.2.2 湿式显像剂的浓度应保持在制造厂规定的工作浓度范围内,其比重应经常进行校验,校验方法是用比重计进行测定。

3.2.2.3 当使用的湿式显像剂出现混浊、变色或难以形成薄而均匀的显像层时,则应予以报废。

3.2.3 渗透检测剂必须标明生产日期和有效期,要附带产品合格证和使用说明书。

3.2.4 对于喷罐式渗透检测剂,其喷罐表面不得有锈蚀,喷罐不得出现泄漏。

3.2.5 渗透检测剂必须具有良好的检测性能,对工件无腐蚀,对人体基本无毒害作用。

3.2.6 对于镍基合金材料,一定量渗透检测剂蒸发后残渣中的硫元素含量的重量比不得超过 1%。如有更高要求,可由供需双方另行商定。

3.2.7 对于奥氏体钢和钛及钛合金材料,一定量渗透检测剂蒸发后残渣中的氯、氟元素含量的重量比不得超过 1%。如有更高要求,可由供需双方另行商定。

3.2.8 渗透检测剂的氯、硫、氟含量的测定可按下述方法进行。

取渗透检测剂试样 100 g,放在直径 150 mm 的表面蒸发皿中沸水浴加热 60 min,进行蒸发。如蒸发后留下的残渣超过 0.005 g,则应分析残渣中氯、硫、氟的含量。

3.2.9 渗透检测剂应根据承压设备的具体情况进行选择。对同一检测工件,不能混用不同类型的渗透检测剂。

3.3 设备、仪器和试块

3.3.1 暗室或检测现场

暗室或检测现场应有足够的空间,能满足检测的要求,检测现场应保持清洁,荧光检测时暗室或暗处可见光照度应不大于 20 lx。

3.3.2 黑光灯

黑光灯的紫外线波长应在 320~400 nm 的范围内,峰值波长为 365 nm,距黑光灯滤光片 38 cm 的工件表面的辐照度大于或等于 1 000 $\mu W/cm^2$,自显像时距黑光灯滤光片 15 cm 的工件表面的辐照度大于或等于 3 000 $\mu W/cm^2$,黑光灯的电源电压波动大于 10% 时应安装电源稳压器。

3.3.3 黑光辐照度计

黑光辐照度计用于测量黑光辐照度，其紫外线波长应在 320～400 nm 的范围内，峰值波长为 365 nm。

3.3.4 荧光亮度计

荧光亮度计用于测量渗透剂的荧光亮度，其波长应在 430～600 nm 的范围内，峰值波长为 500～520 nm。

3.3.5 照度计

照度计用于测量白光照度。

3.3.6 试块

3.3.6.1 铝合金试块（A 型对比试块）

铝合金试块尺寸如图 1 所示，试块由同一试块剖开后具有相同大小的两部分组成，并打上相同序号，分别标以 A、B 记号，A、B 试块上均应具有细密相对称的裂纹图形。铝合金试块的其他要求应符合 JB/T 9213 的相关规定。

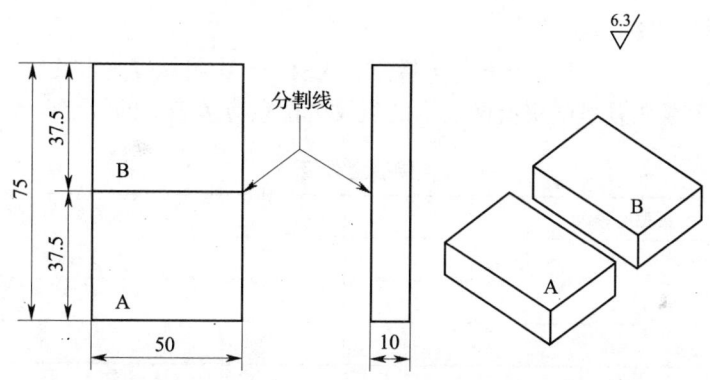

图 1 铝合金试块

3.3.6.2 镀铬试块（B 型试块）

将一块尺寸为 130 mm×40 mm×4 mm、材料为 0Cr18Ni9Ti 或其他不锈钢材料的试块上单面镀铬，用布氏硬度法在其背面施加不同负荷形成 3 个辐射状裂纹区，按大小顺序排列区位号分别为 1、2、3，其位置、间隔、及其他要求应符合 JB/T 6064—1992 中 B 型试块的相关规定。裂纹尺寸分别对应 JB/T 6064—1992 中 B 型试块上的裂纹区位号 2、3、4。

3.3.6.3 铝合金试块主要用于以下两种情况：

a) 在正常使用情况下，检验渗透检测剂能否满足要求，以及比较两种渗透检测剂性能的优劣；

b) 对用于非标准温度下的渗透检测方法作出鉴定。

镀铬试块主要用于检验渗透检测剂系统灵敏度及操作工艺正确性。

3.3.6.4 着色渗透检测用的试块不能用于荧光渗透检测，反之亦然。

3.3.6.5 发现试块有阻塞或灵敏度有所下降时，必须及时修复或更换。

3.3.6.6 试块使用后要用丙酮进行彻底清洗。清洗后，再将试块放入装有丙酮和无水

渗透检测

酒精的混合液体（体积混合比为1∶1）的密闭容器中保存，或用其他有效方法保存。

3.4 渗透检测方法分类和选用

3.4.1 渗透检测方法分类

根据渗透剂和显像剂种类不同，渗透检测方法可按表1进行分类。

表1　　　　　　　　　　　　渗透检测方法分类

渗透剂		渗透剂的去除		显像剂	
分类	名称	方法	名称	分类	名称
Ⅰ Ⅱ Ⅲ	荧光渗透检测 着色渗透检测 荧光、着色渗透检测	A B C D	水洗型渗透检测 亲油型后乳化渗透检测 溶剂去除型渗透检测 亲水型后乳化渗透检测	a b c d e	干粉显像剂 水溶解显像剂 水悬浮显像剂 溶剂悬浮显像剂 自显像

注：渗透检测方式代号示例：ⅡC-d为溶剂去除型着色渗透检测（溶剂悬浮显像剂）。

3.4.2 灵敏度等级

灵敏度等级分类如下：1级——低灵敏度；2级——中灵敏度；3级——高灵敏度。
不同灵敏度等级在镀铬试块上可显示的裂纹区位数应按表2的规定。

表2　　　　　　　　　　　　灵敏度等级

灵敏度等级	可显示的裂纹区位数
1级	1～2
2级	2～3
3级	3

3.4.3 渗透检测方法选用

3.4.3.1 渗透检测方法的选用，首先应满足检测缺陷类型和灵敏度的要求。在此基础上，可根据被检工件表面粗糙度，检测批量大小和检测现场的水源、电源等条件来决定。

3.4.3.2 对于表面光洁且检测灵敏度要求高的工件，宜采用后乳化型着色法或后乳化型荧光法，也可采用溶剂去除型荧光法。

3.4.3.3 对于表面粗糙且检测灵敏度要求低的工件宜采用水洗型着色法或水洗型荧光法。

3.4.3.4 对现场无水源、电源的检测宜采用溶剂去除型着色法。

3.4.3.5 对于批量大的工件检测，宜采用水洗型着色法或水洗型荧光法。

3.4.3.6 对于大工件的局部检测，宜采用溶剂去除型着色法或溶剂去除型荧光法。

3.4.3.7 荧光法比着色法有较高的检测灵敏度。

3.5 检测时机

3.5.1 除非另有规定，焊接接头的渗透检测应在焊接完工后或焊接工序完成后进行。对有延迟裂纹倾向的材料，至少应在焊接完成24 h后进行焊接接头的渗透检测。

3.5.2 紧固件和锻件的渗透检测一般应安排在最终热处理之后进行。

4 渗透检测基本程序

渗透检测操作的基本步骤如下：
a) 预清洗；
b) 施加渗透剂；
c) 去除多余的渗透剂；
d) 干燥；
e) 施加显像剂；
f) 观察及评定。

荧光和着色渗透检测工艺程序见附录 A（规范性附录）。

5 渗透检测操作方法

5.1 表面准备

5.1.1 工件被检表面不得有影响渗透检测的铁锈、氧化皮、焊接飞溅、铁屑、毛刺以及各种防护层。

5.1.2 被检工件机加工表面粗糙度 $R_a \leqslant 12.5\ \mu m$；被检工件非机加工表面的粗糙度可适当放宽，但不得影响检验结果。

5.1.3 局部检测时，准备工作范围应从检测部位四周向外扩展 25 mm。

5.2 预清洗

检测部位的表面状况在很大程度上影响着渗透检测的检测质量。因此在进行表面清理之后，应进行预清洗，以去除检测表面的污垢。清洗时，可采用溶剂、洗涤剂等进行。清洗范围应满足 5.1.3 的要求。铝、镁、钛合金和奥氏体钢制零件经机械加工的表面，如确有需要，可先进行酸洗或碱洗，然后再进行渗透检测。清洗后，检测面上遗留的溶剂和水分等必须干燥，且应保证在施加渗透剂前不被污染。

5.3 施加渗透剂

5.3.1 渗透剂施加方法

施加方法应根据零件大小、形状、数量和检测部位来选择。所选方法应保证被检部位完全被渗透剂覆盖，并在整个渗透时间内保持润湿状态。具体施加方法如下：
a) 喷涂：可用静电喷涂装置、喷罐及低压泵等进行；
b) 刷涂：可用刷子、棉纱或布等进行；
c) 浇涂：将渗透剂直接浇在工件被检面上；
d) 浸涂：把整个工件浸泡在渗透剂中。

5.3.2 渗透时间及温度

在 10~50℃ 的温度条件下，渗透剂持续时间一般不应少于 10 min。当温度条件不能满足上述条件时，应按附录 B（规范性附录）对操作方法进行鉴定。

5.4 乳化处理

5.4.1 在进行乳化处理前，对被检工件表面所附着的残余渗透剂应尽可能去除。使用

渗透检测

亲水型乳化剂时，先用水喷法直接排除大部分多余的渗透剂，再施加乳化剂，待被检工件表面多余的渗透剂充分乳化，然后再用水清洗。使用亲油型乳化剂时，乳化剂不能在工件上搅动，乳化结束后，应立即浸入水中或用水喷洗方法停止乳化，再用水喷洗。

5.4.2 乳化剂可采用浸渍、浇涂和喷洒（亲水型）等方法施加于工件被检表面，不允许采用刷涂法。

5.4.3 对过渡的背景可通过补充乳化的办法予以去除，经过补充乳化后仍未达到一个满意的背景时，应将工件按工艺要求重新处理。出现明显的过清洗时要求将工件清洗并重新处理。

5.4.4 乳化时间取决于乳化剂和渗透剂的性能及被检工件表面粗糙度。一般应按生产厂的使用说明书和对比试验选取。

5.5 去除多余的渗透剂

5.5.1 在清洗工件被检表面以去除多余的渗透剂时，应注意防止过度去除而使检测质量下降，同时也应注意防止去除不足而造成对缺陷显示识别困难。用荧光渗透剂时，可在紫外灯照射下边观察边去除。

5.5.2 水洗型和后乳化型渗透剂（乳化后）均可用水去除。冲洗时，水射束与被检面的夹角以 30°为宜，水温为 10～40℃，如无特殊规定，冲洗装置喷嘴处的水压应不超过 0.34 MPa。在无冲洗装置时，可采用干净不脱毛的抹布蘸水依次擦洗。

5.5.3 溶剂去除型渗透剂用清洗剂去除。除特别难清洗的地方外，一般应先用干燥、洁净不脱毛的布依次擦拭，直至大部分多余渗透剂被去除后，再用蘸有清洗剂的干净不脱毛布或纸进行擦拭，直至将被检面上多余的渗透剂全部擦净。但应注意，不得往复擦拭，不得用清洗剂直接在被检面上冲洗。

5.6 干燥处理

5.6.1 施加干式显像剂、溶剂悬浮显像剂时，检测面应在施加前进行干燥，施加水湿式显像剂（水溶解、水悬浮显像剂）时，检测面应在施加后进行干燥处理。

5.6.2 采用自显像应在水清洗后进行干燥。

5.6.3 一般可用热风进行干燥或进行自然干燥。干燥时，被检面的温度不得大于 50℃。当采用溶剂去除多余渗透剂时，应在室温下自然干燥。

5.6.4 干燥时间通常为 5～10 min。

5.7 施加显像剂

5.7.1 使用干式显像剂时，须先经干燥处理，再用适当方法将显像剂均匀地喷洒在整个被检表面上，并保持一段时间。多余的显像剂通过轻敲或轻气流清除方式去除。

5.7.2 使用水湿式显像剂时，在被检面经过清洗处理后，可直接将显像剂喷洒或涂刷到被检面上或将工件浸入到显像剂中，然后再迅速排除多余显像剂，并进行干燥处理。

5.7.3 使用溶剂悬浮显像剂时，在被检面经干燥处理后，将显像剂喷洒或刷涂到被检面上，然后进行自然干燥或用暖风（30～50℃）吹干。

5.7.4 采用自显像时，停留时间最短 10 min，最长 2 h。

5.7.5 悬浮式显像剂在使用前应充分搅拌均匀。显像剂的施加应薄而均匀，不可在同一地点反复多次施加。

5.7.6 喷涂显像剂时，喷嘴离被检面距离为 300～400 mm，喷涂方向与被检面夹角为 30°～40°。

5.7.7 禁止在被检面上倾倒湿式显像剂，以免冲洗掉渗入缺陷内的渗透剂。

5.7.8 显像时间取决于显像剂种类、需要检测的缺陷大小以及被检工件温度等，一般不应少于 7 min。

5.8 观察

5.8.1 观察显示应在显像剂施加后 7～60 min 内进行。如显示的大小不发生变化，也可超过上述时间。对于溶剂悬浮显像剂应遵照说明书的要求或试验结果进行观察。

5.8.2 着色渗透检测时，缺陷显示的评定应在白光下进行，通常工件被检面处白光照度应大于或等于 1 000 lx；当现场采用便携式设备检测，由于条件所限无法满足时，可见光照度可以适当降低，但不得低于 500 lx。

5.8.3 荧光渗透检测时，缺陷显示的评定应在暗室或暗处进行，暗室或暗处白光照度应不大于 20 lx。检测人员进入暗区，至少经过 3 min 的黑暗适应后，才能进行荧光渗透检测。检测人员不能戴对检测有影响的眼镜。

5.8.4 辨认细小显示时可用 5～10 倍放大镜进行观察。必要时应重新进行处理和渗透检测。

5.9 复验

5.9.1 当出现下列情况之一时，需进行复验：
a) 检测结束时，用试块验证检测灵敏度不符合要求；
b) 发现检测过程中操作方法有误或技术条件改变时；
c) 合同各方有争议或认为有必要时。

5.9.2 当决定进行复验时，应对被检面进行彻底清洗。

5.10 后清洗

工件检测完毕应进行后清洗，以去除对以后使用或对工件材料有害的残留物。

5.11 显示记录

缺陷的显示记录可采用照相、录像和可剥性塑料薄膜等方式记录，同时应用草图进行标示。

5.12 质量控制

5.12.1 使用新的渗透检测剂、改变或更换渗透检测剂类型或操作规程时，实施检测前应用镀铬试块检验渗透检测剂系统灵敏度及操作工艺正确性。

5.12.2 一般情况下每周应用镀铬试块检验渗透检测剂系统灵敏度及操作工艺正确性。检测前、检测过程或检测结束认为必要时应随时检验。

5.12.3 应定期测定检测环境白光照度和工件表面黑光辐照度、荧光亮度。

5.12.4 黑光灯、黑光辐照度计、荧光亮度计和照度计等仪器应按相关规定进行定期校验。

6 渗透显示的分类和记录

6.1 显示分为相关显示、非相关显示和虚假显示。非相关显示和虚假显示不必记录和

渗透检测

评定。

6.2 小于0.5 mm的显示不计，除确认显示是由外界因素或操作不当造成的之外，其他任何显示均应作为缺陷处理。

6.3 缺陷显示在长轴方向与工件（轴类或管类）轴线或母线的夹角大于或等于30°时，按横向缺陷处理，其他按纵向缺陷处理。

6.4 长度与宽度之比大于3的缺陷显示，按线性缺陷处理；长度与宽度之比小于或等于3的缺陷显示，按圆形缺陷处理。

6.5 两条或两条以上缺陷线性显示在同一条直线上且间距不大于2 mm时，按一条缺陷显示处理，其长度为两条缺陷显示之和加间距。

7 质量分级

7.1 不允许任何裂纹和白点，紧固件和轴类零件不允许任何横向缺陷显示。

7.2 焊接接头和坡口的质量分级按表3进行。

表3 焊接接头和坡口的质量分级

等级	线性缺陷	圆形缺陷（评定框尺寸 35 mm×100 mm）
Ⅰ	不允许	$d \leqslant 1.5$，且在评定框内少于或等于1个
Ⅱ	不允许	$d \leqslant 4.5$，且在评定框内少于或等于4个
Ⅲ	$L \leqslant 4$	$d \leqslant 8$，且在评定框内少于或等于6个
Ⅳ	大于Ⅲ级	

注：L为线性缺陷长度，mm；d为圆形缺陷在任何方向上的最大尺寸，mm。

7.3 其他部件的质量分级评定见表4。

表4 其他部件的质量分级

等级	线性缺陷	圆形缺陷（评定框尺寸为2 500 mm²，其中一条矩形边的最大长度为150 mm）
Ⅰ	不允许	$d \leqslant 1.5$，且在评定框内少于或等于1个
Ⅱ	$L \leqslant 4$	$d \leqslant 4.5$，且在评定框内少于或等于4个
Ⅲ	$L \leqslant 8$	$d \leqslant 8$，且在评定框内少于或等于6个
Ⅳ	大于Ⅲ级	

注：L为线性缺陷长度，mm；d为圆形缺陷在任何方向上的最大尺寸，mm。

8 在用承压设备渗透检测

对在用承压设备进行渗透检测时，如制造时采用高强度钢以及对裂纹（包括冷裂纹、热裂纹、再热裂纹）敏感的材料；或是长期工作在腐蚀介质环境下，有可能发生应力腐蚀裂纹的场合，其内壁宜采用荧光渗透检测方法进行检测。检测现场环境应符合5.8.3的要求。

9 渗透检测报告

报告至少应包括下列内容：
a) 委托单位；
b) 被检工件：名称、编号、规格、材质、坡口型式、焊接方法和热处理状况；
c) 检测设备：渗透检测剂名称和牌号；
d) 检测规范：检测比例、检测灵敏度校验及试块名称，预清洗方法、渗透剂施加方法、乳化剂施加方法、去除方法、干燥方法、显像剂施加方法、观察方法和后清洗方法，渗透温度、渗透时间、乳化时间、水压及水温、干燥温度和时间、显像时间；
e) 渗透显示记录及工件草图（或示意图）；
f) 检测结果及质量分级、检测标准名称和验收等级；
g) 检测人员和责任人员签字及其技术资格；
h) 检测日期。

附录三 无损检测术语

渗透检测（GB/T 12604.3—2005）

1 主题内容与适用范围

本标准规定了在渗透检测的一般概念，渗透检测设备、器件和材料，渗透检测方法中使用的术语。

本标准适用于渗透检测。供制定标准和指导性技术文件，及编写和翻译教材、图书、刊物等出版物时使用。

2 渗透检测的一般概念

2.1 渗透检测 penetrant flaw detection

通过施加渗透剂，用洗净剂除去多余部分，如有必要，施加显像剂以得到零件上开口于表面的某些缺陷的指示。

2.2 可见光 visible light

波长在 400～700 nm 范围内的电磁辐射。

2.3 紫外辐射 ultraviolet radiation

单色分量的波长小于可见光而大于约 1 nm 的辐射。

国际照明学委员会，将紫外辐射的频谱范围分类如下：

UV－A：315～400 nm

UV－B：280～315 nm

UV－C：100～280 nm

2.4 A类紫外辐射 UV－A

波长在 315～400 nm 范围内的电磁辐射。

同义词：（黑光 black light）

2.5 荧光 fluorescence

一种物质在吸收 A 类紫外辐射期间方可发射出的可见光。

2.6 英尺烛光 footcandle

表面上的照度，在一平方英尺面积上均匀分布一流明的光通量。

$1\ lm/ft^2 = 10.8\ lm/m^2$。

2.7 埃（Å） angstrom unit

一种可用于表示电磁辐射波长的长度单位。$1\ \text{Å} = 0.1\ nm$。

2.8 荧光的猝灭 quenching of fluorescence

不是由于激发辐射的移开，而是由于强氧化剂或酸、或此两者的作用，或者由于温度或浓度的变化而导致的荧光熄灭。

2.9 污染物　contaminant
存在于试件表面上或是在检查材料中对液体渗透材料的性能起有害影响的任何外来物。

2.10 族　family
完成液体渗透检验所需材料的一个完整系列。

2.11 载体　vehicle
可将液体渗透检验材料溶解或悬浮其中的一种含水或非水液体。

2.12 黏度　viscosity
流体对剪切流动显示阻力的性能。

2.13 闪点　flash point
液体在加热达到其放出的蒸气在微小火焰作用下足以瞬即起燃时的温度。

2.14 润湿作用　wetting action
液体覆盖和附着于固体表面上的能力。

2.15 毛细管作用　capillary action
由于表面张力和附着力的作用而导致液体能进入插入其中的毛细管的现象叫做毛细管作用。在液体渗透检验中，表面开口的微小缺陷（如裂缝和缝隙等）类似于毛细管，渗透剂渗入此类缺陷的现象是毛细管作用。

2.16 渗透剂转移　carry over of penetrant
遗留在工件上的渗透剂转移到清洗槽。

2.17 带出　dragout
在液体渗透检验中，渗透剂由于黏附在试件上而被带走或损失掉。

2.18 乳化　emulsification
将油基性渗透剂以乳化剂处理使之具有可用水洗净的性质。

2.19 渗出　bleedout
被截留的液体渗透剂从缺陷作用到面层以形成指示。

2.20 吸取　blotting
在液体渗透检查中显像剂从缺陷吸收渗透剂以加速渗出。

2.21 对比度　contrast
在液体渗透检查时，指示和本底之间可见度（亮度或颜色）的差。

2.22 检查　inspection
在完成液体渗透作业的所有步骤之后，对试件所进行的目视检验。

2.23 本底　background
在液体渗透检验中，以之为背景观察有无缺陷指示的试件表面，可以是试件的本来表面，也可以是其上涂有显像剂的表面。

2.24 本底色　background coloration
着色渗透剂从表面清除得不完全时所保留下来的一种不希望有的染色。

2.25 本底荧光　background fluorescence
荧光渗透剂从表面清除得不完全时所保留下来的一种不希望有的荧光。

2.26 油和白垩工艺 oil and chalk process
一种用油作渗透剂用白垩作显像剂的工艺（非标准的工艺）。

2.27 干燥工位 drying station
检验流程中使受检件干燥的工位。

2.28 冷却工位 cooling station
检验流程中使工件冷却的工位。

2.29 渗透工位 penctrant station
检验流程中施加渗透剂的工位。

2.30 水洗工位 wash station
检验流程中将多余渗透剂从表面洗净的工位。

2.31 浸渍和流滴工位 dip and drain station
检验流程中的工位。通过浸渍施加显像剂或洗净剂并让多余的流滴掉。

2.32 显像工位 developer station
检验流程中施加显像剂的工位。

2.33 不连续（性） discontinuity
工件正常组织结构或外形的任何间断，这种间断可能会，也可能不会影响零件的可用性。

2.34 缺陷 defect
尺寸、形状、取向、位置或性质对工件的有效使用会造成损害或不满足规定验收标准要求的不连续性。

2.35 伤 flaw
在工件或材料中的一种不完善，它可能是（也可能不是）有害的。如果是有害的就属于缺陷或不连续性。

2.36 指示 indication
在无损检验中，需要对其重要性作出解释的响应或形迹。

2.37 相关指示 relevant indication
来自需作评定的不连续性的指示。

2.38 假指示 false indication
通过不适当的方法或处理所得到的指示，可能被错误地解释为不连续性或缺陷。

2.39 非相关指示 nonrelevant indication
是一些无法控制的试验条件所产生的真实指示，但与可能构成为一缺陷的不连续性并无关系。

2.40 解释 interpretation
确定指示是相关指示还是非相关指示或假指示的过程。

2.41 评定 evaluation
在对所注意的指示作出解释之后，就其是否符合规定的验收标准进行确定。

3　渗透检测设备、器件和材料

　　3.1　A类紫外辐射滤片　UV－A filter
　　一种抑制可见光和非A类紫外辐射的滤片。
　　同义词：（黑光滤片 black light filter）
　　3.2　喷嘴　spray nozzle
　　不用压缩空气而产生小滴喷流的一种配件。
　　3.3　气流式喷枪　air water spray gun
　　一种文氏管型喷枪，以压缩空气来送水，供增压喷射之用。
　　3.4　试片　test piece
　　为查核渗透检验工艺效能而专门制备的器具，可以是下列类型之一：
　　a. 带人造电镀裂纹的块；
　　b. 带淬火裂纹的铝块；
　　c. 从生产中获得的带裂纹零件。
　　3.5　比较试块　comparator test block
　　一个带裂纹、分开成两个相邻区域的金属试块，用于分别涂敷不同的液体渗透剂以便就两者的相对有效性进行直接的比较。也可用于评价液体渗透技术，液体渗透系统或试验条件。
　　同义词：渗透剂比较器　penetrant comparator
　　3.6　溶剂清除剂　solvent cleaners
　　在施加渗透材料之前，用以从零件表面清除油脂的溶剂或清洗剂。
　　同义词：脱脂液　degresing fluid
　　3.7　载液　carried fluid
　　用做运载活性材料的一种液态载体。
　　3.8　渗透剂　penetrant
　　一种能进入到开口于表面的缺陷中去的可见或荧光染料溶液。
　　3.9　着色渗透剂　dye penetrant
　　用于缺陷检测的一种含有染料以便在普通光线下进行观察的渗透液体。
　　3.10　可乳化渗透剂　emulsifiable penetrant
　　通过添加乳化剂可使之转变成可水洗的一种渗透剂。
　　3.11　后乳化渗透剂　post emulsifiable penetrant
　　一种须要施加单独分开的乳化剂方可使其在表面上的多余部分成为可水洗的液体渗透剂。
　　3.12　溶剂去除型渗透剂　solvent－removal penetrant
　　一种液体渗透剂、其配制是：大部分的表面多余渗透剂可用不起毛的纸或布擦除，在表面留下的渗透剂痕迹则须用稍蘸溶剂洗净剂的不起毛的纸或布来擦除。
　　3.13　可水洗型渗透剂　water－washable penetrant
　　一种带有乳化剂的液体渗透剂，无须施加单独分开的乳化剂即可用水洗去。

3.14 干沉积荧光渗透剂 fluorescent dry deposit penetrant

由溶解在高挥发性溶剂中在干燥状态下可产生荧光指示的荧光物质所构成的一种渗透剂。

3.15 荧光渗透剂 fluorescent penetrant

一种含有在波长 315～400 nm 范围的紫外辐射作用下可发荧光的添加剂的渗透液体。

3.16 摇溶渗透剂 thixotropic penctrant

一种胶状渗透剂，其黏度随所加剪切应力的持续时间而减低。

3.17 着色荧光渗透剂 combined colour contrast and fluorescent penetrant

染料在有机载体中的溶液，这种溶液能反射可见光，能吸收紫外区的辐射并发射可见光。

3.18 补充剂 replenishers

用于补偿在使用过程中渗透剂特定组分损失所加入的材料。

3.19 水容限 water tolerance

渗透剂或乳化剂在其有效性减弱之前所容许吸收的水量。

3.20 洗净液 detergent remover

一种洗涤剂的水溶液。在液体渗透检验中，用以清除渗透剂。

3.21 亲水性洗净剂 hydrophilic remover

一种可与任何比例量的水相溶的水基渗透剂洗净剂。

3.22 溶剂洗净剂 solvent remover

一种有挥发性的液体渗透剂洗净剂。

3.23 润湿剂 wetting agents

加进液体中以降低其表面张力的物质。

3.24 乳化剂 emulsifier

可使多余渗透剂因形成乳化液而易于清洗的液体。

3.25 亲水性乳化剂 hydrophilic emulsifier

在渗透检验中所用的一种与渗透剂油相作用可使之成为可水洗的水基液体。

3.26 亲油性乳化剂 lipophilic emulsifier

在渗透检验中所用的一种与渗透剂油相作用可使之成为可水洗的油基液体。

3.27 亲油性洗净剂 lipophilic remover

一种可与任何比例量的后乳化渗透剂相溶的油基渗透剂洗净剂。

3.28 显像剂 developer

在液体渗透检验中，一种施加在检验面上以加速渗出和增强指示对比度的材料。

3.29 含水液体显像剂 aqueous liquid developer

惰性白粉悬浮在水基载体中所形成的显像剂，常加有抗腐蚀剂。

注：这种显像剂适合用于浸渍法或喷涂法。

3.30 可溶显像剂 soluble developer

在液体渗透检验中，一种可完全溶解于其载体中的显像剂。干燥后可形成有吸收性的显像涂层。

3.31 溶剂显像剂 solvent developer

在液体渗透检验中，使用前粒子悬浮在非水载体中的显像剂。

同义词：非水（可悬浮）显像剂 nonaqueous (suspensible) developer

3.32 液膜显像剂 liquid film developer

在液体渗透检验中，粒子悬浮在载体中的一种显像剂，将其施加在试件上，干燥后即可在表面留下一树脂或聚合物薄膜。

3.33 非水性液体显像剂 non-aqueous liquid developer

惰性白粉加在挥发性有机溶剂载体中形成的悬浮液。

3.34 干显像剂 dry developer

一种松散细粉形态的显像剂。

3.35 干显像柜 dry developing cabinet

一种封闭式的柜，用循环气流使其中的显像剂形成微细粒子的粉暴。

3.36 干燥箱 drying oven

在液体渗透检验中为提高冲洗水或含水显像剂载体从受检件的蒸发的速度所用的一种箱。

3.37 抗凝剂 anti-coagulants

在显像剂中为防止弥散相从乳胶、弥散体或胶液中分离和结块的一种附加剂。

3.38 抗腐蚀剂 corrosion inhibitor

一种可使腐蚀破坏减至最低程度的物质。

4 渗透检测方法

4.1 清理 clean

清除污染物。

4.2 预清理 pre-cleaning

在进行液体渗透检验前，从试件上清除妨碍检验的表面污染物。

4.3 空气搅动清洗 air agitated wash

用以气流强制搅动的液体进行清洗。

4.4 超声波清洗 ultrasonic cleaning

一种利用溶剂或洗涤剂和高频声的组合以洗净有机污物的方法。

4.5 蒸气除油 vapour degreasing

用合适的蒸气去除油、脂和有机物。

4.6 压缩空气干燥 compressed air drying

用干净的压缩空气干燥零件。

4.7 渗透时间 penetration time

在液体渗透检验中，渗透剂与试件表面接触的全部时间，包括施加和流滴的时间。

4.8 浸没时间 immersion time

工件被浸入的持续时间。

4.9 接触时间 contact time

渗透剂与受检件接触的持续时间。

渗透检测

4.10 刷涂　brush application
用刷子涂敷渗透剂。

4.11 静电喷涂　electrostatic spraying
将喷涂的材料赋以一种电荷以获得均匀涂覆层的一种方法。在液体渗透检验中,用于施加渗透剂和显像剂。

4.12 空气加速喷射　air-accelerated spray
用压缩空气加速液体进行喷射。

4.13 按钮式喷雾器喷射　aerosol spraying
从增压容器中喷射出液体或悬浮在液体中的细小粒子。

4.14 渗透剂去除　penetrant removal
用以从表面除去多余渗透剂的任何方法。

4.15 浸没清洗　immersion rinse
在液体渗透检验中,将试件浸入水槽或洗净槽以去除表面渗透剂的一种方法。

4.16 贯穿渗透法　through penetration technique
将合适的渗透剂施加到工件的一侧面将显像剂施加到另一侧以显现贯穿工件的连续漏道的一种渗透检验方法。

4.17 乳化时间　emulsification time
在液体渗透检验中,经渗透剂处理过的工件与乳化剂接触的全部时间,包括施加和流滴的时间。

4.18 后乳化　post emulsification
在液体渗透检验中,用单独分开的乳化剂来清除表面上剩余渗透剂的方法。

4.19 过乳化　over emulsification
在液体渗透检验中,乳化时间过长,这会导致渗透剂被从某些缺陷中洗去。

4.20 流滴时间　drain time
在液体渗透检验中,多余渗透剂或乳化剂从工件上流滴的持续时间。

4.21 水洗　aqueous wash
用来部分或全部清除渗透剂的一种水冲洗。

4.22 清洗　rinse
用其他液体(常用水)冲洗或浸渍试件表面以除去液体渗透材料的过程。

4.23 干燥时间　drying time
在液体渗透检验中,使经水洗或经湿显像的受检件干燥所需的时间。

4.24 过洗　overwashing
在液体渗透检验中,水洗时间过长或水流太强或者是时间既过长水流也过急。

4.25 显像时间　developing time
在液体渗透检验中,施加显像剂和检查工件之间所经过的时间。

4.26 后清除　post-cleaning
液体渗透检验中,在检验已完成之后,从试件上清除残留的液体渗透材料。

主要参考文献

1. 郑文仪编著. 渗透检验. 北京：国防工业出版社，1981
2. 庄文忠、孙桂儿编. 磁粉与渗透探伤技术. 北京：国防工业出版社，1982
3. 中国机械工程学会无损检测学会编著. 渗透检验. 北京：机械工业出版社，1985
4. 全国锅炉压力容器无损检测人员资格鉴定考核委员会组织编写. 渗透探伤. 北京：劳动人事出版社，1989
5. 美国无损检测学会编. 美国无损检测手册 渗透卷. 上海：世界图书出版公司，1994
6. 顾惕人等编著. 表面化学. 北京：科学出版社，1994
7. 赵国玺编. 表面活性剂物理化学. 北京大学出版社，1984
8. 刘程主编. 表面活性剂应用手册. 北京：化学工业出版社，1992